国家出版基金项目
NATIONAL PUBLICATION FOUNDATION

『十三五』国家重点图书出版规划项目
国家出版基金资助项目
国家自然科学基金项目（编号51808021）

CHINESE INDUSTRIAL HERITAGE HISTORIC RECORDS

# 中国工业遗产史录

## 北京卷

孟璠磊　刘伯英　王　路　著

U0381415

华南理工大学出版社
SOUTH CHINA UNIVERSITY OF TECHNOLOGY PRESS

·广州·

图书在版编目（CIP）数据

中国工业遗产史录. 北京卷 / 孟璠磊，刘伯英，王路著. — 广州：
华南理工大学出版社，2021.3
（中国工业遗产丛书 / 刘伯英，徐苏斌，彭长歆主编）
ISBN 978-7-5623-6425-2

Ⅰ. ①中…　Ⅱ. ①孟…　②刘…　③王…　Ⅲ.①工业建筑–文化
遗产–研究–北京　Ⅳ. ①TU27

中国版本图书馆CIP数据核字（2020）第127265号

Chinese Industrial Heritage Historic Records·Beijing Volume

中国工业遗产史录·北京卷

孟璠磊　刘伯英　王 路　著

出 版 人：卢家明
出版发行：华南理工大学出版社
　　　　　（广州五山华南理工大学17号楼，邮编510640）
　　　　　http://www.scutpress.com.cn　E-mail：scutc 13＠scut.edu.cn
　　　　　营销部电话：020-87113487　87111048（传真）
策划编辑：赖淑华
责任编辑：骆　婷
责任校对：曾映玲
印 刷 者：中华商务联合印刷（广东）有限公司
开　　本：889mm×1194mm　1/16　印张：24　插页：1　字数：578千
版　　次：2021年3月第1版　2021年3月第1次印刷
定　　价：360.00元

版权所有　盗版必究　　印装差错　负责调换

中国工业遗产丛书

# 学术委员会

（以姓氏笔画为序）

王建国　中国工程院院士，东南大学建筑学院教授、博士生导师

何镜堂　中国工程院院士，原华南理工大学建筑设计研究院院长

宋新潮　国际古迹遗址理事会（ICOMOS）中国国家委员会主席，中国古迹遗址保护协会
　　　　（ICOMOS China）理事长，国家文物局党组成员、副局长

宋春华　原建设部副部长，原中国建筑学会理事长

岳清瑞　中国工程院院士，原中冶建筑研究总院有限公司党委书记、董事长

单霁翔　中央文史馆特约研究员，中国文物学会会长，故宫博物院故宫学院院长

郭　旃　中国文物学会副会长兼世界遗产研究会会长，原国家文物局文物保护司巡视员，
　　　　原国际古迹遗址理事会（ICOMOS）副主席

常　青　中国科学院院士，同济大学建筑与城市规划学院教授、博士生导师

# 编辑委员会

主　　编：刘伯英　　徐苏斌　　彭长歆

编　　委：（以姓氏笔画为序）

| | | | | | | |
|---|---|---|---|---|---|---|
| 万　谦 | 王西京 | 韦　飚 | 卢家明 | 刘大平 | 刘奔腾 | 刘宗刚 |
| 刘　晖 | 闫　觅 | 李和平 | 吴　迪 | 何俊萍 | 宋　盈 | 陈　洋 |
| 季　宏 | 周　卫 | 周　坚 | 周莉华 | 郑东军 | 郑红彬 | 孟璠磊 |
| 哈　静 | 钟冠球 | 段亚鹏 | 姜　波 | 莫　畏 | 高祥冠 | 唐　琦 |
| 曹永康 | 常　江 | 蒋　楠 | 赖世贤 | 赖淑华 | | |

## 学术支持单位

中国建筑学会工业建筑遗产学术委员会

中国文物学会工业遗产委员会

中国历史文化名城委员会工业遗产学部

## 主编单位

清华大学建筑学院

天津大学建筑学院

华南理工大学建筑学院

策　　划：赖淑华　　卢家明

项目负责：赖淑华　　骆　婷

项目执行：赖淑华　　骆　婷

编辑统筹：骆　婷

# 砥砺奋进、铸就辉煌

## ——谱写中国工业遗产的史诗

（代序）

2018年中国改革开放40周年，2019年中华人民共和国成立70周年，2020年我们又迎来全面建成小康社会的关键时期。历史呈现给我们一个壮美的画卷，也赋予了我们崇高的责任。在城市建设从扩张开发到更新挖潜实现转型发展，大量工业用地更新和工业遗产保护利用呈现高潮的关键时刻，我们共同投身到了为中国工业遗产的保护利用树碑立传的伟大事业当中。"中国工业遗产丛书"的出版，记录了中国工业遗产保护利用研究与实践的发展历程，谱写了中国工业遗产的史诗。

随着城市产业结构和社会生活方式的变化，传统工业或迁离城市，或面临"关、停、并、转"的局面，留下了很多工厂旧址、设施、机器设备等具有遗产价值的工业遗存。工业遗产是文化遗产的重要组成部分，加强工业遗产的保护利用，构建中国工业遗产价值体系，对于传承人类先进文化，保持和彰显城市的文化底蕴和特色，推动地区经济社会可持续发展，具有十分重要的意义。借鉴国内外工业遗产保护的经验，探索适合我国的工业遗产保护方法和利用途径，形成相对完整和独立的当代工业遗产保护理论体系，指导工业遗产保护与利用的良性发展是一项艰巨和长期的任务。

## 1. 齐抓共管：聚焦工业遗产

2005年10月ICOMOS在中国西安举行的第15届大会上做出决定，将2006年4月18日"国际古迹遗址日"的主题定为"保护工业遗产"。2006年4月国家文物局在无锡举办中国工业遗产保护论坛，通过《无锡建议》；2006年6月国家文物局下发《加强工业遗产保护的通知》；2007年国家文物局开展第三次全国文物普查，首次将工业遗产纳入调查范围；2009年6月在上海召开全国工业遗产保护利用现场会。在第一批至第八批全国重点文物保护单位中，近代工业遗产共计143处，占比2.83%。2019年12月国家文物局印发《国家文物保护利用示范区创建管理办法（试行）》，为工业遗产保护利用奠定了坚实的基础。

2013年3月，国家发改委编制了《全国老工业基地调整改造规划（2013—2022年）》并得到国务院批准，该规划涉及全国120个老工业城市。2014年3月，国务院办公厅发布《关于推进城区老工业区搬迁改造的指导意见》，把加强工业遗产保护再利用作为一项主要任务。2020年6月国家发改委、工信部、国资委、国家文物局、国家开发银行联合印发《推动老工业城市工业遗产保护利用实施方案》，实现了政府部门之间的紧密合作，标志着工业遗产保护利用工作进入真抓实干的新阶段。

2017—2019年，工信部工业文化发展中心发布了三批"国家工业遗产名单"，共102项；印发了《国家工业遗产管理暂行办法》，对开展国家工业遗产保护利用及相关管理工作进行了明确规定。工业遗产是工业文化的重要载体，蕴含着丰富的历史信息和文化基因，见证了工业以及国家发展的历史进程。保护和利用工业遗产，是对尘封记忆的唤醒，更是对光辉历史的弘扬，有助于提升和坚定民族文化自信。

2018—2019年，国资委分行业、分批次发布中央企业工业文化遗产名单，包括核工业11项、钢铁工业20项、信息通信行业20项，指导中央企业发掘利用历史文化遗产价值，丰富企业文化内涵，彰显企业品牌价值，提升企业文化软实力和企业竞争力，逐步形成中央企业工业文化遗产集群。国资委还对中央企业文化遗产基本情况进行了摸底，编印了《央企老照片——中央企业历史

文化遗产图册》，展示了国防科工、石油化工、电力、冶金、建筑等行业的发展轨迹、历史遗存与工业遗产。

2018年，住建部发布《关于进一步做好城市既有建筑保留利用和更新改造工作的通知》，提出要充分认识既有建筑的历史、文化、技术和艺术价值，坚持充分利用、功能更新原则，加强城市既有建筑保留利用和更新改造，避免片面强调土地开发价值，防止"一拆了之"。坚持城市修补和有机更新理念，延续城市历史文脉，保护中华文化基因，留住居民乡愁记忆。

2016—2019年，中国文物学会和中国建筑学会分四批公布"中国20世纪建筑遗产"名录，共396项，其中有64项工业遗产，占总数的16.2%。

2018—2019年，中国科协与中国规划学会联合公布两批"中国工业遗产保护名录"，共200项。同时，中国科协联合南京出版社出版了《中国工业遗产的故事》科普系列书，更是广泛唤起了公众对工业遗产保护的关注。

2005—2017年，自然资源部分四批公布了88座国家矿山公园。2017年，国家旅游局发布《全国工业旅游发展纲要》，充分挖掘和利用好工业文化，传承工业文明，实施工业旅游"十百千"工程，即10个工业旅游城市、100个工业旅游基地、1000个国家工业旅游示范点，并推出10个国家工业遗产旅游基地。

2010年以来，我国成立了多个工业遗产领域的学术组织，包括中国建筑学会工业建筑学术

委员会（2010年）、中国历史文化名城委员会工业遗产学部（2013年）、中国国史学会三线建设研究会（2014年）、中国文物学会工业遗产委员会（2014年）、中国科技史学会工业遗产研究会（2015年）等，工业遗产受到专家和学者的共同关注，成为学术研究的热点。工业遗产还吸引了大量规划师、建筑师参与到城市更新和既有工业建筑改造利用的实践当中，创造了丰富多彩的实践案例；他们成为我国工业遗产保护利用领域最强大的学术共同体，初步建构了我国工业遗产保护利用的学术体系。本套丛书的出版也将是作者们学术生涯的重要成果。

## 2. 回眸历史：树立国家丰碑

工业创造了曾经的辉煌，今天依然壮观美丽，工业遗产的价值得到越来越广泛的认识，工业美学得到越来越多的欣赏。英国、法国、德国、美国、日本等工业强国，把工业遗产保护作为国策，彰显了各国政府对人类工业文明的重视，展示了各国工业化进程的经验和成果，这是特别值得我们深刻思考的。工业遗产在广袤的大地上留下了独特的工业景观，见证了空想社会主义的社会实验，探索了现代城市规划方法和新建筑思想，其影响持续至今。

以造纸、酿酒、陶瓷、盐业、矿冶、桥梁、水利、运河为代表的中国古代传统工艺和手工业是中华民族智慧的结晶。洋务运动"自强""求富"，引进西方先进的科学技术，兴办近代军事

工业和民用企业，迈出了中国近代工业发展的第一步。民族资本家的"实业救国"使中华民族摆脱贫穷，实现自救。殖民工业见证了侵略者的掠夺和中国遭受的耻辱。抗战工业展现了中国人民不屈不挠的决心。革命工业遗产谱写了中国人民英勇奋斗的壮丽篇章。

中华人民共和国成立后，国民经济恢复时期的建设项目、"一五""二五"时期苏联援建的156项目，奠定了新中国工业化的坚实基础。三线建设开启了西部大开发的序幕，中国的工业布局得到进一步完善，国防工业得到进一步发展。改革开放前以四大化纤基地和八大化肥厂为代表的"四三方案"，以及以宝钢和深圳"三来一补"工业企业为代表的改革开放工业建设的伟大成就，书写了中国工业化的历史，树立了一座座中国工业化进程的丰碑。

中华人民共和国成立70年，我们逐步建立了独立、完整的工业体系和国民经济体系，实现了从工业化初期到工业化后期的历史性飞跃，实现了从落后的农业国向世界工业大国的历史性转变，这两大历史性成就表明：我们在实现强国之梦的征程上迈出了决定性的步伐，这为我国工业遗产的未来发展树立了坐标。

## 3. 牢记使命：传承文化精神

中国今天的工业辉煌是用历史书写的，是前辈们用勤劳和汗水、聪明和智慧以及文化和精神铸就的。前辈学者们在工业发展历史的茫茫大海

中去发现那些有价值的工业遗产，为我们的研究奠定了坚实的基础，让我们获益匪浅。

2015年11月21—23日，"中国第六届工业遗产学术研讨会"在华南理工大学召开。其间，华南理工大学出版社提出了组织出版"中国工业遗产丛书"的思路和想法，得到了专家们的认同和响应。之后历经上海、南京、鞍山、郑州四届年会的专题研讨会，不断丰富思路，细化计划，组织撰写。

本套丛书以省、直辖市为单位，将本地区工业发展的历程，工业遗产的保存、保护与活化利用工作进行梳理和总结，并通过大量的田野调查、研究成果、实践案例、政策法规的汇总，展现了本地区工业遗产的全貌，从而使本套丛书成为中国工业遗产集大成之作。

对于本套丛书的出版，华南理工大学出版社卢家明社长、周莉华副总编给予了大力支持，赖淑华编审、骆婷编辑全程负责项目推进和实施，在此特别感谢。也特别感谢撰写书稿的各位作者，他们来自多所大学，多年来做了大量现状调查，取得了丰硕的研究成果；他们还培养了大量研究生，参与了多项规划设计项目；结合书稿的需要，他们又补充进行了大量的资料搜集和现场调查、测绘，付出了艰辛和努力；特别是工业遗产分散，三线、军工遗产丰富的省份作者，他们付出的努力更加令人钦佩。

很多丛书分卷的作者开展了口述历史的搜集和整理工作，采访了工业企业的开创者、建设者、亲历者，包括各级领导、劳模、工人，收集了大量珍贵的文献档案、影像资料和工业文物；采访了文创园区的经营者和游客，开展问卷调查，大大丰富了本套丛书的内容，甘之如饴。

## 4.　结语

工业遗产书写了中国工业化的进程，承载着国家记忆和民族精神，是不朽的历史丰碑，是中国优秀文化的重要标识，是中国为人类文明的进步所做贡献的重要见证。让我们以更加饱满的热情、更加旺盛的斗志、更加严谨的作风投身到工业遗产调查研究、保护利用的事业中去，让工业遗产所承载的工业精神，凝结为中国人民和中华民族的优秀"基因"，为中国的"文化自信"做出新的贡献。

刘伯英

2020年12月

# 前言

　　工业是推动城市建设、经济发展的引擎。北京的工业发展历史源远流长，传统手工业在明清时期就已十分繁荣，而近代民族工业则在民国时期形成规模，并逐步开启了北京近代工业化进程。自1949年中华人民共和国成立以来，现代工业在北京得到了蓬勃发展，70多年的工业化建设取得了辉煌的成就。工业遗产是工业建设成就与工业文明进程的重要见证，具有极其丰富的内涵，既包括工业建筑、设施设备等物质遗产，也包括企业文化、管理制度、生产工艺等非物质遗产，拥有独特的历史、文化、社会、科学、艺术和经济利用价值，同时也是文化遗产的重要组成部分。

　　北京曾一度作为国家的"工业城市"和"经济中心城市"，在现代化建设过程中积累了数量众多、类型丰富的工业遗产，既包括广义工程技术遗产，也包括狭义近现代工业遗产。其广义遗产可追溯到大运河、古观象台等一批具有开创性意义的科学或工程技术成就，其狭义遗产可追溯到京张铁路、度支部印刷局、首都钢铁公司、798工厂、北京焦化厂、北京火车站、原子能"一堆一器"等一批对国家和民族产生深远影响的近现代工业建设成就。这些遗产中有些因价值突出而被列为各级重点文物保护单位或被列入遗产保护名录，有些则因区位、空间或风貌的优势而被改造成各类创意空间，成为城市存量资源的"宠儿"。根据最新一轮北京市总体规划要求，到2035年城区产业用地占全市城乡建设用地规模的比重将从现状的27%压缩至20%甚至更低，规模巨大的工业用地将持续面临"转性"与"转型"的压力，为了实现工业遗产的科学保护与合理利用，有必要对北京工业发展历史、工业遗产与工业资源现状、保护与再利用方式和经验等进行全面系统的梳理。

本书不仅包括对北京工业建设历史的回顾、工业遗产现状的记录和描绘，还包括对其保护与再利用历程的回顾和梳理，同时也探讨了工业遗产作为一种空间资源，如何在城市建设和经济发展中发挥更加突出和独特的作用，将其遗产价值延伸和拓展至城市未来发展的大格局中。

相信随着城市更新的不断推进和人们对工业遗产理解的不断深入，工业遗产的保护与再利用将迎来更大、更广阔的天地。

著者

2020年10月

# 目 录

# 第 6 章　百花齐放：北京工业遗产保护与利用典型案例实录

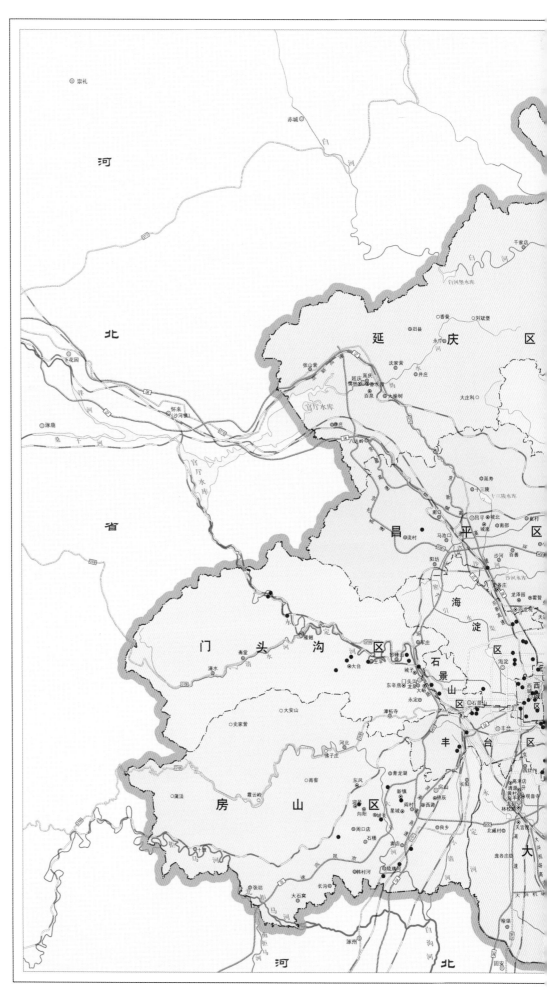

北京地区工业遗产分布位置图

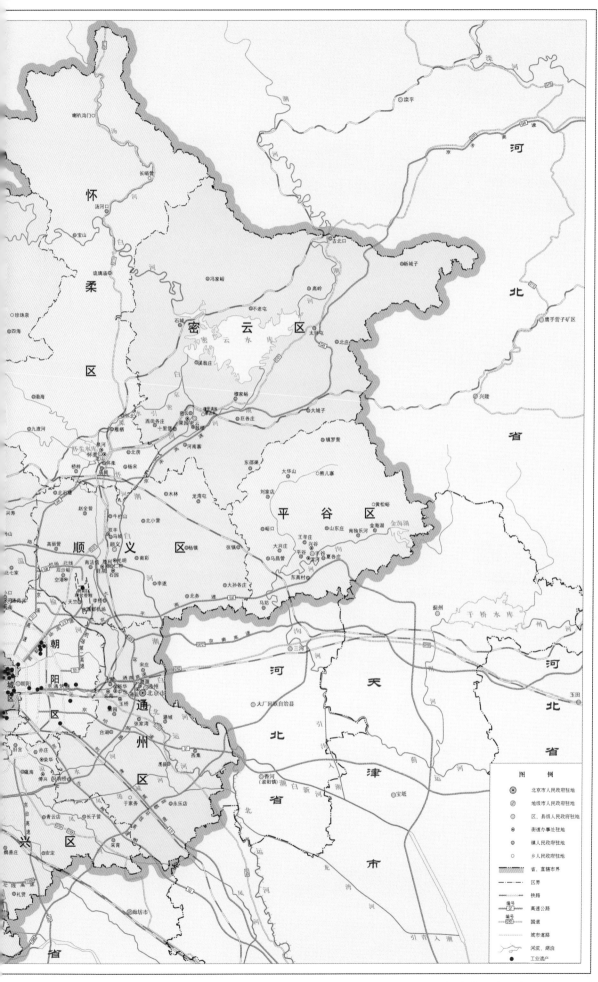

审图号：京S（2020）032号

# 第 1 章

## 绪 论

北京是中国历史上的重要都城之一，作为中华人民共和国的首都，北京是全国政治中心、文化中心、国际交往中心与科技创新中心。在中华人民共和国七十多年的发展历程中，围绕"工业发展、转型与升级"的讨论从未停止。从中华人民共和国成立初期"变消费城市为生产城市"，到改革开放时期"退二进三"，再到新时代"产业发展从制造转向创造"[1]，工业建设为推动北京城市化和现代化进程提供了强大动力，工人群体为实现首都经济的腾飞和社会转型做出了巨大贡献，而工业遗产作为见证工业建设成就和工人阶级生活的物质空间，具有重要的历史、文化、社会、技术以及艺术价值。《下塔吉尔宪章》指出："工业遗产是工业文明的遗存，凡为工业活动所造建筑与结构，此类建筑与结构中所含工艺和工具以及这类建筑与结构所处城镇与景观，以及其所有其他物质和非物质表现，均具备至关重要的意义。"作为物质文化遗产的重要组成部分，北京近现代工业遗产集中反映了首都工业发展的历史轨迹，展示了中国特色社会主义工业化建设所取得的伟大成绩，具有不可估量的重大意义。

## 1.1　地理位置与人口规模

北京处于华北平原与太行山脉、燕山山脉交界地区，城市西部、北部和东北部由群山环绕，东南方向是由永定河、潮白河等河流冲积而成的平原地区。市域面积16410平方公里，下辖16区，包括东城区、西城区、朝阳区、海淀区、丰台区、石景山区、通州区、大兴区、房山区、昌平区、怀柔区、延庆区、门头沟区、平谷区、顺义区以及密云区（图1-1-1）。

北京人口规模常年居全国首位，截至2018年底，北京市共有常住人口2154.2万人，占全国人口总数1.54%，其中三次产业从业人口数量为1237.8万人，从事第二、三产业人口数量为1192.4万人，占从业人口总数96.3%。

第二产业从业人口在相当长一段时间内曾是北京从业人口的主体，特别是在1985年前后达到峰值，占全市从业人口总数的46%，近一半北京从业人口从事工业生产活动，接近典型"工业城市"人口规模。此后，北京逐步开始产业结构调整，"退二进三"成为发展方向。到1993年前后，第三产业从业人口规模首次超越了第二产业从业人口，并逐年递增，到2013年前后，第三产业从业人口数量已经达到第二产业从业人口的4倍，第二、三产业从业者已成为北京劳动人口的中坚力量（图1-1-2）。

北京既是国家首都，也是京津冀协同发展战略实施的核心城市之一，是京津冀一体化空间格局的中心城市。根据《北京城市总体规划（2016—2035）》，今天的北京正逐渐形成"一核一主一副、两轴多点一区"的城市空间结构。其中"一核"是指以东城区、西城区为主的"首都功能核心区"，面积92.5平方公里；"一主"是指"城六区"[2]所构成的城区范围，面积1378平方公里；"一副"是指以通州新城为主体的"北京城市副中心"，面积155平方公里；"两轴"是指中轴线及其延长线、长安街及其延长线；"多

① 引自《北京市"十三五"时期工业转型升级规划》。
② 北京"城六区"：东城区、西城区、朝阳区、海淀区、丰台区、石景山区。

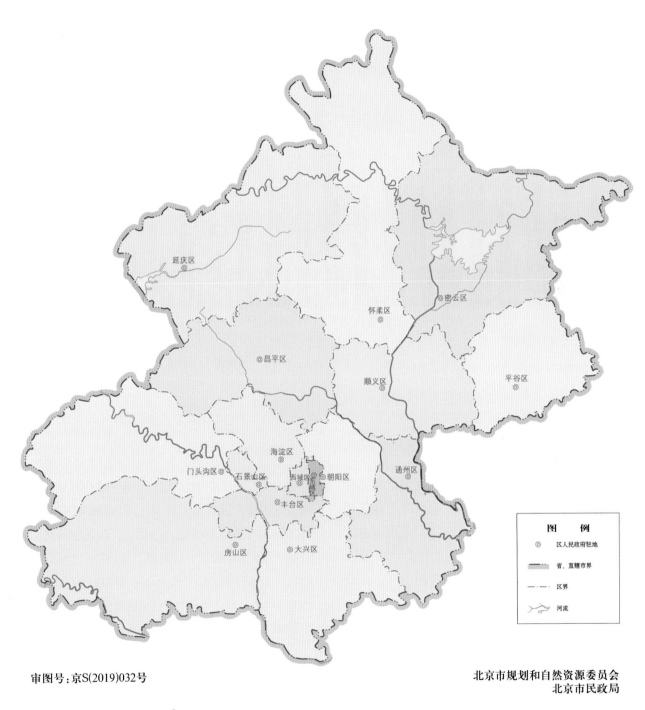

审图号：京S(2019)032号

北京市规划和自然资源委员会
北京市民政局

图1-1-1 北京行政区划图①
（资料来源：北京市地理信息公共服务平台）

① 本书中的图、表若未注明来源则均为作者原创。

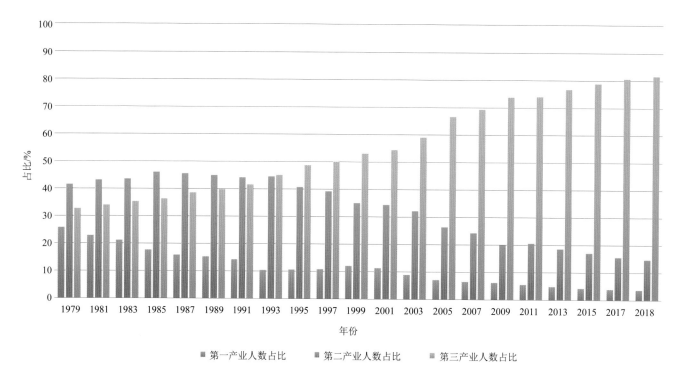

图1-1-2　北京三大产业从业人口数量历年比重
（资料来源：统计数据来自历年《北京市统计年鉴》）

点"是指位于平原地区的多个近郊新城，包括顺义、大兴、亦庄、昌平、房山，承接中心城区适宜功能和人口疏解等任务；"一区"是指生态涵养区，包括门头沟区、平谷区、怀柔区、密云区、延庆区，以及昌平区和房山区的山区，是北京城市外延的生态涵养区[①]（图1-1-3）。

## 1.2　工业建设与经济发展

自1949年中华人民共和国成立以来，北京工业经济发展迅猛，仅"一五"计划时期（1952—1957年）就完成了"从消费城市向生产城市"的

转变：第二产业产值在国民经济中的比重超越第一和第三产业产值并迅速增长。到1970年代中后期，第二产业产值达到峰值，占北京市国民经济总量的71.1%（1978年数据），此后，第三产业产值逐年增加，并在1994年前后实现了对第二产业产值的超越，到2018年底北京市第三产业比重高达81%，是第二产业产值的近4倍。

第二产业在长达40余年的时间里一直是国民经济的主要贡献者，直到20世纪末期，"退二进三"逐渐取得成效，以服务业、文化创意产业为代表的第三产业产值超越了第二产业，成为国民

---

① 资料来自《北京城市总体规划（2016—2035）》。

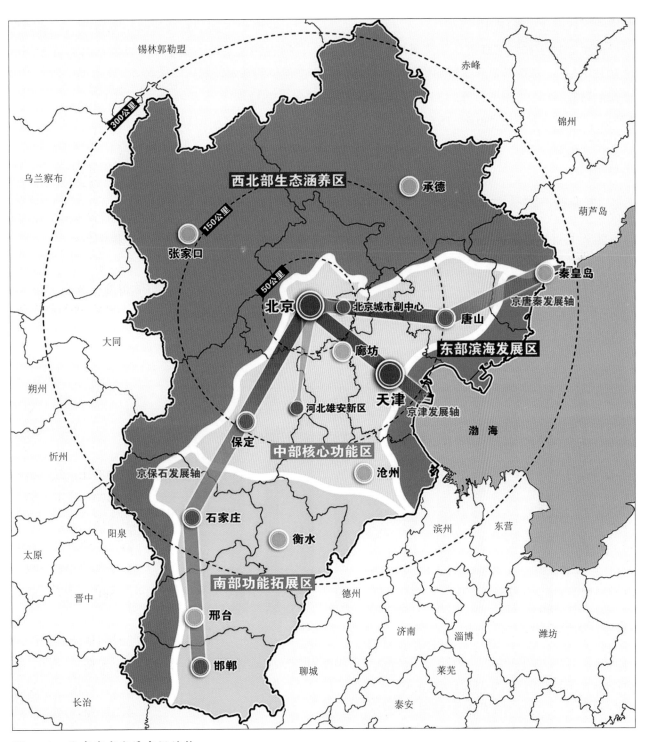

图1-1-3 北京城市发展空间结构

（资料来源：《北京城市总体规划（2016—2035）》）

经济的支柱产业（图1-2-1）。

截至2018年底，北京市全年实现地区生产总值30320亿元，其中第二产业增加值5647.7亿元，增长4.2%；第三产业增加值24553.6亿元，增长7.3%。三大产业比重达到0.4：18.6：81.0<sup>①</sup>，第三产业的主导地位明显，标志着北京已全面迈向后工业时代。

## 1.3　工业遗产与分布概况

随着北京城市职能不断调整，传统工业逐渐退出北京产业发展历史舞台，在过去十几年里，北京不断推进工业遗产保护工作，一批具有突出价值

的工业遗产得到了有效保留和再利用，一系列具有标志性意义的历史事件可以勾勒出北京工业遗产保护的基本轮廓：

2001年"京奉铁路正阳门火车站"与"国民政府财政部印刷局旧址"作为近现代产业遗产代表，第一次登录北京市级重点文物保护单位名录，开启了工业建筑作为历史建筑列为保护对象的先河，使工业建筑遗产获得了法定身份。

2003年798艺术区被《时代周刊》评选为全球最具文化标志性的22个城市艺术中心之一，引起了人们对现代工业建筑遗产的广泛关注。但按既定规划要求，798厂属被拆除范围，2004年2月清

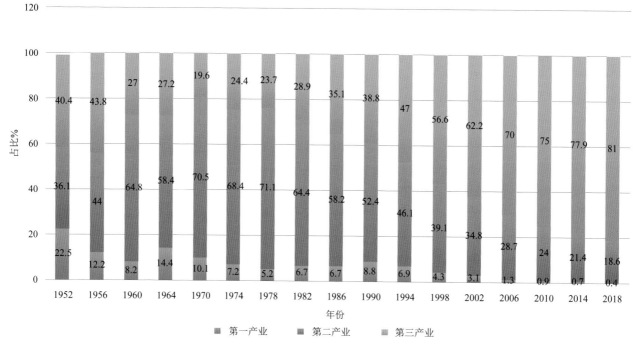

图1-2-1　北京地区三大产业产值历年比重

（资料来源：统计数据来自历年《北京市统计年鉴》）

---

① 数据来源：《北京市2018年国民经济和社会发展统计公报》，http://tjj.beijing.gov.cn/bwtt/201903/t20190320_418995.html。

华大学美术学院教授李象群向北京市"两会"递交提案《保护一个老工业建筑遗址，保护一个正在发展中的文化产业》，得到北京市政府"看一看、管一管、论一论"的宽容态度。2006年798正式获批为"北京十大文化创意产业聚集区"，标志着以798为代表的现代工业建筑遗产得到了官方认可和支持。

2006年开始，为配合北京奥运会建设，城区规模最大的工业企业——首都钢铁公司进入停产搬迁程序。首钢主厂区占地面积达7.07平方公里，搬迁停产后大量工业遗存如何处置成为北京需要面对的重要议题。在国家文物局、北京规划委、北京市工促局、清华大学等单位的联合推动下，首钢工业遗址地得到完整保留，并在遗产保护、城市更新以及为首都服务等目标中找到了平衡点，为工业遗址转型开发探索出一条具有首都特色的道路。

2014年京汉大运河遗址登录世界物质文化遗产名录，成为继都江堰水利工程之后我国第二个登录世界文化遗产名录的广义工业遗产项目。截至2019年12月，不同管理部门发布的各类遗产或文物保护单位名录中涉及的北京工业遗产项目共计65个（图1-3-1）。①

---

① 该数据统计了国家工业和信息化部公布的"国家工业遗产名单"，中国科学技术协会、中国城市规划学会等部门公布的"中国工业遗产保护名录"，国资委公布的"中央企业工业文化遗产名录"，以及"北京市优秀近现代历史建筑"（第一批）、"中国20世纪建筑遗产"项目、"北京市历史建筑名单"（前三批），还有国家文物局、北京市文物局等部门公布的各级文物保护单位，暂不包括进入普查名单但尚未被列为文物保护单位的工业遗存。在多个名录中重复出现的遗产地只计一处。

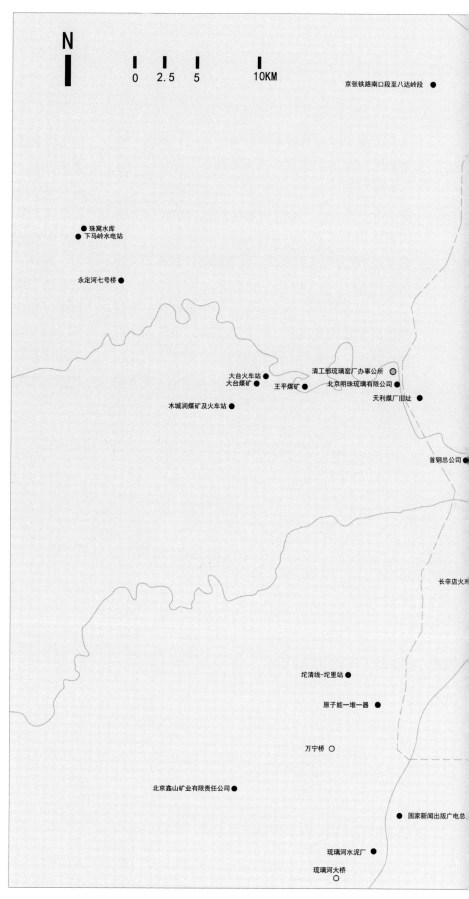

图1-3-1　65个登录各类名录的北京
　　　　 地区工业遗产

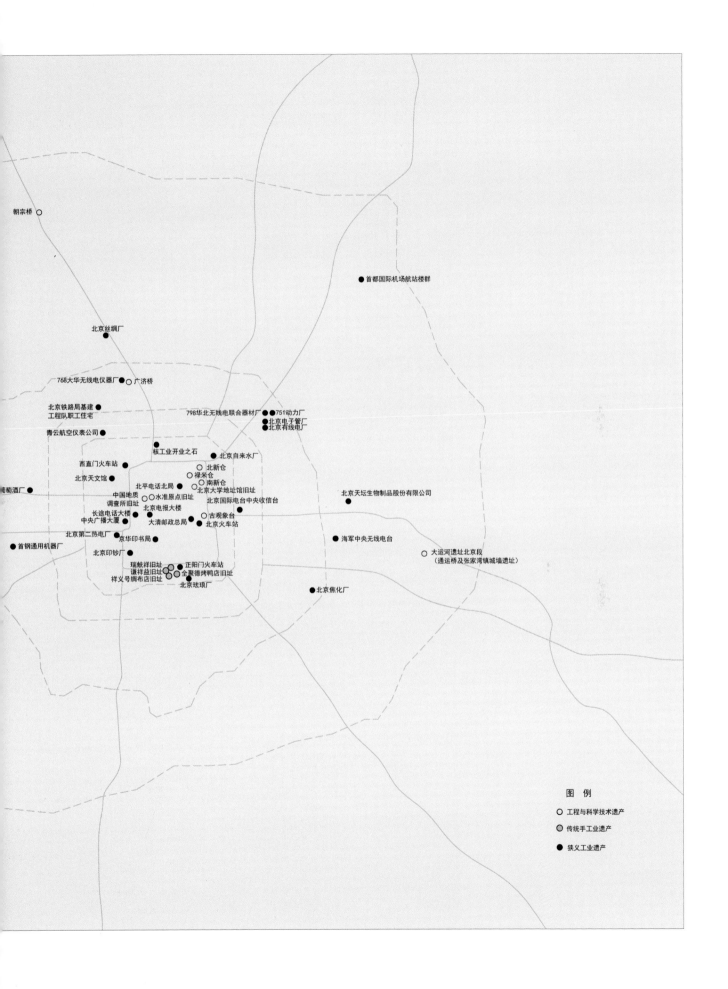

朝宗桥 ○

北京丝绸厂 ●

768大华无线电仪器厂 ● ○ 广济桥

北京铁路局基建 ●
工程队职工住宅

青云航空仪表公司 ●

核工业开业之石 ●

● 首都国际机场航站楼群

798华北无线电联合器材厂 ● ● 751动力厂
北京电子管厂 ●
北京有线电厂 ●

● 北京自来水厂

西直门火车站 ●
北京天文馆 ●

葡萄酒厂 ●

○ 北新仓
○ 禄米仓
○ 南新仓
北京大学地址馆旧址 ○

北平电话北局 ●
中国地质 ○ 水准原点旧址
调查所旧址 ○
北京电报大楼 ●
长途电话大楼 ●
中央广播大厦 ●
北京第二热电厂 ●
首钢通用机器厂 ●
京华印书局 ●
北京印钞厂 ●

北京国际电台中央收信台 ○

● 北京天坛生物制品股份有限公司

大清邮政总局 ●
○ 古观象台
北京火车站 ●

● 海军中央无线电台

● 大运河遗址北京段
（通运桥及张家湾镇城墙遗址）

瑞蚨祥旧址 ◉
谦祥益旧址 ◉
祥义号绸布店旧址 ◉
正阳门火车站 ●
全聚德烤鸭店旧址 ●
北京珐琅厂 ●

● 北京焦化厂

图 例

○ 工程与科学技术遗产

◉ 传统手工业遗产

● 狭义工业遗产

9

第 2 章

往昔回眸：
北京工业发展历史

北京工业发展源远流长，在传统手工业和近现代工业发展的各个时期，先后诞生了不同门类的产业：西周时期北京就已有青铜器制造工艺，金朝兴起印刷术，元代京西地区已经出现土法采煤，到明清时期，西方工业产品以西洋礼物的方式进入宫廷，使北京有机会成为最早接触工业革命成果的城市。

19世纪中后期，两次鸦片战争的失败使中国人真正感受到工业革命带来的强大冲击，"被动的"工业化进程就此开启。清政府、北洋政府、国民政府先后创办了一系列工矿企业：从1872年的通兴煤矿到1883年的神机营机器局，从1888年的西苑铁路到1909年的京张铁路，从1919年的龙烟铁矿附属石景山铁厂到1938年日军占领北京建设的东郊工业区……20世纪上半叶的工业建设奠定了北京近代工业基础。

1949年中华人民共和国成立并定都北京，开启了现代工业建设进程。从"一五"计划开始，北京在纺织、钢铁、能源、化学、石油、电子、交通运输等领域全面发力，建设了北京棉纺一厂、二厂、三厂和北京第一热电厂、北京焦化厂、北京电子管厂、华北无线电器材联合厂等，现代工业实现了从无到有、从弱到强的历史蜕变（表2-0-1）。

北京的工业发展大体可分为四个历史阶段：传统手工业发展时期（1860年以前）、近代工业起步时期（1860—1949年）、现代工业建设时期（1949—2006年）以及后工业化转型时期（2006年至今）。

表2-0-1　不同历史时期北京创办的代表性工矿企业

| 产业门类 | 传统手工业发展时期 | 近代工业起步时期 | | | 现代工业建设时期 | |
| --- | --- | --- | --- | --- | --- | --- |
| | 西周至明清 | 清政府时期（1860—1911） | 北洋政府时期（1912—1927） | 民国政府时期（1928—1948） | 中华人民共和国时期 | |
| | | | | | 国民经济恢复时期（1949—1952） | "一五"计划及之后（1952年后） |
| 煤炭开采 | 煤窑开采（元代） | 通兴煤矿（1872） | 中英门头沟煤矿（旧通兴煤矿）（1923） | 长沟峪煤矿（1930） | 北京市煤炭公司门头沟公司（1949） | 大台煤矿（1954） |
| | | | | 木城涧煤矿（1939） | | |
| 印刷工业 | 印造钞库（1154） | 撷华书局（1884） | 北京大学出版部印刷所（1918） | 新民印书馆（1939） | 新华印刷厂（1949） | 北京胶印厂（1953） |
| | | 度支部印刷局（1908） | 京华印书局（旧撷华书局）（1920） | | | |

续上表

| 产业门类 | 传统手工业发展时期 | 近代工业起步时期 | | | 现代工业建设时期 | |
|---|---|---|---|---|---|---|
| | | | | | 中华人民共和国时期 | |
| | 西周至明清 | 清政府时期（1860—1911） | 北洋政府时期（1912—1927） | 民国政府时期（1928—1948） | 国民经济恢复时期（1949—1952） | "一五"计划及之后（1952年后） |
| 纺织工业 | 染织局（1485） | 溥利呢革厂（1909） | 华兴织衣公司（1912） | 清河制呢厂（旧溥利呢革厂）（1939） | 光华染织一厂（1951） | 北京第一棉纺厂（1953）<br>北京第二棉纺厂（1954）<br>北京第三纺织厂（1955） |
| 酒类或饮品制造 | — | 上义酒厂（1908） | 北京双合盛啤酒厂（1915） | 私营北平制冰厂（今北京北冰洋食品公司）（1936）<br>北京啤酒厂（1938） | 华北酒业专卖总公司（今北京红星酿酒集团公司）（1949） | 北京东郊葡萄酒厂（1955） |
| 机械制造 | — | 神机营北京机器局（1883） | 永增铁工厂（1912） | 慈型铁工厂（1928） | 北平机器总厂（今北京第一机床厂）（1949） | 华北金属结构厂（1953）<br>北京重型电机厂（1958） |
| 水供应 | — | 京师自来水股份有限公司（1910） | 北京自来水股份有限公司（旧京师自来水股份有限公司）（1923） | 北平自来水股份有限公司（旧北京自来水股份有限公司）（1931） | 北京第二水厂（1949） | 官厅水库（1954） |
| 电力热力供应 | — | 西苑电灯公所（1888）<br>京师华商电灯股份有限公司（1906） | 石景山发电分厂（旧京师华商电灯股份有限公司）（1919） | 北平华商电灯公司（1930）<br>石景山发电所（1937） | 石景山发电厂（旧石景山发电所）（1949） | 北京第一热电厂（1957） |

续上表

| 产业门类 | 传统手工业发展时期 | 近代工业起步时期 | | | 现代工业建设时期 | |
| --- | --- | --- | --- | --- | --- | --- |
| | | | | | 中华人民共和国时期 | |
| | 西周至明清 | 清政府时期（1860—1911） | 北洋政府时期（1912—1927） | 民国政府时期（1928—1948） | 国民经济恢复时期（1949—1952） | "一五"计划及之后（1952年后） |
| 铁路运输 | — | 西苑铁路（1888）<br>津卢铁路（1896）<br>京汉铁路（1900）<br>京门铁路（1907）<br>京张铁路（1909） | 环城铁路（1916） | 京门铁路大台线（1928） | — | 京山线铁路（1954）<br>陀里线支线重建（1954）<br>京广线丰台段（1955）<br>新北京火车站（1959） |
| 机车制造 | — | 长辛店铁路机厂（1901） | — | 长辛店铁机厂（旧长辛店铁路机厂）（1945） | 铁道部长辛店铁路工厂（1949） | 长辛店机车车辆修理厂（今二七车辆厂）（1958） |
| | | 京张制造厂（1906） | 南口机车厂（旧京张制造厂）（1916） | — | 南口铁路工厂（旧南口机车厂）（1950） | 南口筑路机械修理工厂（1953） |
| 航空运输 | — | 南苑机场（1910） | — | 西郊机场（1938） | — | 首都国际机场1号航站楼（1957） |
| 电子工业 | — | 通州电报局（1883） | — | 华北电信电话股份有限公司（1941） | 北京人民广播器材厂（1950） | 北京电子管厂（1956）<br>北京有线电厂（1957）<br>华北无线电器材联合厂（1957） |

续上表

| 产业门类 | 传统手工业发展时期 | 近代工业起步时期 | | | 现代工业建设时期 | |
|---|---|---|---|---|---|---|
| | | | | | 中华人民共和国时期 | |
| | 西周至明清 | 清政府时期（1860—1911） | 北洋政府时期（1912—1927） | 民国政府时期（1928—1948） | 国民经济恢复时期（1949—1952） | "一五"计划及之后（1952年后） |
| 冶金工业 | 青铜兵器、礼器等（西周时期） | — | 龙烟铁矿附属石景山炼铁厂（1919） | 石景山制铁所（旧石景山炼铁厂）（1937）<br>日本兴中公司株式会社久保田铁工所（1937） | 石景山钢铁厂（旧石景山制铁所）（1949） | 石景山钢铁公司（1958） |
| 化学工业 | 陶瓷制作（东汉时期） | — | — | 北京酸素株式会社（1938） | 公营新建化学制药厂（1949）<br>北京新华化学试剂研究所（1950） | 北京炼焦化学厂（1958）<br>东方红炼油厂（1967） |
| 医药制造 | 同仁堂（1669年） | — | — | 私营中亚制造社（1931）<br>北支制造株式会社（1938） | 达仁堂国药改进研究室（1952） | 北京化学制药厂（1952） |
| 仪器仪表 | — | — | — | — | 北京度量衡厂（1949） | 北京仪器厂（1954）<br>北京光学仪器厂（1954）<br>北京照相机厂（1958）<br>北京玻璃仪器厂（1958） |

## 2.1　源远流长：传统手工业发展（1860年以前）

北京手工业发展历史悠久，工艺制品驰名中外，早期玉器、雕刻制品、景泰蓝、地毯、花丝等产品精巧华丽，具有很高的艺术价值，同时，为封建帝王修建宫殿、庙宇等服务的建筑材料行业亦有一定程度的发展，传统手工业在明清时期一度达到顶峰。

### 2.1.1　早期手工业发展

目前已知早在西周、东汉时期，北京地区（旧燕国）就已经铸造有青铜礼器、兵器、车马器和铜质手工工具[①]。1974年在房山琉璃河地区发现的"堇鼎"，是西周早期制造的青铜器，通高62厘米，口径47厘米（图2-1-1），造型雄浑凝重，纹饰简洁古朴，是北京地区出土青铜礼器中形体最大、最重的一件，代表着北京地区青铜文化发展的高水平。元朝至元四年（1267年），为修筑元大都，朝廷从山西征集琉璃艺人在海王村（今和平门外琉璃厂）设窑烧制琉璃瓦件，和平门外琉璃厂因此得名。到明朝永乐二十年（1422年），京畿地区设黑窑厂、琉璃厂等五大厂，均分布于紫禁城外。

### 2.1.2　本土手工业发展

明朝时期北京传统手工业已十分发达，至清朝时期则有进一步发展，仅官办手工业就达到61种之多[②]，特别是玉雕、金银首饰等工艺美术行业十分昌盛，产品除供应本地居民之外，还销往全国各地甚至海外地区。传统手工业从业者在皇城四门、钟鼓楼等地建立起商铺，形成"前店后

图2-1-1　北京地区出土青铜器堇鼎
（资料来源：首都博物馆）

坊"格局。清朝康熙年间（1662—1722年），北京内城一些街巷如织染局胡同、火药局胡同、酒醋局胡同、盔甲厂胡同等，均是工匠、艺人按行业分类进行集中劳作的地方；白纸坊成为北京南城最大的手工造纸聚集地，曾拥有数百家造纸作坊；珠市口成为皮毛行业的主要聚集地；崇文门外大街则为铁器店铺聚集地。至清光绪年间，北京老城内已遍布数百个传统手工作坊[③]。

### 2.1.3　西方舶来品入华

明朝，传教士进入中国，自鸣钟作为西洋礼物一同来到中国。据明朝《五杂俎·天部二》记载，"西僧利玛窦有自鸣钟，中设机关，每遇一时辄鸣"，机械式西洋钟表逐渐为社会各阶层所熟知。1760年代以后，西方人进献清朝廷的"奇

---

① 北京市工业促进局 . 北京工业大事记 [M]. 北京：北京燕山出版社，2008.

② 中国人民大学工业经济学系 . 北京工业史料 [M]. 北京：北京出版社，1960.

③ 北京经济委员会 . 北京工业志·综合志 [M]. 北京：北京燕山出版社，2003.

珍异宝"多是工业革命产物。作为清政府的权力统治中心，北京成为了最早接触和享受工业革命成果的城市。

西洋礼物中尤以使用机械齿轮作为驱动装置的钟表最为典型。康熙皇帝对西方科学兴趣浓厚，喜爱收集西洋钟表，在清宫造办处自鸣钟处下设制钟作坊，聘请西洋"有技艺之人"专门仿制、维修西洋钟表。1780年，英国伦敦威廉森钟表厂制造的"铜镀金写字人钟"进献乾隆皇帝。钟底是写字机械人，二层为计时部分，三层敲钟人每逢3、6、9、12时后，便击碗奏乐，四层亭内两人旋转拉开桶内"万寿无疆"四字横幅，其中写字机械人由一套独立机械装置操控，启动开关便可以在面前的纸上写下"八方向化、九土来王"（图2-1-2）。

到清朝中后期，北京、福建、广州等地都出现了多个钟表制造作坊，整体质量虽不及西洋钟表，但是供奉朝廷的精品已完全可以与之媲美。此外，使用金属、玻璃和现代光学原理制造的望远镜，使用金属器材加工制造的西洋乐器、自动火鸟枪等，也先后走进达官显贵阶层。西方工业革命的成果，从北京宫廷逐渐渗透至中华大地。

## 2.2　星火燎原：近代工业起步（1860—1949年）

近代工业在北京的出现并非偶然。两次鸦片战争失败后，西方资本主义经济势力由沿海开埠城市入侵内陆地区。除掠夺自然资源外，倾销工业产品、攫取经济利益是西方列强的重要目的。作为清朝宫廷所在地，北京也自然而然地成为最早

图2-1-2　英国伦敦威廉森钟表厂制造的"铜镀金写字人钟"

（资料来源：摄于故宫博物院钟表馆）

接触到现代工业革命成果的城市之一。电灯、铁路与机车、纺织、洋火、自来水等一系列新鲜事物极大地冲击了传统手工业和封建经济基础。

作为清政府政治和权力中心，北京在面对"近代化"的过程中一直秉持谨慎而保守的态度。1895年《马关条约》意图将北京变为开埠城市，遭到清政府拒绝，因此，近代工业在北京的

① 陈静 . 近代工业在天津的兴起和工业城市地位的形成 [J]. 天津经济，2013(7):48-50.
② 张国辉 . 洋务运动与中国近代企业 [M]. 北京：中国社会科学出版社，1979.

出现略晚于沿海地区通商口岸城市①②。根据政权统治更迭变化，北京的近代工业可以分为三个历史阶段：

（1）第一阶段：清政府时期（1860—1911年）

清政府统治晚期是北京从农耕社会向工业社会转型的启蒙阶段。受鸦片战争冲击，清政府在1860年代开始推行洋务运动，近代工业在北京出现萌芽。这一时期出现了官办工业、官商合办、官督商办、中外合资等多种经营方式，清政府通过引进西方机器设备、聘请洋人技师管理等方式，兴建了一批较为先进的工业企业。但这一时期工矿企业产品主要为达官显贵阶层享用，普通百姓几乎无缘接触。

《马关条约》和《辛丑条约》使西方列强大肆垄断资源，特别是对采矿业和铁路修筑等领域的巧取豪夺，使清政府在工业发展上的统治能力土崩瓦解，加速了清朝走向没落的边缘。

（2）第二阶段：北洋军阀时期（1911—1928年）

北洋军阀统治时期是民族资本主义工商业蓬勃发展时期。辛亥革命结束了封建帝制，洋务运动遗留的官办企业被北洋政府接管，民族资本主义悄然诞生，一批由民族资产阶级兴办的私营工矿企业在北京陆续出现，尤其集中在轻工业如纺织、糖酒制造等领域，工业产品陆续走进普通人家，人民生活水平得到了一定程度改善。

与此同时，国内军阀混战与第一次世界大战，使统治阶级意识到煤炭、冶金、电力等重工业是攫取经济利益和掌控国家资源的关键，因此，军阀官僚和资本家大力发展钢铁、煤炭及其附属产业，由此开启了近代中国重工业发展的序幕。

（3）第三阶段：国民政府时期（1925—1949年）

国民政府统治时期是北京近代工业向现代工业发展的过渡时期。各地军阀掌控的官办企业被国民政府继承，民族资本主义工业得到进一步发展。但1937年日本侵占北京后，大力发展殖民工业，大规模建设和改造北京，集中兴建了一批轻工企业，如化学、医药、糖酒等，同时改扩建了钢铁、铁路机车、煤炭等重工业企业，以满足其殖民统治和侵略战争需要。抗日战争期间，北京民族资本主义工业受到重创，一方面缘于日本侵略者的占领和压迫，另一方面日货倾销造成市场饱和，大批民族工业在这一时期倒闭或关停。

解放战争期间，北京虽并未发生战事，但工业发展几乎停滞不前。1949年年初，人民政府陆续接管北京各类工业企业，并重点恢复钢铁、煤炭、电力等领域生产建设，为中华人民共和国成立和大规模工业建设奠定基础。

### 2.2.1　强弩之末：清朝统治时期

19世纪下半叶的两次鸦片战争，重击了沉睡中的清朝统治阶级，西方工业革命的成果已经迅速席卷全球，闭关锁国的大清帝国亦无法独善其身。蒸汽机作为工业革命最重要的成就，较早地在北京的煤炭开采的铁路机车领域中应用。

蒸汽动力极大地提高了煤炭开采效率。北京地区最先应用蒸汽动力装置的工矿企业可追溯到1870年代创办的京西通兴煤矿。1872年，清政府官办"通兴煤矿"（今门头沟煤矿前身）①，矿权人段益三。1896年，段益三招请美国商人施穆与其合股开采，并更名为"中美合办通兴煤矿"，

---

① 引自 http://www.bjmtg.gov.cn/bjmtg/zjmtg/lsyg/index.shtml。

图2-2-1　通兴煤矿历史照片
（资料来源：《北京志·煤炭志》）

成为当时国内煤矿开采行业中第一个引进外资、使用蒸汽机等机械设备的工矿企业。此后，随着《马关条约》和《辛丑条约》等不平等条约的签订，通兴煤矿先后被美国、德国、比利时、英国

等国的资本控制。后英国势力范围逐步扩大，并最终将煤矿据为己有，于1908年更名为"中英合办通兴煤矿"（图2-2-1），煤矿名义经理为吴懋痛，但实际上英国控制了主要煤区的开采权①。

1888年北京西苑三海大兴土木，营建宫殿，仪銮殿首次安上了电灯，电力供应第一次进入中国。与此同时，清朝廷从中海到北海修建了中国第一条皇家专用铁路——西苑铁路（亦称紫光阁铁路），全长1.5公里，南起中海瀛秀园，北至北海静心斋，为慈禧往来北海和紫禁城提供了便利。车厢从法国新盛公司订制，共6节车厢，包括1节上等豪华车厢，2节上等普通车厢，2节中等车厢，1节行李车厢（图2-2-2）。其中上等豪华车厢为慈禧太后专用，其余车厢为宗室外戚、王公大臣使用；慈禧专用车厢陈设华美，做工精良，车厢被隔成一大一小两个房间，外间用于召见随行官员，里间是休息厅。仪銮殿电灯与西苑铁路的出现，标志着清朝统治阶级已率先开始接受并享

图2-2-2　专供慈禧乘坐的小火车历史照片
（资料来源：https://dy.163.com/v2/article/detail/DL6EGA210525CD92.html）

① 张微微.民国时期门头沟煤矿工人生活研究（1917—1945）[D].郑州：郑州大学，2014.

用工业革命成果。

西苑铁路虽然得到慈禧太后喜爱，但终究是供奉统治阶层的"奇物"。铁路真正的作用在于让西方列强拥有掠夺和运输资源的能力。1895年《马关条约》签订之后，铁路修筑权被西方各国势力垂涎。1897年，天津海关道盛宣怀奉旨督办铁路，英、美、德、法等西方列强就此展开了争夺卢保铁路修筑权的斗争。1898年由代表俄、法集团利益的比利时银行出面与清政府签订修筑卢汉铁路借款合同，实际筑路权由法国人操控。为了协助修路和准备车辆，1901年长辛店三合庄建立"邮传部京汉铁路长辛店机厂"，由法国人图耶设计并管理工厂，这是清末时期北京最大机械厂。1910年该厂名义上收归国有，但实际上厂务总管和厂长仍由法国人或比利时人担任，直到1949年后才彻底划归中国人掌管。

1860年代到1890年代期间，清政府尝试推动"洋务运动"实现"师夷长技以自强"，试图通过学习和引进先进的西方技术和设备，取代低效率的传统手工制造。1883年，主持天津机器局的李鸿章力劝醇亲王奕譞在京设局，"宜酌设一局，以开风气而便提携"。清政府派30名官兵赴天津学习洋炮及各种军火机器制造，返京后在京西三家店成立"神机营机器局"，并从欧洲引入机床等机械设备制造西式枪炮。此时，全国范围内已经有24家机器制造局（含火药局），北京神机营机器局在设立时间顺序上位列19位，在营建规模上属于中等，但却是北京近代机械制造的第一家工厂。次年，清政府在虎坊桥南新华街开办

了印制谕折的撷华书局，后年被上海商务印书馆买下并更名为"京华印书局"[①]（今北京市文物保护单位）（图2-2-3）。这座四层建筑采用了当时先进的钢筋混凝土框架结构，平面呈三角形，中间形体较高，两侧形体低矮，形似轮船，现保存有北京唯一的木制导轨电梯。

1905年，在北京商人温祖筠的倡议下，光绪帝亲自御批圣旨批建"京师丹凤火柴有限公司"，在崇文门外后池一号择地2公顷，建厂房、安机器，生产"红丹凤"牌火柴，并成立了京城第一家火柴工业工厂。此外，京张制造厂（今昌平区南口镇北，1906年）、溥利呢革厂（今清河毛纺厂前身，1907年）（图2-2-4）、京师自来水股份有限公司（今东直门北京市自来水集团前身，1908年）等企业相继出现（表2-2-1）。

图2-2-3　京华印书局历史照片
（资料来源：《北京志·印刷工业志》）

①京华印书局恢复"船楼"外貌 [N]. 北京日报，2005-9-16.

图2-2-4　1908年溥利呢革厂实景

（资料来源：《北京志·纺织工业志》）

表2-2-1　清政府时期北京地区创办的部分代表性工矿企业（1860—1911）

| 产业门类 | 代表性工业企业 | 建成年份 | 备 注 |
|---|---|---|---|
| 煤炭开采 | 通兴煤矿 | 1872 | 设备采购自英国、美国、比利时等 |
| 电力工业 | 西苑电灯公所 | 1888 | 向丹麦祁罗弗洋行购买电灯一套，专供慈禧宫殿 |
| | 京师华商电灯公司 | 1905 | 设备采购自英国电器公司、阿林麦格公司、德国西门子公司和意大利士敦厂 |
| 机械工业 | 神机营机器局 | 1883 | 赴天津机器局向英国人学习枪炮，回京后建厂，设备采购自欧洲 |
| 电子通信 | 通州电报局 | 1883 | 清朝廷专用电报局 |
| 纺织工业 | 溥利呢革厂 | 1909 | 生产设备全部英国进口，梳毛机8台，走锭纺纱机12台，织机58台 |

| 产业门类 | 代表性工业企业 | 建成年份 | 备 注 |
|---|---|---|---|
| 印刷工业 | 清同文馆印书处 | 1876 | 北京第一座官方机器印书局，手摇印刷机7部，活字4套 |
| | 撷华书局 | 1884 | 前身是清末强学会所在地 |
| | 度支部印刷局 | 1908 | 美商设计、日商承建，设备购自美国 |
| 一般轻工业 | 京师丹凤火柴有限公司 | 1906 | 60%原料依赖日本进口 |
| 酒制造 | 上义酒厂 | 1910 | 法国人创办的洋酒厂 |
| 水供应 | 京师自来水股份有限公司 | 1910 | 德国瑞记洋行提供设备 |
| 铁路机车交通运输 | 西苑铁路 | 1888 | 法国提供机车设计与制造，起点中海瀛秀园，终点北海静心斋 |
| | 邮传部京汉铁路长辛店机厂 | 1901 | 聘请比利时公司承建机车厂 |
| | 京张制造厂 | 1906 | 中国人自己建造的第一个铁路工厂，京张铁路的配套修理厂 |
| | 京张铁路 | 1909 | 中国人自主设计的第一条铁路，起点丰台站，终点张家口站 |
| | 南苑机场 | 1910 | 由清军操场改造而来，设有清政府飞机修造厂，次年从英国购得第一架飞机 |

甲午战争的失败加速了清朝没落，到辛亥革命前夕，清政府已是强弩之末，长达30年的洋务运动虽然没能彻底完成近代化进程，但却埋下了"工业才能富国和强国"的种子。北京在采矿、铁路、机车、电力供应、纺织、印刷等领域已有所积累，无论是宫廷对工业革命成果的被动享用，还是民间对西洋舶来品的主动尝试，工业革命都已不可阻挡地进入北京，近代工业萌芽已经出现。

### 2.2.2 民族振兴：北洋军阀时期

1911年辛亥革命爆发，北洋政府替代清政府统治全国，虽然此后的军阀混战带来了社会动荡，但相比于封建时代，这一时期的民众生活水平得到了较大改观，一批民族资本创办的工矿企业陆续诞生，民生领域多点开花（表2-2-2）。

表2-2-2　北洋政府时期北京地区新创办的代表性工矿企业（1912—1927）

| 产业门类 | 代表性工业企业 | 建成年份 | 备　注 |
|---|---|---|---|
| 机械工业 | 永增铁厂 | 1912 | 民族资本家开设，主修人力车 |
| | 海京洋行 | 1921 | 美国教会创办，制造暖气片和医用手术台 |
| 纺织工业 | 华兴织衣公司 | 1912 | 织机3台，吊机1台，日本大丸织布机1台，缝纫机10台，织袜机31台，内圆机12台，横机9台等 |
| 酒制造 | 双合盛啤酒厂 | 1915 | 中国民族资本国内兴办的第一家啤酒厂，粮食采用国内精选大麦，酒花从捷克进口，酵母从丹麦进口，聘请了捷克啤酒专家尧希夫格拉为总技师 |
| 铁路机车 | 南口机车厂 | 1916 | 原京张制造厂改扩建，全厂设备22台 |
| 印刷工业 | 北京大学出版部印刷所 | 1918 | 第一座校办性质印刷企业，承担"五四"进步思想宣传阵地，刊印《新青年》《新潮》等 |
| 电力工业 | 石景山发电分厂 | 1919 | 由京师华商电灯有限公司筹建，设备使用原前门京师华商电灯有限公司旧式设备，并从国外采购新设备若干 |
| 冶金工业 | 龙烟铁矿附属石景山炼铁厂 | 1919 | 一号高炉、热风机等设备采购自美国，后部分设备由日本迁建 |
| 印刷工业 | 京华印书局 | 1920 | 原撷华书局，由商务印书馆收购，淘汰木制印刷，改为铅印、石印 |
| 煤炭开采 | 中英门头沟煤矿 | 1923 | 原通兴煤矿，英商把持 |
| | 门头沟宏顺煤窑 | 1924 | 北京第一座民族资本开办的机器动力矿井 |

　　1915年民族资本的第一家啤酒工厂——北京双合盛啤酒厂在广安门外手帕口街64号创建。工厂设有糖化室1所、烤原料设备1所及酒窖2处，后扩充酒窖8处，主要生产"五星牌"啤酒。酿酒选用水质轻、味甘甜的京西玉泉山清皇室御用泉水，制酒所用粮食选自浙江、河北等地颗粒饱满的优质大麦，制酒所用酒花从捷克进口，酵母从丹麦进口。酒厂聘请捷克啤酒专家尧希夫格拉

为总技师，每个生产环节严控质量，产品品质出众。产品除供京津唐地区消费外，还远销香港、澳门和东南亚地区，并在1937年巴拿马国际博览会上获得金奖，这也是中国生产的啤酒第一次在国际评比中获得最高奖项（图2-2-5）。

　　虽然早在1906年官僚资本在前门就已建成京师华商电灯股份有限公司，但电机容量仅360千瓦，且主要供应清宫廷用电，无法满足城市用电

图2-2-5　双合盛啤酒厂早期广告宣传单

（资料来源：http://image.baidu.com/search/detail?ct=503316480
&z=3&ipn=d&word）

需求。因此，1919年，官僚资本在石景山广宁坟村购地4公顷建设"石景山发电分厂"，安装2千瓦汽轮发电机一台。1922年，官僚资本又将前门旧址的发电机移至新址，后又购买新式设备，增装10 000千瓦汽轮发电机一台，成为北京地区规模最大的供电企业，开始为全北京城提供电力（图2-2-6）。此外，纺织、民用机械、印刷等领域亦得到了快速发展。

　　1919年五四运动前夕，中国新文化运动进入高潮，但在军阀统治下，进步思想的书籍在官办和私营印刷厂基本无法刊印，因此北京大学于1918年成立出版部和印刷所，印制北大讲义以及宣传革命理论和新文化运动的期刊，如《新青年》《新潮》等（图2-2-7）。

图2-2-6　1920年代石景山发电厂历史照片

（资料来源：《北京工业志·综合志》）

与此同时，北京金属冶炼产业也开始起步。1914年前后，第一次世界大战使军火需求激增，铁价暴涨，在上海，新出厂的钢板和马蹄铁的价格比战前上涨了10倍。全国掀起大办钢铁实业的潮流，钢铁业成为中国最赚钱的生意，甚至比开金矿更具诱惑力。北洋政府农商部矿政司顾问安德森、米斯托（均为瑞典人）等人在龙关、庞家堡附近（今河北省张家口市宣化区）发现"宣龙式"赤铁矿。1919年3月，段祺瑞政府以"官商合办"的名义创办"龙烟铁矿股份有限公司"，在京西永定河畔石景山地区组建"龙烟铁矿附属石景山炼铁厂"。到1922年前后，石景山两铁场的主要工程完成80%，包括1个日产250吨的炼铁炉、4个热风炉、锅炉房以及发电室等（图2-2-8）。但好景不长，一战结束后铁价暴跌，无利可图，加上段祺瑞在直皖战争中被打败下野，无暇顾及铁厂，因此石景山炼铁厂在1922年停工，至日本侵略北京占领工厂前未生产出一滴铁水。

图2-2-7　《新潮》杂志封面历史照片
（资料来源：http://www.hnmsw.com/show_article.php?articleID=110523.html）

图2-2-8　1919年龙烟铁矿附属石景山炼铁厂建成时历史照片
（资料来源：首钢新闻中心官网）

在北洋政府统治的10余年里，北京民族工业得到了一定程度的发展，民族资产阶级兴办的工矿企业为城市发展和经济建设作出了重要贡献，虽然多数生产设备采购自西方国家，但在经营模式、人事任命、股权分配等方面已经拥有自主权，民族工业发展开始蹒跚起步。

### 2.2.3　战乱纷争：国民政府时期

1928年东北易帜，国民政府从形式上统一中国，为全国的工业发展提供了一段短暂的和平时期。由于国民政府定都南京，因此北京的工业发展在1930年代初期并未发生明显变化。1937年日本侵华并占领北京，为了加大资源掠夺和攫取利益，在北京大肆建设工矿企业并倾销日货，使北京工业发展产生重大变化。大批民族企业和官办企业被日军强占，如门头沟煤矿、石景山发电厂、石景山炼铁厂、溥利制呢厂等，工业经济发展被侵略者扼住喉咙。

表2-2-3　国民政府时期北京地区新创办的代表性工矿企业（1928—1948）

| 产业门类 | 代表性工业企业 | 建成年份 | 备注 |
|---|---|---|---|
| 机械工业 | 慈型铁工厂 | 1928 | 采购德国旧式机床11部 |
| | 北京锻造株式会社 | 1939 | 日本鸟羽洋行投资创办 |
| 煤炭开采 | 长峪沟煤矿 | 1930 | 民族资本家王泽民创办，但1937年因被大雨淹没而倒闭 |
| | 木城涧煤矿 | 1939 | 日本开拓9个平硐坑口，作为攫取资源的煤矿 |
| 印刷工业 | 新民书局 | 1939 | 日本创办，采用日本新式印刷机器 |
| 纺织工业 | 清河制呢厂 | 1939 | 日本占领原溥利呢革公司 |
| 酒制造、饮品制造 | 私营北平制冰厂 | 1936 | 湖北督军王占元侄子王雨生投资创办，为北京市第一家冷藏和制冰企业 |
| | 北京麦酒株式会社 | 1938 | 日本啤酒厂，生产设备均来自日本 |
| 铁路机车 | 京门铁路大台线 | 1939 | 日本修建，用于门头沟煤矿运输 |
| | 长辛店铁机厂 | 1945 | 原长辛店铁路机厂改扩建而来 |
| 航空运输 | 西郊机场 | 1938 | 日军修建机厂 |
| 冶金工业 | 石景山制铁所 | 1937 | 原龙烟铁矿石景山制铁所改扩建而来，引入日本炼铁设备 |
| 化学工业 | 北京酸素株式会社 | 1938 | 北京市第一家化学制品企业 |
| | 华北洋灰股份有限公司琉璃河水泥厂 | 1939 | 日本东京浅野洋灰公司筹建，使用来自原日本深川水泥厂的淘汰设备 |
| 医药制造 | 私营中亚制造社 | 1931 | 北京市第一家西药企业 |
| | 北支制造株式会社 | 1938 | 日本建立的西药企业 |
| 电子工业 | 华北电信电话股份有限公司 | 1941 | 名义上中日合办，实则日本控制 |

1928年，于香山地区兴办的慈型铁工厂，所含设备是从德国采购的11部旧式机床，原计划制造简易车床，但因产品质量低劣且成本高昂，销路不佳，随后改做机器配件、木螺丝、铁钉等。慈型铁工厂的命运在北京机械企业中颇具代表性，无论是生产规模还是产品质量都不成气候。据1935年《工商半月刊》所载"北平机械工业调查"，北京共有62家机械工厂，共有旧式机床372部，动力机48台，有3部或以上工作机的企业仅33家，大部分企业仍然依靠手工生产，机械工业的发展仍然十分落后。

随着日军全面侵华，北京地区的日本人数量不断增多，仅1936年到1939年，在京日本人从0.4万增加至4.1万。为了维持日军对华统治，同时避免日本人与中国人混居而产生摩擦，日本人在1938年专门成立伪"建设总署"，开始编制北京的城市规划方案。这是近代北京第一次进行总体规划的编制，即《北京都市计划大纲》①，并第一次出现"工业区"规划，其主要思想是②：

（1）北京是政治、军事、文化的中心，人口将显著增长；

（2）北京是以文化和观光为主的城市，但因旧城保护费用较高，且中式传统住宅不能满足日本人使用需求，因此西郊新建市区；

（3）新市区设在城西，与旧城分离，同时中国人与日本人分治；

（4）工业区设至城东并发展重工业，与运河、风向、地形等环境条件相适应③。

1938年第一期规划开始执行，"东郊工业区"实施面积为3平方公里，位于北京"凸"字形老城区东侧（今广渠门外、双井一带）。这一地带因地势平坦开阔，且靠近前门火车站铁路线，适宜短时间建设，因此这一带成为工业区建设的首选地段，经集中建设或强行掠夺形成了一批由日本人控制的企业，包括"北京麦酒""北京锻造"等八家企业（图2-2-9、图2-2-10）。

《北京都市计划大纲》体现了日本构建"北京旧城""西部新市"以及"东郊工业区"三足

---

① 越沢明. 日本占領下の北京都市計画（1937 ～ 1945 年）[C]// 第 5 回日本土木史研究発表会論文集，1985（6）.

② 《北京都市计划大纲》由毕业于东京大学土木工程专业的佐藤俊久和山崎桂一负责，二人曾负责过满铁的规划和建设工作，对中国北方的情况较为熟悉。日本人编制北京总体规划的主要目的是进一步完善城市设施，以便日本人在北京进行统治，同时尽量规避日本人与中国人混住而产生摩擦。引自《北京都市计划大纲》："（1）人口増加への対処；（2）道路をはじめとする都市施設が不完全で、経経上、軍事上、支障となっている；（3）日本人と中国人の混住による摩擦の回避特に（3）について、増加する日本人が中国人の間に割り込んで居住し続けると、複雑な摩擦を生じ、「好ましくない状態に陥ると憂慮された」"。

③ 《北京都市计划大纲》要点原文："（1）北京は華北における政治・軍事・文化の中心地であり、人口は 2、30 年後にこは 250 万人に達すると予想される。（2）北京城内は、文化・観光都市として保存する。城内の再開発は、費用を要し、住宅様式が異なり、日本人向けに改造することは困難であり、また観光都市としての価値を損ねるという理由から、新市街を郊外に建設する方針を採る。（3）「日支親善とは支那が日本化する事でもなければ日本が支那化する事でもない。」日本人と中国人との混在を避けるため、日本人街の新市街をつくる。（4）日本人新市街は、地形等より西部とし、将来の中国人増加発展のためには、城外周囲を充当する計画とする。（5）工業地は、水、風向、天津への運河等より城東に配置し、通州は重工業地として発展させる計画とする。（6）周囲の計画としては、北京全体を観光都市とし、宮城、万寿山、西山、小湯山、長辛店等の名勝旧跡、さらに南苑、通州、永定河、白河等をつなげる観光道路を設置する。"

图2-2-9　1939年日本创办的北京麦酒商标
（资料来源：https://www.997788.com/pr/detail_
auction_144_22471550.html）

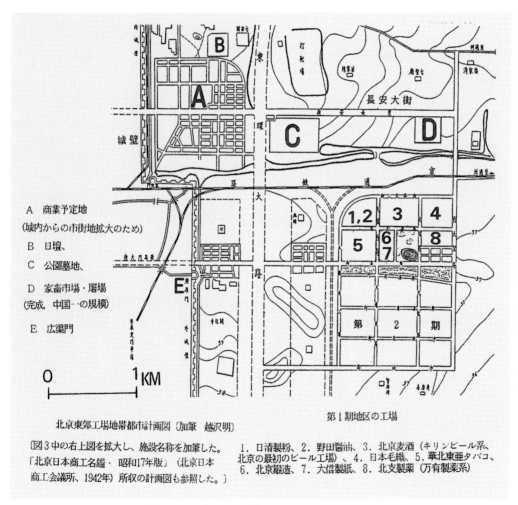

图2-2-10　1940年北京东郊工业区建设实施情况
（资料来源：《日本占領下の北京都市計画》）

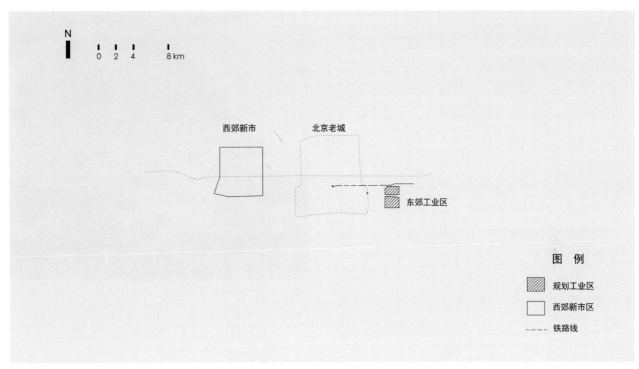

图2-2-11　1939年日本占领北京期间工业区分布示意图

分立格局的思路①，并完成了对东、西郊区的突击式开发，这对北京城市结构产生了明显的转移作用。从城市布局角度看，东郊工业区选址考虑了自然地理、环境条件以及交通运输条件等因素，并为后期北京现代工业发展奠定了区位基础（图2-2-11）。

　　除发展城区工业，日本侵略者对京西地区煤矿资源垂涎已久，除占领通兴煤矿、开办木城涧煤矿外，还专门修建了门头沟至大台段铁路（今京门铁路大台线），作为京西煤矿专运线路（图2-2-12）。1940年在今颐和园以南、香山以东建成了西郊机场，用于军用飞机起降和战备

图2-2-12　1940年代京门铁路大台线与永定河历史照片
（资料来源：https://baijiahao.baidu.com/s?id=16404096481252904
71&wfr=spider&for=pc）

---

① 王亚男 . 日伪时期北京的城市规划与建设（1937—1945 年）[J]. 北京规划建设，2010，2：133 -137 .

物资运输。

1937至1945年，出于"以战养战"的目的，日本侵略者大肆掠夺资源，一方面抢占、剥削、压制民族工业发展，另一方面建立一批日本控制的殖民企业。虽然日本创办的部分工业企业在一定程度上补充和拓展了北京的工业门类，但抗战胜利后，许多工厂被日军集中破坏，一些重要机器零件被盗卖，仓库被抢空，比如石景山二号高炉被日寇铸死后一直未修复，清河制呢厂由于原料、器材供应不足奄奄一息，石景山发电厂则因为事故频繁、经常停电而被称为"黑暗公司"，等等。 到1948年，北京的多数工厂还停留在传统的家族作坊模式，产业门类也集中在手工、纺织等方面，容易受外来商贸干扰而倒闭[1]，虽然全市已有13000余家工厂，但百人以上规模的只有寥寥几家，实际停工者占半数以上[2]。北京的煤窑数量则从1937年的150余座骤减到1945年的30余座。

解放战争时期，国民政府忙于内战，无暇顾及北京工业建设。1949年1月北京和平解放，薄弱的工业基础免于战争破坏。随后，华北人民政府先后接管了琉璃河水泥厂、门头沟煤矿、南口机厂、石景山钢铁厂、石景山发电厂等一批工矿企业，并开始修缮工厂，恢复生产（图2-2-13）。

北京的近代工业发展是"被动"兴起的。从社会层面来看，外资掌握着北京主要工业资本、资源和技术，致使工业发展在帝国主义、封建主义和官僚资本主义的压迫下曲折前行；从产业类别来看，北京的工业发展一直以手工业、轻工业

图2-2-13　1949年工人抢修石景山发电厂发电机定子
（资料来源：《劳动午报》，2015-5-23）

和煤炭开采业为主，虽历经八十余年发展，但发展速度极其缓慢，工业建筑大多简陋、工业装备落后、劳动条件差、生产水平低下且厂址分布零散；从空间分布来看，南城内尚有部分小型作坊，而大部分工业企业主要分散在旧城以外，技术落后的钢铁、电力、煤炭等重工业集中在石景山、门头沟一带，构成了京西工业片区。

## 2.3　大国基石：现代工业建设（1949—2006年）

北京现代工业发展与国家现代工业化进程密切相关。工业史研究一般以1949年中华人民共和国成立作为现代工业诞生的起点，主要包括两类立场：一是以汪海波、高继仁先生为代表，依据工业经济特征划分的"六段式"分期[3]，即国民经

① 北京市地方志编纂委员会. 北京志·城乡规划卷：建筑工程设计志 [M]. 北京：北京出版社，2007.
② 中国人民大学工业经济系. 北京工业史料 [M]. 北京：北京出版社，1960.
③ 汪海波. 新中国工业经济史 [M]. 北京：经济管理出版社，1986.

济恢复时期（1949—1952年）、社会主义改造时期（1953—1957年）、"大跃进"时期（1958—1960年）、国民经济调整时期（1961—1965年）、"文化大革命"时期（1966—1976年）以及社会主义现代化建设时期（1976—2000年）；一是以祝寿慈先生为代表的"四段式"分期，即国民经济恢复时期（1950—1952年），"文化大革命"前的工业发展时期（1953—1965年）、"文化大革命"时期工业发展时期（1966—1976年），以及"文化大革命"后的工业发展时期（1976年后）[①]。

北京一直以来都不是一座开埠城市，除少量殖民工业外，外商在京并未开展大规模现代化生产活动[②]，因此北京现代工业应以1949年中华人民共和国成立作为发展开端，并在苏联、德国专家的指导和援助下逐渐起步[③]。因此，在综合考虑工业化进程、城市总体规划、国家政策导向等重要因素的影响下，本书将北京现代工业发展划定为三个历史阶段，即：现代工业产生和计划经济时期（1949—1966年）、工业建设放缓和"文化大革命"时期（1967—1976年）、传统工业升级和转型调整时期（1977—2005年）。

## 2.3.1　计划经济：现代工业起步

1949—1966年是北京现代工业的起步时期，借鉴苏联工业建设模式，我国制定和实施了具有中国特色的"计划经济"，北京开始从一座消费型城市转变为生产型城市。其中"一五""二五"时期，北京部分重点工程得到苏联、民主德国等社会主义国家援助，这些工矿企业奠定了北京现代工业的基础，使北京一跃成为全国重要的工业城市之一。到"文化大革命"前，北京逐步形成了东郊、东北郊、东南郊以及西郊四大工业片区。

### 2.3.1.1　苏联专家建议与梁陈工业规划

1949年，面对百废待兴的历史古城，中央政府首要解决的就是经济建设问题，并围绕北京是否要建成"大型工业城市"展开了讨论。中央政府邀请了以阿布洛莫夫（Фёдор Александрович Абрамов）为首的苏联专家团17人对北京进行了实地考察。苏联专家针对城市整体布局、中央政府机关布局、工业发展以及与工业配套的卫生、基建等问题提出了多项建议，并形成了《关于苏联政府专家对本市市政工作的建议向政府的报告》。报告指出，"北京的工人占全市人口4%，而莫斯科则已达25%，北京是一座消费型城市，多数人口并非生产劳动者而是商人，应着力发展北京的现代工业，使首都成为工人阶级领导的人民民主专政政权的主要象征和体现"。同时，苏联专家还建议北京设立现代工业管理制度、卫生制度、环境保护制度等，并明确了新建工业区的选址依据：

"选择工业区域的性质，要符合经济意义（利用地方的天然资源、运输、充裕的人力等），同时不失掉城市整齐的意义。北京市的工业区应布置在城东南地区，因为：①现在有良好的铁路、土路、石路的交通运输条件；②风的方向由西北向东南，可保市中心区不受有害的烟、瓦斯、炉灰的影响；③现有的通惠河，可将工业

① 祝寿慈 . 中国现代工业史 [M]. 重庆：重庆出版社，1990.
② 李淑兰 . 北京近代工业的产生和发展 [J]. 北京师范学院学报（社会科学版），1991，(3):71-77+30.
③ 沈志华 . 新中国建立初期苏联对华经济援助的基本情况（上）——来自中国和俄国的档案材料 [J]. 俄罗斯研究，2001，(1):53-66.

污水排出城外。"①

这份报告突出强调了"经济性"在首都建设中的地位和重要性，这是基于当时的具体国情而做出的总体判断（图2-3-1）。在北京东郊建立大型工业区，不仅可以充分利用自然环境降低生产和运输以及排污成本，同时也可以避免工业生产对北京旧城产生破坏性影响，这些建议奠定了工业区选址的基础，成为北京现代工业建设与发展的启蒙。

1950年前后，北京都市计划委员会总图起草小组就北京市总体布局、空间结构以及城市发展等问题进行了前后八次专题讨论，其中第三次和第六次专门讨论了北京工业发展和工业区建设②。在第三次专题讨论会上，陈占祥指出，"东郊工厂部分正在建设，但是还不敢确定这样的集中分区是否合理。砖窑及木材等建筑材料已经引起了目前在运输上的严重问题。因此我们对过分集中的分区有些怀疑，今年夏天针对这一点恐怕还需

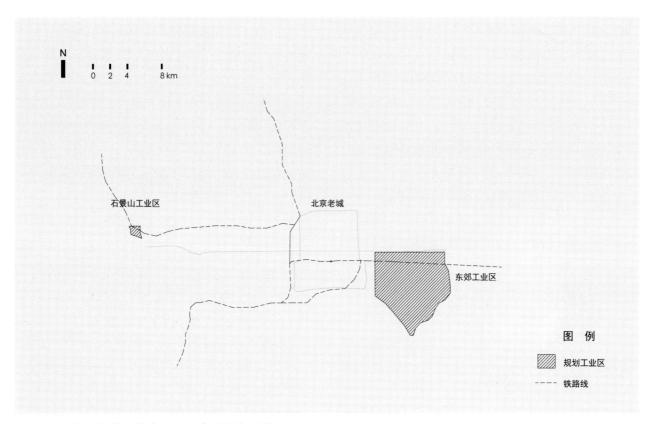

图2-3-1　苏联专家方案中工业区布局设想示意

① 关于苏联政府专家对本市市政工作的建议向政府的报告 [R].1949.
② 北京市都市计划委员会.总图起草小组第三次专题报告 [R].1951.

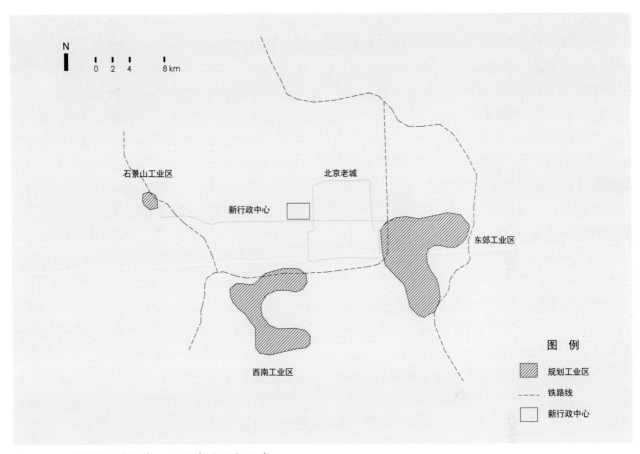

图2-3-2　"梁陈方案"中工业区布局设想示意

要深入研究"①。

　　"梁陈方案"②虽在行政中心的选址问题上与苏联专家存在较大分歧，但从当时的草图（图2-3-2）来看，并未对北京"建设大工业"的思路提出明确反对意见。不过，从梁思成晚年回忆录中可以看到，梁先生对北京建设大规模的现代工业并不认同："当我听说毛泽东主席说要从天安门望出去，要看到到处都是烟囱时，思想上抵触情绪极重，我想，这么大的一个中国，为什么一定要在北京搞工业呢？华北地区的工业发展职能应当由

---

① 在此次专题讨论会议上，围绕北京工业发展进行了问答。问："北京有哪些工业可以发展？"答："工业不是孤立的，彼此有联系，重工业、国防工业不清楚，其他工业发展看原料、交通、消费市场、技术等条件来决定是可以大概估计的。（一）建筑工业中的小五金工业。（二）食品工业，北京的消费量是很大的。中央在北京召开全国性的会议就是大购买力……（五）纺织工业技术上可以解决，而且北京离产棉区也近，还可以解决许多家庭妇女就业问题。"

② 梁思成，陈占祥 . 梁陈方案与北京 [M]. 沈阳：辽宁教育出版社，2005.

天津承担。"[1] 在梁先生眼里，北京与天津的城市功能应该是有所分工。因此，"梁陈方案"将工业区分散布局，形成东郊、西南郊两个片区，并配套建设工人住宅，以降低工厂过分集中所带来的能耗负担和安全隐患。

在国民经济恢复时期，关于北京工业建设的争论一直没有停止。以梁思成为首的中国本土建筑师更关注北京旧城保护以及市民居住、生活、交通等问题，从内心上并不认同将北京建设成大型工业城市的理念，而以阿布洛莫夫、穆欣为首的苏联专家则主要从经济发展的角度建议北京优先发展工业，两者本质上属于"是生产先于生活，还是生活先于生产"的决策问题。中央政府在综合权衡了国防、稳定等多方面后采纳了苏联专家意见，优先发展北京的重工业建设。

今天看来，向"看得见的经验（苏联工业发展模式）"学习，有局限性但亦有必然性：一方面，苏联积极发展工业为社会主义国家树立了榜样，提供了可供参考的样板；另一方面，国家需要通过一系列事件让国内民众和国际社会看到中国的强大力量。在首都发展现代化工业，可以激发民众热情，创造就业岗位，快速拉动经济，使城市面貌日新月异。因此，将首都北京打造成现代化工业城市，成为那一时期社会各界的目标共识。

### 2.3.1.2　工业改造构想与首次总体规划

在1953年《关于早日审批改建和扩建北京市规划的请示》文件中，北京市政府将首都职能定位为"政治中心、文化中心、科学艺术的中心，同时还应当是也必须是一个大工业城市……如果

在北京不建设大工业，而只有中央机关和高等学校，则我们的首都将缺乏雄厚的现代产业工业的权重基础，这与首都的地位是不相称的"。[2] 随后国家计委批复"首都应该成为我国政治、经济和文化中心"的提法，主张北京应适当、逐步地发展一些冶金类、机械制造类以及纺织轻工业类产业，虽不赞成"强大工业基地"，但同意建设一座大型工业城市，市区工业规划在已有工业用地的基础上布置了6个工业区，用地73平方公里，占城市建设总用地面积314.9平方公里的23.2%。由此，延续了数百年的古都北京，结束了其作为消费型城市的历史，开启了现代工业发展新阶段。

同年，由原北京市都市计划委员会向中央报请的《关于北京市总体规划初步方案》，是中华人民共和国成立后北京的第一次总体规划，规划中将工业区设置在老城外郊区，形成东北部、东部、东南部和西部四个较大规模的工业区。新建工业区的布局保障了工厂建设规模免受用地条件制约，在客观上将工业发展对北京旧城的影响降至最低：

"我们规划的主要工业区，是根据现状基础、风向、地址、交通运输等条件，并考虑到防火的要求而分散设置的，共有东北部、东部、东南部、石景山等四个规模较大的工业区……有些重大的工业要分布在市区周围的一些市镇上。容易引起爆炸或者引起火灾的工业，或对居民卫生极有害的工业，应该放在离市区更远的地方。对于城内和一般居住区内现有的工业，也不必一律迁移出去（这样是比较经济和现实的），但是，现有这些工业企业种类复杂，它们的发展过程

---

① 梁思成.梁思成全集（第五卷）[M].北京：中国建筑工业出版社，2001.
② 引自《关于早日审批改建和扩建北京市规划的请示》，1953。

是自由的，有些很不合理，多数在用地上受很大限制，无法扩展。因此，必须分别对待，一部分要迁出去，一部分可以保留，但是对于这些保留的工厂的扩建，必须慎重从事，以免造成浪费。"[1]

除确定工业区位置外，北京对工业格局、产业门类等方面也进行了规划：

"1．东部工业区，现有的纺织厂、汽车附件厂、北京农业机械厂这一带，这是轻工业和一般机械工业的工业区；

2．东北部工业区，在电子管厂附近地区继续发展，成为以精密仪器和精密机械工业为主的工业区；

3．石景山工业区，以石景山钢铁厂为基础，发展成为以冶金和重型机械工业为主的工业区；

4．东南部工业区，将来也是一个轻工业和一般机械工业的工业区；

5．在清河镇附近、丰台附近，分别安排规模较小的工业区，前者以轻工业为主，后者以铁路的附属企业为主；

6．居住区和工业区、仓库区、铁路线等保持适当的隔离。在工厂同住宅之间，根据工厂的性质，栽植不同宽度的防护林带。在防护林带里面也可以设置某些公共服务设施和停车场、车库等。"

上述规划思想奠定了北京现代工业区格局，即大型工业企业集中设在城外，部分在距中心城10～12公里半径范围内，形成"旧城以行政、居住为主，城郊以工业生产、工人住区为主"的工业格局（图2-3-3）。

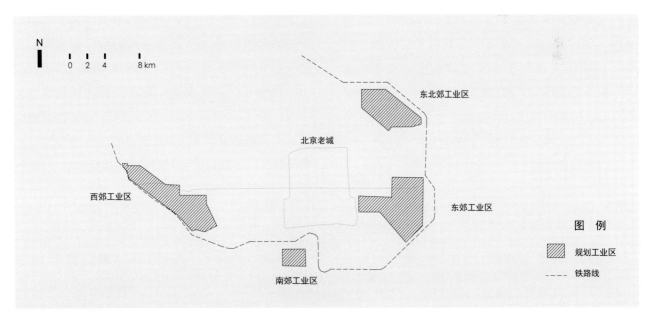

图2-3-3 1953年北京市总体规划方案中工业区布局示意

---

[1] 引自《关于北京市总体规划初步方案》，1957。

### 2.3.1.3　"一五"计划实施与苏联援建工程

1953年9月，中央《关于建筑工程部工作的决定》指出："建筑工程部的基本任务是工业建设，特别是重工业建设，其次才是一般建筑。"[1] 建造适合于现代化生产需要的工业建筑是当时北京着力解决的问题，此前，中国建筑师极少接触过有如此巨大规模和复杂功能的设计工作。苏联、民主德国等社会主义国家的援助为北京提供了经验，从工业厂区规划到车间工艺布置，从工种配合协调到标准图集编制，逐步形成了一套成熟的制度，特别是在车间、生活区、工厂绿化和工业建筑艺术造型等方面都力图体现对工人阶级的关怀[2][3]。

"一五"计划的重要内容是中国与苏联签订的156项工业建设援助计划，简称"156项目"[4]，主要分布在东北、华北、华中、西北、西南地区，其中东北属于工业基地改造，华北属于新建地区，而西南则属于战备区。以北京、太原、包头和石家庄四市为核心的工业城市构成了华北区，据不完全统计，其中北京安排了不少于6项工程[5]，其中3项为民用，分别是位于东郊地区的北京第一热电厂、北京葡萄酒厂，以及位于东郊垂杨柳地区的华北金属结构厂，其余3项为军工项目，分别是北京774厂、211厂和738厂。1954年，774厂和211厂先后建成，次年738厂建成，北京第一热电厂项目和北京葡萄酒厂则在1956年实现投产。

电子工业是"一五"期间北京建设的重点项目，三项军工援建项目中有两项是电子产业，即北京电子管厂（774厂）、北京有线电厂（738厂），上述两厂与民主德国援建的华北无线电器材联合厂（718厂），成为中国四大电子工业基地之一，并占据了极其重要的建设份额（表2-3-1）。与此同时，根据《科学技术发展远景规划纲要（草案）》和国防工业总体布局的需要，现代化国防工业同时起步建设，北京航空材料和航空制造工业研究所（211厂）在"一五"期间建成投产，成为中国航天工业的奠基者。

"156项目"在北京地区计划总投资达到24356万元，其中"一五"期间完成投资16339万元[6]（表2-3-2）。"一五"期间，北京工业发展以每年近20%速度增长，新建工厂41处，改建和扩建329处。

1958年，"大跃进"和人民公社化运动进入高潮，据不完全统计，"大跃进"期间北京建成的工业建筑面积达到299万平方米，占全市建筑总量的26%，远超住宅以外的其他类型建筑。同时，

---

① 肖桐.建筑业发展时期产业政策的回顾 // 袁镜身，王弗.建筑业的创业年代 [M].北京：中国建筑工业出版社，1988：272-280.

② 邹德侬.中国现代建筑史 [M].天津：天津科学技术出版社，2001.

③ 赖德霖.中国近代建筑史：日本侵华时期及抗战之后的中国城市和建筑 [M].北京：中国建筑工业出版社，2016.

④ 1950年到1955年，苏联帮助中国建设的一批工业项目，"一五"计划明确规定整个工业化建设以156项为核心展开。156项工业建设单位，695个限额以上的建设单位，几经调整后，最后确定为154项。由于"一五"期间公布了156项，因此仍称"156项目"，但实际施工了150项，其中"一五"时期开工的有146项。

⑤ 据不完全统计，1950—1955年，苏联援助的工业建设项目中，北京地区不少于6个，分别有774厂、738厂、211厂，北京第一热电厂、北京葡萄酒厂以及华北金属结构厂等。另据"156项目援助清单"显示，北京地区仅有4项（774厂、738厂、211厂以及第一热电厂）属于"156项目"，但综合整理北京工业史料后发现，北京东郊工业区的葡萄酒厂、华北金属结构厂的主体工程均由苏联专家参与援助。

⑥ 董志凯，吴江.新中国工业的奠基石：156项建设研究 [M].广州：广东经济出版社，2004.

表2-3-1 "156项目"中全国四大电子工业基地投资构成及比重

| 城市 | 计划安排投资 | | 实际完成投资 | | "一五"期间完成投资 | |
| --- | --- | --- | --- | --- | --- | --- |
| | 投资额度（万元） | 比重 | 投资额度（万元） | 比重 | 投资额度（万元） | 比重 |
| 北 京 | 10063 | 17.8% | 10312 | 21.7% | 10312 | 30.0% |
| 陕 西 | 19739 | 34.9% | 16475 | 34.7% | 14376 | 41.9% |
| 山 西 | 6498 | 11.5% | 7221 | 15.2% | 1384 | 4.0% |
| 四 川 | 20312 | 35.9% | 13488 | 28.4% | 8265 | 24.1% |
| 合 计 | 56612 | 100% | 47496 | 100% | 34337 | 100% |

资料来源：《新中国工业的奠基石——156项建设研究》。

表2-3-2 "一五"期间"156项目"在北京地区投资构成情况

| 企业名称 | | 计划安排投资 | | 实际完成投资 | | "一五"期间完成投资 | |
| --- | --- | --- | --- | --- | --- | --- | --- |
| | | 投资额度（万元） | 比重 | 投资额度（万元） | 比重 | 投资额度（万元） | 比重 |
| 民用 | 北京热电厂 | 7936 | 32.6% | 9380 | 37.2% | 525 | 3.2% |
| 军工 | 北京774厂 | 7274 | 29.9% | 7901 | 31.4% | 7901 | 48.4% |
| | 北京211厂 | 6357 | 26.1% | 5502 | 21.8% | 5502 | 33.7% |
| | 北京738厂 | 2789 | 11.5% | 2411 | 9.6% | 2411 | 14.8% |
| 合计 | | 24356 | 100% | 25194 | 100% | 16339 | 100% |

资料来源：《新中国工业的奠基石——156项建设研究》。

工业建筑开始采用更为先进的预应力混凝土构件[1]，极大地提高了工厂的建造速度。但由于缺乏整体规划考虑，造成工业建设出现诸多问题[2]，如工厂建设量过大，但与之配套的居住、生活服务等基础设施滞后，水电气热等能源负担过重，环境污染严重，工业用地捉襟见肘等。因此，北京开始调整工业布局，压缩城市建设用地规模，工业规划用地减至47.2平方公里，同时停止建设不具备配套条件的工业企业，原则上城区和近郊区不再建设新工厂，对现有工厂的扩建严加限制，以保证城市正常发展。

到"一五"计划结束时，北京近郊工业片

[1] 北京市地方志编纂委员会. 北京志·建筑卷·建筑工程志 [M]. 北京：北京出版社，2003.
[2] 1958年6月，《北京市1958—1962年工业规划纲要》中提出要"苦战三年，大干五年"的构想，即"迅速"把北京建设成一个现代化的工业基地，迎来了工业"大跃进"时期。"大跃进"期间，北京工业发展盲目上项目，打乱了原有的布局，据不完全统计，区县政府和街道在市中心居民区兴办了800多个小工厂。这对北京的城市发展不仅没有产生积极作用，反而造成负面影响。

区相继落成并均已初具规模，从1950年代末期到1960年代"小三线"建设时期[①]，则相继建立了昌平第二毛纺厂、石景山钢铁厂石灰分厂等企业。

#### 2.3.1.4　工业片区形成与配套设施完善

"一五"期间的工业建设对城市格局和经济发展产生了重要影响，到1957年底，市区工业建设用地为14.9平方公里，全市工业产值达到23.1亿元。到1959年前后，市区新建35个工厂，新建工业建筑面积186万平方米，近郊陆续形成了6个主要工业区[②]（图2-3-4），占城市建设总用地的近1/4，

分别为：

①以纺织工业、机械制造业为主的"东郊通惠河北岸工业区"；

②以电子工业为主的"东北郊酒仙桥工业区"；

③以钢铁为主的"西郊石景山衙门口工业区"；

④以仓储为主的"南郊大红门工业区"；

⑤以桥梁机车为主的"西南郊丰台工业区"；

⑥以炼焦化学为主的"东南部工业区"。

（1）东郊工业区——通惠河两岸

1953年，根据首都经济规划要求，纺织工业

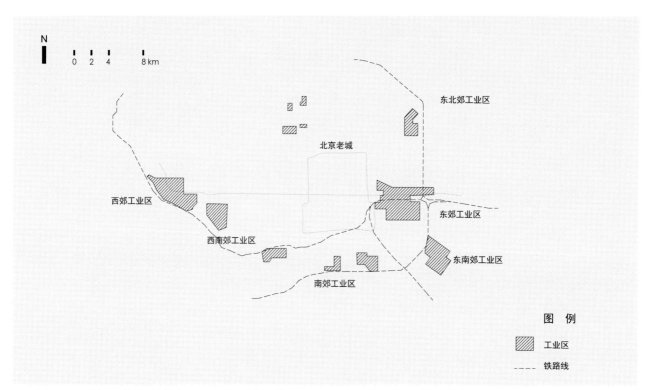

图2-3-4　1959年北京市已建成的工业区分布示意

[①] 1965年，由于战备形式的需要，北京市在京郊和河北省等地建设一批军工及战备企业（被称作小三线企业），如北京农具厂、北京第二农具厂，生产半自动步枪及子弹等。

[②] 以上数据源自《北京市第一期城市建设计划要点》，此时，以焦化厂为代表的垡头工业区尚未建立，故此时的北京较大规模的工业片区仅为6个。

部在东郊八里庄兴建纺织工业区，先后建设京棉一厂、二厂、三厂，同时还建造了第一热电厂、第一机床厂、仪器厂、齿轮厂、起重机厂等一批重要工业设施，机械工业区和棉纺工业区共同构成了北京东郊工业区（图2-3-5，表2-3-3）。

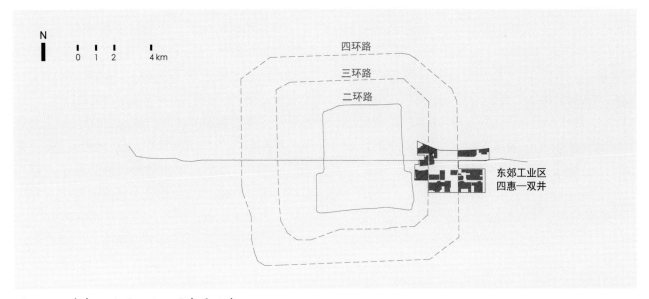

图2-3-5　东郊工业区工业厂区布局示意

表2-3-3　东郊工业区部分重要企业及工业建筑面积指标

| 名　称 | 建成年份 | 占地（公顷） | 建筑面积（万平方米） | 改制后名称 |
|---|---|---|---|---|
| 北京第一棉纺织厂 | 1953 | 26.92 | 9.05 | 京棉集团 |
| 北京第二棉纺织厂 | 1955 | 43.5 | 17.85 | 京棉集团 |
| 北京第三棉纺织厂 | 1957 | 41.7 | 16.46 | 京棉集团 |
| 北京印染厂 | 1965 | 23.49 | 5.50 | 北京印染厂 |
| 人民针织厂 | 1953 | 6.26 | 1.04 | 光华纺织集团有限公司 |
| 北京第一热电厂 | 1957 | 15 | 不详 | 北京国华热电厂 |
| 华北金属结构厂 | 1953 | 19.18 | 3.4 | 北京建筑机械厂 |
| 北京机器厂 | 1953 | 30.87 | 7.6 | 北京第一机床厂 |
| 北京仪器厂 | 1956 | 10.8 | 5.5 | 不详 |
| 北京市汽车制造厂 | 1958 | 51.2 | 5.9 | 北汽集团 |
| 北京起重机厂 | 1958 | 25.2 | 16.6 | 北汽集团 |
| 北京重型汽车制造厂 | 1958 | 18.9 | 11.3 | 北汽集团 |
| 北京齿轮厂 | 1956 | 18 | 不详 | 北汽集团 |

①通惠河北岸——棉纺工业区

棉纺工业区西起慈云寺桥（今东四环中路），东至青年路。1954年9月，京棉一厂在十里堡率先建成投产，这是北京市第一家国营棉纺织公司。随后1955年和1957年，京棉二厂、三厂先后建成投产（图2-3-6），其中京棉二厂全部使用国产机械设备。八里庄地区总共建成93公顷的纺织工业区，结束了北京"有布无纱"历史①。投产仅3年时间，棉纱产量就已达18万件，80%产品开始出口至东南亚国家，为国家换取了大量外汇，成为20世纪五六十年代北京国民经济支柱产业。

②通惠河南岸——机械制造工业区

通惠河南岸工业区位于双井附近，聚集了广渠门东六厂（齿轮总厂、重型汽车制造厂、建筑机械厂、重型机械厂、北光华木材厂、北京玻璃厂等）、北京第一机床厂、北京吉普厂等以机械制造业为主的工业企业，是北京的机械工业中心。

北京建筑机械厂（原华北金属结构厂）位于广渠门垂杨柳甲1号，1953年动工兴建，1956年建成投产，占地面积19.18公顷，总建筑面积34 077平方米，是"一五"期间156项援助项目之一，主要生产各类挖掘机和建筑机械（图2-3-7）。北京第一机床厂（原北京机器厂）位于建国门外大街4号，由1929年于方家胡同起源的"海京洋行"发展而来，1950年代中期迁至通惠河南岸双井工业区，隶属于机械工业部，总建筑面积达到7.6万平方米。北京起重机厂位于广渠门外大街31号，

图2-3-6　1988年东郊纺织工业区照片
（资料来源：《北京在建设中》）

---

① 北京市地方志编纂委员会.北京志·工业卷·纺织工业志[M].北京：北京出版社，2002.

图2-3-7　苏联援建华北金属结构厂历史照片
（资料来源：《北京在建设中》）

1950年从西郊万寿路附近迁至广渠门双井机械工业区，是我国生产汽车起重机的大型骨干企业。而位于双井1号的北京重型汽车制造厂，是由19个私营企业合并而来，在1969年试制并生产了2.5吨越野汽车和5吨载重汽车。北京仪器厂位于建国门外郎家园，占地面积10.8公顷，建筑面积5.5万平方米，其前身是1954年成立的中央度量衡厂，1956年改名北京仪器厂，开始研制生产真空检测仪器和真空设备。北京汽车制造厂成立于1958年，曾试制出井冈山牌轿车，1965年研制出BJ212吉普样车，是现"北京汽车集团"的前身。北京齿轮总厂前身是北平振华铁工厂，1953年兼并了多家私营工

厂，成为北京市汽车装配厂，1956年在朝阳区大路园新建厂区，1980年移至定福庄生产区。

（2）东北郊工业区——酒仙桥

1951年国家决定在北京建立无线电器材联合厂和电子管厂，由于涉及军工产品，因此厂区设立在距城区较远的东北郊酒仙桥一带（图2-3-8）。时任军委通信部部长兼重工业部电信工业局局长王铮就建设无线电零件厂和真空管厂等相关事宜向周恩来总理请示，当天即获批准[①]，并拨付外汇300万卢布用于筹建。此后，王铮就建设北京电子管厂、无线电零件厂等事宜先后组织了与苏联、民主德国专家的洽谈。由于民主德国曾援建

---

[①] 周恩来总理当天批示："同意设立两厂方针，具体设计和布置待苏联联合设计组来中国后即与他们计议此事，如苏联对无线电零件厂不能承担，亦可与东德一谈……"参见《北京志·工业卷·电子工业志》。

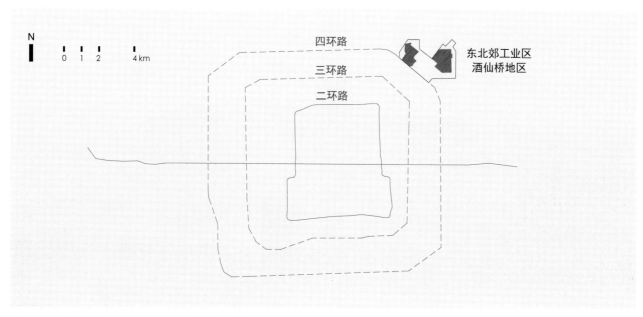

图2-3-8　东北郊工业区工业厂区布局示意

苏联电子工业建设，经验更加丰富，建设周期更短，费用更低，因此北京正式确定请民主德国帮助设计和建设华北无线电器材联合厂（718厂），由苏联援建北京电子管厂（774厂）。

1952年底，苏联援建的北京电子管厂（774厂）破土动工，成为"156项目"中在北京的第一个落地项目，苏联派出专家莫热维洛夫、特沃洛果夫等人，援助内容涵盖房屋设计、生产线规划、车间工艺甚至财务会计等。电子管厂占地面积25公顷，包括主厂房、玻璃厂房、煤气发生炉、锅炉房、办公楼、铁路等。主厂房采用钢筋混凝土框架结构，条形基础和独立基础，梁柱为现浇钢筋混凝土，预制楼板和屋面板，地面铺装以水磨石和水泥为主（图2-3-9）。

1953年年底，民主德国专家代表团来京向中方说明华北无线电器材联合厂的初步设计方案，

黑格曼·阿道尔夫为设计专家代表团团长。华北无线电器材联合厂于1954年9月开始建设，1957年建成投产，厂区占地面积约50公顷。其中，厂区从规划到建筑设计均由包豪斯学派的德绍设计院

图2-3-9　苏联援建北京电子管厂历史照片
（资料来源：《北京在建设中》）

图2-3-10　民主德国援建的华北无线电器材联合厂历史照片
（资料来源：《国营第七一八厂史》）

负责。8级地震设防，是当时世界上最先进的单
层大跨度厂房之一①（图2-3-10）。其建设规模之
大、建设速度之快和建设质量之高实属罕见。该
厂后来被拆分成若干分厂，现在知名的"798"
就是其中之一。

　　于酒仙桥工业区兴建的第三大工厂是北京有
线电厂（738厂）。1955年北区竣工，1956年底南
区厂区的规划设计由苏联专家协助，1957年9月正
式投产（图2-3-11）。

　　除上述三大援建项目外，北京后续于酒仙桥
地区又自主建造了其他电子企业，如1957年按照
苏联工艺技术、装备及组织机构布局要求建设的
北京晨星无线电器材厂等（表2-3-4）。

图2-3-11　北京有线电厂（738厂）历史照片
（资料来源：《北京工业志·综合志》）

①根据《北京志·城乡规划卷·建筑工程设计志》的记载，由民主德国专家设计并指导我国工人完成施工的包豪斯锯齿薄壳结构
　厂房，是当时世界上结构形式最先进的钢筋混凝土结构单层厂房。

表2-3-4　东北郊工业区部分重要企业及工业建筑面积指标（1998年统计数据）

| 名称 | | 建成年份 | 占地面积<br>（公顷） | 建筑面积<br>（万平方米） | 改制后名称 |
|---|---|---|---|---|---|
| 电子管厂（774厂） | | 1954 | 25 | 14.9 | 北京东方电子集团 |
| 华北无线电器材联合厂 | 第一无线电器材厂（797厂） | 1954—1956 | 9 | 9.5 | 北京七星华电科技集团 |
| | 第二无线电器材厂（718厂） | | 9 | 8.7 | |
| | 第三无线电器材厂（798厂） | | 21.2 | 17.3 | |
| | 无线电工具设备厂（706厂） | | 不详 | 不详 | |
| | 晨星无线电器材厂（707厂） | 1957 | 2.2 | 1.3 | |
| | 无线电动力厂（751厂） | 1957 | 5.3 | 1.58 | 北京正东电子动力集团 |
| 有线电厂（738厂） | | 1953 | 35.3 | 31.8 | 北京兆维电子集团 |

（3）东南郊工业区——垡头

为解决中华人民共和国成立初期北京燃料结构单一、供暖能源不足等问题，1958年5月北京在东南郊垡头地区筹建大型炼焦化学厂，与北京老城保持2～3公里距离（图2-3-12）。焦炉建设与"国庆十大工程"同步进行，以保证十大工程完成后煤气供应。焦化厂于1959年11月建成投产，位于朝阳区化工路东口，随之建成的还有北京第一座焦炉——焦化厂1号焦炉，随后在1960年到1973年间，2号、4号和3号焦炉也相继建成。

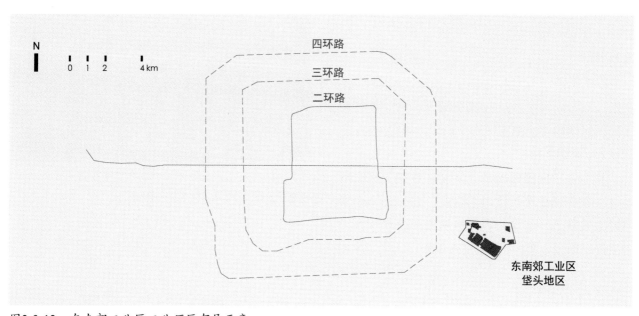

图2-3-12　东南郊工业区工业厂区布局示意

焦化厂生产了北京第一炉焦炭，并首次将人工煤气输送至市区，供应人民大会堂、中南海、使馆区等重要单位，得到党和国家领导人的高度重视，自1959年建成以来，朱德曾先后6次到厂区视察。厂区由储运、炼焦、煤气净化、焦油加工、燃气输配、动力以及修造等8个分厂、30多个生产车间和维修车间组成，各个车间厂房建筑大小不一，有的采用牛腿柱、钢桁架、大型屋面盖面，有的采用框架结构，有的使用混合结构。办公、生活用房多为1～5层混合结构，地下建筑采用现浇结构，由冶金部鞍山耐火材料设计院设计完成（图2-3-13，表2-3-5）。

图2-3-13　北京焦化厂历史照片
（资料来源：《北京工业志·综合志》）

表2-3-5　东南郊工业区部分重要企业及工业建筑面积指标（1998年统计数据）

| 企业名称 | | 建成年份 | 占地面积（公顷） | 建筑面积（万平方米） | 改制后名称 |
|---|---|---|---|---|---|
| 北京炼焦化学厂 | 1号焦炉 | 1959 | 150 | 44.54 | 北京燃气集团有限公司 |
| | 2号焦炉 | 1961 | | | |
| | 3号焦炉 | 1973 | | | |
| | 4号焦炉 | 1967 | | | |
| | 5号焦炉 | 1986 | | | |
| | 6号焦炉 | 1987 | | | |

（4）西郊工业区——石景山

石景山钢铁厂是北京西郊工业片区的核心区域（图2-3-14），其历史可以追溯到1919年北洋政府官商合资兴办的龙烟铁矿股份有限公司石景山分厂。石景山工业区先后在日军占领、军阀混战、解放战争等历史变迁中存活下来，1949年后更名为石景山钢铁厂，1966年更名为首都钢铁公司（简称"首钢"），是北京钢铁工业的发源地和主要基地。石景山工业区以钢铁行业为基础，逐步形成了第一炼钢厂、第二炼钢厂、第三炼钢厂、特殊钢厂、线材厂等细分企业。最具行业代表性的工业建筑物包括1920年建成的1号高炉（后在1951、1955和1962年进行大修改造）、2号高炉（1943年由日本移来，1978年大修改造）、3号高炉（1958年我国自主设计建造）以及3号焦炉（1958年我国自主设计建造）等[1]（图2-3-15）。

---

① 北京市地方志编纂委员会.北京志·建筑卷·建筑志 [M].北京：北京出版社，2003.

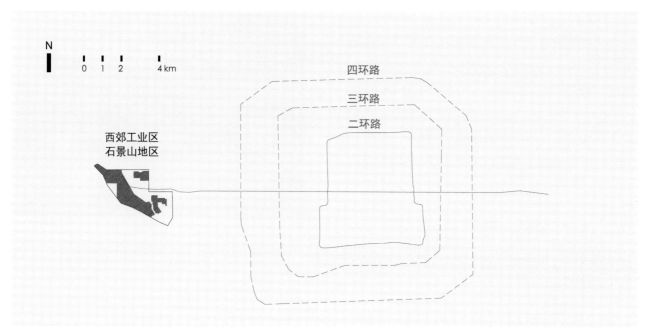

图2-3-14　西郊工业区工业厂区布局示意

图2-3-15　首钢早期历史照片

（资料来源：《北京工业志·综合志》）

随着工业建设的不断发展，与工业生产相配套的生活建筑也逐渐完善，街坊工人住宅陆续发展起来。"居民区采取大解放制度，一般为9至15公顷，统一规划、统一设计、综合建设，配套建设文化福利设施，安排绿地和儿童游戏场，保证居住区有充分阳光和新鲜空气的要求"[1]。东郊棉纺工业区内，从慈云寺到八里庄再到十里堡，京棉一厂、二厂、三厂住宅区自东向西一字排开，以朝阳路为界，南侧为生产区，北侧为生活区，形成了职住结合的布局方式（图2-3-16）。生活区新建了三层职工宿舍楼，清水砖墙，木屋架坡顶，一梯两户或三户，成为北京市早期单元式住宅的原型[2]。此外，宿舍区内同时设有医院、澡

① 北京市人民政府.关于早日审批改建和扩建北京市规划的请示 [A].北京市档案馆，1953.
② 北京市地方志编纂委员会.北京志·市政卷·房地产卷 [M].北京：北京出版社，2000.

堂、理发室、中小学校、商店、礼堂等配套设施。如此完整的工业生产区与生活区规划设计理念深受苏联工业区建设模式的影响，同样，东北郊酒仙桥建设亦采用职住结合的方式建设（图2-3-17）。

与此同时，通往工业区的道路系统也不断完善，并出现了以工业企业命名的道路，如针织路、化工路、毛纺路等。道路建设标准有所提高，干道宽度从原7～9米提高到14～21米，路面结构从砂石改为沥青或混凝土等。1952年朝阳路

图2-3-16　北京东郊棉纺工业区工人生活区全景历史照片
（资料来源：《北京在建设中》）

图2-3-17　东北郊酒仙桥地区工人生活区历史照片
（资料来源：《北京在建设中》）

呼家楼至双井的东三环中路率先开工，修成7米宽的砾石路面，这是三环路最初的施工段[①]，成为东郊工业区南北方向重要的交通线；1953年建国门至西大望路一段建成，1958年和1960年又进行了拓宽工程。西大望路以东至通州的道路于1960年开工，随后因经济困难而暂停，1965年复工建成通车，形成了与通惠河并行的交通要道，为东郊工业区运输原料提供了便利。1960年玉泉路延长线延长到八角地区，直接通往石景山首钢东大门，东起通州，西至石景山，串联起北京的东西"黑白"两大工业区。1962年，建国路到广渠路一段由7米增加到14米，至此，除了西南三环外，

全程28公里的大半条三环路宽度得到了统一，对沟通东南郊、东郊、东北郊工业区的联系和减少穿城车流起到了明显改善作用。

北京现代工业建设是"计划经济"的产物，即国情决定经济（发展模式和主要矛盾），经济决定产业（重工业和轻工业），产业决定选址（工业片区布局），选址决定工业建筑规模和空间，使工业区形成了与其他城区完全不同的生活景象。"一五"计划对北京现代工业发展具有里程碑意义，不仅实现了现代工业"零突破"，而且在短时间内就确立了城市工业发展格局，为未来城市化的推进奠定了坚实基础（表2-3-6）。

表2-3-6 1949—1965年北京工业用地与工业建筑面积指标统计

| 时 间 | 事 件 | 工业用地面积（公顷） | 工业建筑面积（万平方米） | 平均建筑面积（万平方米/年） |
| --- | --- | --- | --- | --- |
| 1949—1952 | 国民经济恢复 | 1714 | 31.7 | 10.6 |
| 1953—1957 | "一五"计划 | 2354 | 206.7 | 41.3 |
| 1958—1962 | "二五"计划 | 6229 | 541.4 | 67.7 |
| 1963—1965 | "小三线"建设 | 220 | | |
| 合 计 | | 10517 | 779.8 | 119.6 |

## 2.3.2 "文革"动荡：工业建设放缓

自1967年开始的十年"文化大革命"，对国家经济、文化以及工业发展造成了冲击。北京城市总体规划暂停执行，工业发展陷入无序状态，一些不应在市区发展的工业盲目建设，许多院校及科研单位被改为工厂，非工业用地则被随意变更为工业用地，破坏了城市规划用地布局。

### 2.3.2.1 工业发展失控与产业结构失衡

受"文化大革命"影响，北京市内部分大学、中专和科研单位停止办学，并在原址改建工厂，例如1968年财经学院原址改为卷烟厂，化工学校原址改为制药三厂，电机学校原址筹建半导体器件二厂，北京工艺美术学校原址建立半导体器件三厂，等等。到1960年代末期，中央在京单

---

① 北京市地方志编纂委员会.北京志·市政卷·房地产卷[M].北京：北京出版社，2000.

位及北京市各部门、各单位兴办1400多个街道"五七"生产组和家属连，城区里的工厂和住宅彼此混杂交错。据不完全统计，宣武区（今西城区）20%的工厂、车间分布在居民院中，30%的工厂区内则住有居民，10%的工厂占据居民楼底层[1]，城市工业发展与居民生活十分混乱，城市发展几近失控。

在"大而全""小而全"思想指导下，近郊区许多工业企业又建设了一批配套项目，工业区规模相继扩大。到1970年代初期，通惠河两岸工业区已经发展到155个工厂，职工15万人；南郊工业区已有99个工厂，职工4.7万人；石景山工业区有6个工厂，职工5万多人。在此期间，钢铁、化工等原料工业发展过快过猛，而纺织、电子、食品、服装等行业却发展不足。1966年至1970年统计数据显示，北京的重工业平均每年增长21.2%，而轻工业平均每年增长10.9%，到1973年，城市规划部门重新拟定了总体规划方案，针对"文化大革命"期间工业建设出现的问题提出了整改原则：新建工厂安排到远郊区，市区已有的工厂生产规模的扩大主要依靠技术改造而不是场地扩大，市区一般不增加居住和工业用地，产生"三废"的工业企业有计划地进行调整、改造和搬迁等。

"抓革命，促生产"的时代口号，不仅无法清晰、明确地指导现代工业发展方向，而且容易盲目地将政治运动与工业生产混为一谈，造成了工业生产"政治化"，扰乱了正常生产秩序。

### 2.3.2.2 "四三方案"建设与重点项目落成

由于首都北京所处的特殊地位，其工业建设虽然在这一阶段受到影响，但仍然有所发展，并非是一般文献所描述的"停滞不前"。在1970年代初期，中央提出43亿元工业引进计划（即"四三方案"），重点解决百姓吃、穿、用、戴问题，以弥补早期偏于重工业发展造成轻工业发展不足之缺失。重点引进日本、法国、德国、美国、荷兰等西方国家在石油化工产业上的先进生产线，进一步改善和提高我国相关产业的生产效率。

1967年，一家极其重要的化学能源企业——北京东方红炼油厂及其综合利用项目建成（图2-3-18），其拥有当时最先进的炼油技术，是北京乃至全国化工企业排头兵。中华人民共和国成立20周年时，群众曾将厂区模型运送至天安门广场接受检阅。1975年北京前进化工厂（今燕山石化有限公司前身）引进轻柴油裂解装置，次年乙烯年产量达到30万吨。

图2-3-18 1968年东方红炼油厂破土动工大会历史照片（资料来源：《北京工业志·综合志》）

---

① 北京工业志综合志编纂委员会 . 北京工业志·综合志 [M]. 北京：北京燕山出版社，2003.

此外，其他涉及民生的电力、热力、电子、化工等企业也在这一时期相继落成[①]，如北京第二热电厂、北京电视机厂等（表2-3-7，图2-3-19），到1970年，北京工业总产值超过100亿元。[②]

表2-3-7　1966—1978年北京建成的大型工业项目

| 时间 | 企业名称 | 区位 | 时间 | 企业名称 | 区位 |
|---|---|---|---|---|---|
| 1967 | 北京加气混凝土厂 | 清河镇 | 1972 | 首钢四高炉 | 石景山区 |
| 1967 | 北京东方红炼油厂 | 房山区 | 1973 | 北京电视机厂 | 海淀区 |
| 1968 | 北京轴承厂 | 昌平区 | 1973 | 北京前进化工厂 | 房山区 |
| 1969 | 北京向阳化工厂 | 房山区 | 1976 | 北京第二热电厂 | 西城区 |
| 1970 | 北京轮胎厂 | 海淀区 | 1978 | 北京东方化工厂 | 通州区 |
| 1970 | 北京卷烟厂 | 朝阳区 | | | |

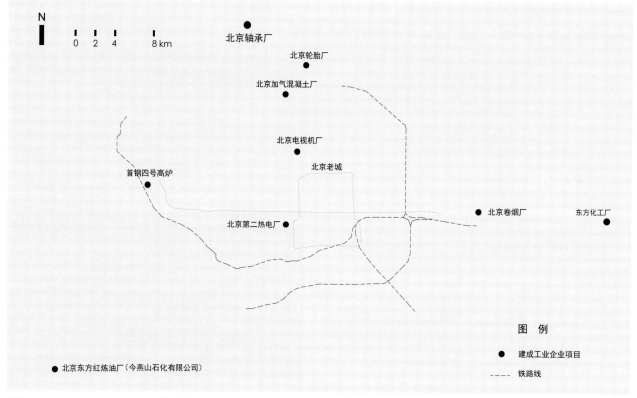

图2-3-19　1966—1978年北京建成的大型工业项目分布示意

---

① 孟璠磊. 工业遗产视角下的新中国"四三方案"工业引进计划追溯 [J]. 工业建筑，2018，48(8): 32-37，47.
② 曹子西，于光度. 北京通史 [M]. 北京：北京燕山出版社，2012.

1967年北京加气混凝土厂在清河镇朱房砖厂原址建成投产，成为我国第一家加气混凝土生产单位，引进瑞典"SIPOREX"全套技术装备，年产量13.5万立方米。1978年北京东方化工厂在通州区张辛庄建成投产，从日本引进年产量3.8万吨的丙烯酸及其酯类装置，成为当时北京地区规模最大的化工企业。

到1978年年底，北京共建成规模以上工业企业十余家，从数量和规模上看，远不及"一五""二五"期间，而且工业发展的规范化、规模化等均受到不同程度影响，工业生产偏离了正常轨道。但与此同时，涉及民生方面的工业项目亦有所推进，工业发展重心从重工业项目转向符合首都需求的轻工业项目。"文革"结束后，北京市全面整顿工业发展格局与目标，按照专业化管理原则，工业逐步向远郊区发展，城市中心区工业布局得到改善，城区850平方公里范围内不再新建和扩建工业项目。

### 2.3.3　结构调整：传统工业升级

1978年十一届三中全会前夕，北京工业门类已较为丰富，在全国统一划分的164个工业门类中北京已有149个门类[1]，涵盖钢铁、棉纺、化工、机械、电子、食品加工等众多产业[2]。"改革开放"的发展道路，使北京工业得到进一步的优化和改善，一批高、精、尖产业快速发展。

#### 2.3.3.1　产业结构转型与改革开放

1980年《关于首都建设方针的四项指示》将北京定位为"全中国、全世界社会秩序最好的城市"，着重发展旅游事业、服务行业和食品工业，发展高精尖的轻型工业和电子工业，明确指出北京不一定要成为经济中心[3]。现代工业发展方向和目标开始转变，传统工业粗放、垄断、污染、低效率的发展方式被抑制并逐步淘汰，北京在全国范围内率先开始"退二进三"和"优二兴三"的产业结构调整，对污染严重企业采取关停、并转和撤出，对传统产业进行"调整、改革、整顿和提高"[4]。

同时，来自市场的竞争，迫使企业必须面对产业升级或转型压力，大型国有企业首当其冲。例如，1985年百万裁军计划将华北无线电器材联合厂管理权由军队移交地方，军队订单锐减，工厂产能过剩，特别是1990年代后，国外产品如潮水般涌入，原来工厂生产的电子元器件成为无人问津的压库货，这导致企业迅速衰落，甚至几乎没有一个车间能够正常生产，多数生产线处于闲置状态，企业陷入半停产状态[5]。到了1990年代中后期，798厂状况更加糟糕，职工从上万人锐减到3000人，大量工人下岗或待岗，生产车间全部倒闭，工厂通过将厂房出租换取租金，以维持基本生计[6]。

另一个发展方向则是合并、重组，国有企

① 北京市社会科学院. 今日北京 [M]. 北京：北京燕山出版社，1989.

② 刘伯英. 迈向城市复兴：城市工业地段的更新研究——以北京、上海、成都为例 [D]. 北京：清华大学，2006.

③ 孙明. 北京工业布局的形成与变迁 [C]. 当代北京史研究会，北京史研究会. 当代北京研究，2010(2):17-21.

④ 1981—1983年底，北京市关停并转企业300余家，对全市铸造、锻造、热处理、电镀等厂也统一调整，撤销了140个厂点，位于老城的31个铸锻厂厂点全部撤销。通过调整，市区有20多个厂、点改作学校、科研所。部分工业局、公司、工厂将市区铺面房的工业设备搬离，改造商业用途，开办展销门市部。全市两批列入限期治理名单的125个重点项目基本完成，对城区内占用名胜古迹、宗教场所如法源寺、大钟寺、恭王府、马甸清真寺、天桥清真寺等的厂点都进行了清退。

⑤ 北京年鉴社. 北京年鉴（1991年）[M]. 北京：北京出版社，1992.

⑥ 陈义风. 当代798史话 [M]. 北京：当代中国出版社，2013.

业在削弱原有庞杂生产体系的同时与私有企业联合，以便更快地适应资本市场竞争。以京棉集团为例，1988年京棉二厂与香港华润纺织品有限公司、北京纺织品进出口公司等共同合资兴办了北京京华纺织有限公司，同年京棉三厂与澳门南发纺织品有限公司、北京纺织品进出口公司合资兴办了北京新伟纺织有限公司。1997年8月，第一、第二、第三棉纺织厂按照新的结构调整实施方案，联合组建了"京棉集团"，踏上了企业深化改革、谋求现代发展的道路。

华北无线电器材联合厂和京棉集团的经历，是1980、1990年代大型国有企业生存状况的缩影，反映出从计划经济时代向市场化时代转变过程中，市场与政策调整对北京工业发展的重要影响。在计划经济时代，国家统一制定生产任务书并担负企业的盈亏，可以在极短时间内集中优势力量发展工业，但进入市场化时代，国有企业直接参与市场竞争，由于缺乏应对能力，企业很难迅速在高强度的市场化和全球化竞争中突破，相当数量的企业在市场化改革和产业结构调整浪潮中重组或倒闭。

## 2.3.3.2　工业郊区化与工业园区建设

工业企业一方面要努力寻找升级和转型的突破口，另一方面也要担负巨大经济压力（如安置退休、下岗职工等），故原有无偿划拨的工业用地成为企业换取技术改造的重要资本。搬迁腾退的部分国有企业以"协议出让"的方式获得土地补偿金和专项扶持资金，腾退城区工业用地并搬迁至远郊工业聚集区，以谋求更大规模发展。

为促成工业布局"郊区化"调整，北京采用了四种主要方式：一是改造城区工业从属关系，重新确定产权，取消区县级工业管理体制，按行归口，划归市级国有单位；二是严控城区工业发展，三环内不再建新厂；三是调整行业结构和产品结构，进行技术升级改造，工业重心转至轻工业和高新技术产业；四是积极发展远郊经济技术开发区，中心城区企业可以以较低租金迁至远郊工业园区[1]。1992年前后，北京远郊卫星镇集中建设了一批"经济技术开发区"，如亦庄经济技术开发区（1992年）、良乡经济技术开发区（1992年）、顺义林河工业开发区（1992年）、顺义天竺空港工业区（1994年）、通州工业开发区(1992年)、八达岭经济开发区（1992年）、昌平小汤山工业园区（1998年）、北京房山工业园区（2002年）等（图2-3-20）。

到1994年9月底，北京市已建成各类工业园区27个（表2-3-8），规划用地面积达到103.5平方公里，其中近期规划用地面积34.54平方公里；进入各工业园区的企业数量达到2890家，已规划总建筑面积达916.2万平方米，开工建筑面积达到404.9万平方米，建成投产企业达到344家，投资总额超过百亿元人民币。[2]

① 周一星，孟延春.北京的郊区化及其对策[M].北京：科学出版社，2000.
② 北京市城乡规划委员会.北京工业科技园区[Z].1994.

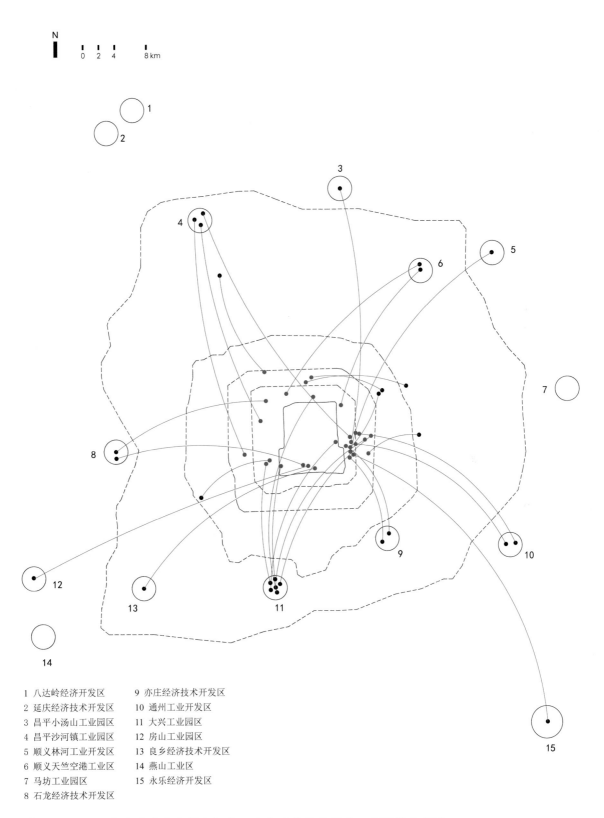

N
0 2 4 8 km

1 八达岭经济开发区
2 延庆经济技术开发区
3 昌平小汤山工业园区
4 昌平沙河镇工业园区
5 顺义林河工业开发区
6 顺义天竺空港工业区
7 马坊工业园区
8 石龙经济技术开发区
9 亦庄经济技术开发区
10 通州工业开发区
11 大兴工业园区
12 房山工业园区
13 良乡经济技术开发区
14 燕山工业区
15 永乐经济开发区

图2-3-20 1990年代后北京城区内部分工业企业外迁至新建工业园区分布图

表2-3-8　1994年批准的北京市级以上工业园区项目列表

| 序号 | 名　称 | 性　质 | 规划用地面积（平方公里） | 行政区划 |
|---|---|---|---|---|
| 1 | 北京经济技术开发区 | 综合 | 15 | 大兴 |
| 2 | 北京市新技术产业开发试验区上地信息产业基地 | 高新技术产业 | 1.8 | 海淀 |
| 3 | 北京市新技术产业开发试验区丰台科技园区 | 高新技术产业 | 5 | 丰台 |
| 4 | 北京市高新技术产业开发试验区昌平科技园区 | 高新技术产业 | 2.3 | 昌平 |
| 5 | 北京市西三旗高新建材城 | 建材工业 | 5.3 | 海淀 |
| 6 | 海淀温泉经济建设区 | 综合 | 5.9 | 海淀 |
| 7 | 石景山八大处高科技园区 | 高新技术产业 | 0.8 | 石景山 |
| 8 | 通州工业区 | 传统工业 | 2.5 | 通州 |
| 9 | 通州次渠工业小区 | 传统工业 | 2 | 通州 |
| 10 | 北京永乐工业区 | 传统工业 | 4.6 | 通州 |
| 11 | 大兴工业区 | 传统工业 | 1.5 | 大兴 |
| 12 | 大兴念坛工业区 | 传统工业 | 2.3 | 大兴 |
| 13 | 房山良乡工业区 | 传统工业 | 2 | 房山 |
| 14 | 门头沟石龙工业区 | 传统工业 | 8.9 | 门头沟 |
| 15 | 延庆南南菜园工业区 | 传统工业 | 3 | 延庆 |
| 16 | 延庆八达岭经济建设区 | 传统工业 | 4.9 | 延庆 |
| 17 | 密云工业区 | 传统工业 | 1.9 | 密云 |
| 18 | 怀柔中国乡镇企业城 | 传统工业 | 2.0 | 怀柔 |
| 19 | 怀柔雁栖工业区 | 传统工业 | 6.5 | 怀柔 |
| 20 | 怀柔农业经济建设区 | 农产品加工 | 2.1 | 怀柔 |
| 21 | 怀柔北京通信工业城 | 传统工业 | 2.0 | 怀柔 |
| 22 | 怀柔凤翔科技建设区 | 传统工业 | 1.0 | 怀柔 |
| 23 | 平谷兴谷经济建设区 | 传统工业 | 5.0 | 平谷 |
| 24 | 平谷滨河工业区 | 传统工业 | 2.5 | 平谷 |
| 25 | 顺义林河工业区 | 传统工业 | 5.1 | 顺义 |
| 26 | 顺义吉祥工业区 | 传统工业 | 4.6 | 顺义 |
| 27 | 顺义天竺空港工业区 | 传统工业 | 3.0 | 顺义 |
| | 合　计 | — | 103.5 | — |

资料来源：北京市城乡规划委员会，《北京工业科技园区》。

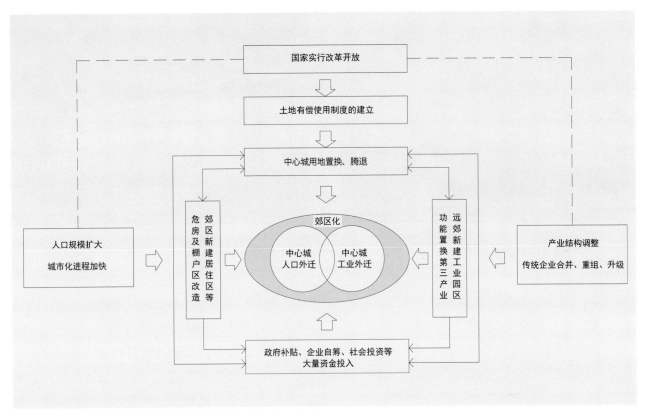

图2-3-21　北京中心城工业"郊区化"现象机制示意图

土地有偿使用制度促成城区土地结构的进一步优化调整。各类用地按照市场经济规律划分成不同使用效益的圈层和组团，中心城区工业用地被置换为贸易、金融等第三产业用地是城市化高度发展的必然结果，也为工业"郊区化"（包括同一时期北京出现的居住"郊区化"现象）提供了理论依据和筹措资金渠道（图2-3-21）。无论是危房改造，还是企业搬迁，其根本动因在于中心城区建设用地供给量的稀缺。

城区腾退的工业企业陆续在新建工业区聚集。到2010年，北京工业布局以"中关村科技园区"为载体，形成了以研发设计为主的高新技术聚集，以近远郊产业基地和工业园区为载体，发展了具有高技术含量、高附加值及环境友好的现代制造业，完成了从市中心到郊区产业链的放射形分布，同时远郊工业开发区（基地）成为北京工业的主要载体。

### 2.3.3.3　工业建筑拆除与临时性利用

为了对企业腾退的工业用地进行大规模开发，工业建筑遗产遭遇了大规模拆除。拆除烟囱、推平厂房，一度被认为是城市发展与进步的标志，常见于新闻报纸等媒体报道中（图2-3-22）。一批具有较高价值的工业建筑来不及得到人们的了解和认知，就在一夜之间荡然无存。

但令人欣慰的是，除了遭遇"推土机式"拆除，北京地区的工业建筑遗产还出现过三种具有

图2-3-22 北京第一机床厂被拆除历史照片
（资料来源：《SOHO点亮中国》）

图2-3-23 双安商场实景

代表性的"临时性利用"尝试。

（1）双安商场

位于海淀区西北三环路南侧的双安商场，其前身是北京手表二厂。手表二厂成立于1974年，由北京市钟表工业公司统一管辖。1984年北京市的手表产品由国家统购包销转为企业自销[①]，传统手表行业无法应对来自电子表和进口手表的冲击，企业发展迅速从巅峰跌至低谷。1995年手表二厂腾退用地，用地产权及厂房建筑由北京东安集团斥资2.43亿元获得[②]。厂区占地面积1.2公顷，核心建筑物是一座五层框架结构厂房，被东安集团改造为双安商场（图2-3-23）。厂房立面增设披檐、垂花门等传统建筑符号，弱化工业建筑形象，一层空间被大面积改造，设置底层通透开放的商业展示界面，建筑面貌焕然一新。

（2）远洋艺术中心

远洋艺术中心是北京旧工业建筑早期改造利用的典型之一，2001年由张永和改造完成。这一案例的代表性主要体现在两个方面：一是改造时间较早，且是有目的的功能置换而非单纯对外出租。二是远洋艺术中心两年后即遭到拆除，反映出早期工业遗产再利用在城市化进程中的临时性和不确定性。

京棉三厂（今"远洋天地"商务区）位于东四环东八里庄1号，1999年正式停产后厂房废弃。在1992年北京市总体规划方案中，东郊棉纺和机械工业区被调整为中央商务办公区，远洋地产集团通过招拍挂获得该地开发权。在实施分期开发的过程中，其中一栋结构和安全质量完好的三层纺纱厂房被暂时保留，改造成临时售楼处和公益性艺术展览中心[③]。但因场地规划的限制要求，原有厂房中的三跨被"切除"，为规划道路让位，切割后的痕迹被建筑师张永和视为建筑立面风格特色，"改造并不否定原建筑的历史，反而试图明

---

① 北京市地方志编纂委员会．北京志·工业卷·一轻工业志 [M]．北京：北京出版社，2004．
② 北京东安集团成立于1988年，最早由王府井东安商场转型而来，也是为了更好地管理和控制公私合营的百货销售业务而成立。
③ 张永和，吴雪涛．远洋艺术中心 [J]．时代建筑，2001，4:30-33．

图2-3-24　远洋艺术中心
（资料来源：《平常建筑》）

示并发展工业建筑的空间秩序和结构逻辑"[1]，这次改造既发展了原有工业建筑的空间秩序和结构逻辑，也第一次尝试将工业生产空间与艺术展示空间相结合（图2-3-24）。

远洋艺术中心的出现，是一次基于商业目标而非遗产保护的尝试，因此，当分期开发结束时，这座临时性艺术中心即被拆除。

（3）798书店与画廊

基于"租赁"关系的工业建筑再利用也在这一时期悄然开始。1995年，中央美术学院教师隋建国租用位于朝阳区酒仙桥地区的798厂仓库，将其改造为雕塑车间，开启了闲置厂房临时性租用时代。2002年，美国人罗伯特（Robert Bernell）以0.6元/平方米的租金租下798厂内的回民食堂，改造成书店、咖啡厅和"东八时区"画廊（图2-3-26）。"罗伯特是搞艺术的，个人也比较有能力，在北京待了一段时间觉得这里（798厂）接地气，当然最主要的是房租低。他喜欢平房，直接就看中了回民食堂那个一层的小房子……那个时候咱们的房子都流行'吊顶'，房子装修都喜

图2-3-25　"东八时区"画廊实景

[1] 张永和.平常建筑 [M].北京：中国建筑工业出版社，2002.

欢把屋顶给盖住，但是罗伯特反而把回民食堂的吊顶都拆掉了，露出屋架，还刷上铜油，大家一看挺不错，改造得很漂亮。然后通过他办的一些Party又来了不少艺术家，大家一看都觉得这地不错，就陆续都来找我们租房子，那些小平房是最早租出去的。"[1]罗伯特的改造吸引了一些青年艺术家的关注，加上较为低廉的租金，因此，陆续有更多的艺术家进驻798，租用一些角落中尺度小的空间，改造成艺术工作室。这种局面不断发酵，到2006年前后厂区已经基本占满。

直接拆除、临时使用后拆除以及租用转型，构成了北京现代工业建筑遗产早期再利用的三种主要形式，它们几乎在相同的时间节点里走向了不同的发展方向（表2-3-9）。

表2-3-9　北京现代工业建筑遗产早期利用的三种主要方式

| 利用方式 | 直接拆除 | 临时使用后拆除 | 租用转型 |
|---|---|---|---|
| 特征描述 | 企业卖地<br>地产开发 | 企业卖地<br>地产开发 | 企业卖地未果<br>出租厂房 |
| 代表案例 | 第一机床厂 | 京棉三厂 | 798厂 |
| 开发主体 | SOHO中国 | 远洋集团 | 798厂 |

对于寸土寸金的北京城区来说，拆平重建更容易获得立竿见影的经济回报，其成本投入甚至比起保护利用更低，但工业遗产保护与再利用收获的不只是经济收益，还包括文化、历史、艺术等多层面收益，因此拆除与保留一直伴随着分歧和争议，再加上长期粗放式城市建设所形成的惯性思维，使工业建筑遗产的命运始终岌岌可危。幸运的是，最早一批以"租用"形式保留下来的工业遗产，在经过了十余年的发展后，逐渐转型成为具有突出特色甚至品牌效应的文创园区，无论从经济回报还是社会影响力来看都获得了巨大的成功。这些实践活动让人们看到了工业遗产价值所在，对其他工业建筑遗产的保护产生了积极的示范效应。

## 2.4　时代新篇：后工业化转型（2006年至今）

2006年，北京已经进入工业化后期并逐渐过渡到后工业化时期，成为全国最早转型进入后工业化社会的城市之一。同年4月18日，以"重视并保护工业遗产"为主题的中国工业遗产论坛在江苏无锡举行，通过了我国首部关于工业遗产保护的共识文件《无锡建议》，正式将我国工业遗产保护问题提上日程，2006年也因此被认为是我国工业遗产保护元年。对北京而言，2006年开展了一系列具有里程碑意义的活动：798厂被北京市政府授予"文化创意产业聚集区"，得以原址保留；腾退搬迁的首钢总公司在北京市规委统筹下，变更了原有拆除计划，重新确立了工业遗

---

[1] 引自笔者对798艺术区相关管理人员访谈。

产保护与高新产业协同发展的转型目标；等等。

### 2.4.1 工业建筑遗产保护与利用

2006年以前，北京地区一些具有特殊价值的近现代工业建筑就已得到关注。早在2004年住建部下发《关于加强对城市优秀近现代建筑规划保护的指导意见》（以下简称《指导意见》），北京展开了市域范围内近现代建筑物的普查和甄别工作，并于2007年正式公布了第一批优秀近现代历史建筑名录。北京优秀近现代建筑"年龄跨度"被延长到1970年代中期（"文化大革命"结束后）[①]，在价值层面则定义为在"历史、艺术、科学等价值上具有代表性"。在八项评选指标中（符合其中一项即可），第1、5、6项为工业建筑入选提供了依据：

"（1）反映近现代社会历史发展，代表某一时期社会发展特征的建筑物（群）、构筑物（群）和历史遗迹。

（5）在我国建筑科学技术发展史上有重要意义的建筑物（群）和构筑物（群）。

（6）在建筑类型、空间、形式上有特色，或者具有较高建筑艺术价值的建筑物（群）和构筑物（群）。"[②]

798现代建筑群、首钢厂史馆以及北京焦化厂1、2号焦炉登录北京优秀近现代建筑名录，从分布上来看，三处工业建筑遗产均位于城区边缘地带而非老城内，"工业建筑遗产"将优秀近现代建筑的地理范围从老城区拓展到近郊工业区（图2-4-1）。

首钢与焦化厂在北京工业发展史上占有重要地位，符合标准（1）；798厂因属于苏联援建的156重点工程项目，同时其主体建筑采用了当时世界先进的建造工艺和德国包豪斯建筑设计理念，因此在建筑及科学技术上具有突出价值，符合标准（1）（6）。但在最终确认和甄别工作中，由于首钢和焦化厂中大量的工业建筑属于1980年代后期建造或改建，在时间上不符合标准而被舍弃，仅登录了其中的首钢办公楼和焦化厂1、2号焦炉，而对于798厂则主要收录了锯齿厂房等建筑物。虽然"优秀近现代建筑名录"对工业建筑遗产的评判尚不全面，但这是第一次官方对现代工业建筑的认可，为推动工业建筑遗产保护迈出重要一步。

在学术和实践层面，真正对工业遗产展开保护与再利用研究应当追溯到首钢的改造。2008年，随着北京奥运会临近，市内大型工业企业加速关停腾退，位于长安街西沿线的首钢总公司开始压缩产能并步入停产程序。早在2005年，北京市规委就组织开展了"首钢工业区改造规划初步研究"，提出首钢工业区未来产业发展方向是高新技术产业与文化休闲娱乐产业相结合，对首钢

---

① 朱嘉广，李楠，吴克捷．"北京优秀近现代建筑保护名录"的研究与制定 [J]. 城市规划，2008(10)，41-49.
② 北京优秀近现代历史建筑的八项具体评判标准包括：
　　"（1）反映近现代社会历史发展，代表某一时期社会发展特征的建筑物（群）、构筑物（群）和历史遗迹。
　　（2）与重大历史事件有关的建筑物（群）、构筑物（群）和历史遗迹。
　　（3）与重要历史人物有关的建筑物（群）、构筑物（群）和历史遗迹。
　　（4）反映东西建筑文化交流的建筑物（群）和构筑物（群）。
　　（5）在我国建筑科学技术发展史上有重要意义的建筑物（群）和构筑物（群）。
　　（6）在建筑类型、空间、形式上有特色，或者具有较高建筑艺术价值的建筑物（群）和构筑物（群）。
　　（7）中国著名近现代建筑师、设计公司的代表作品。
　　（8）北京重要的标志性建筑物（群）和构筑物（群）。"

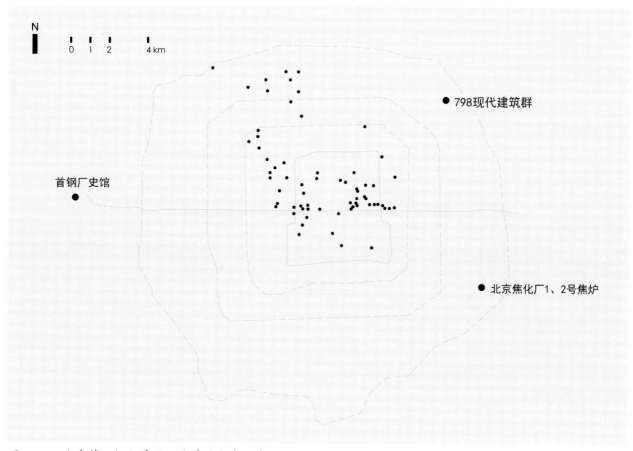

图2-4-1　北京第一批优秀近现代建筑分布示意

地区现状土地和建筑资源进行初步摸底后，提出了首钢工业区初步用地规划方案，划定了高新技术产业区、工业主题公园区、公共活动中心区、会展博览文化区等8个功能区，并要求对首钢工业区土地进行土壤修复和治理，保护石景山自然景观以及首钢凉水池、高炉、大跨度厂房等工业景观。2006年，市规委委托北京市工业促进局、清华大学、北京城市规划设计研究院以及首钢总公司等有关单位和部门，对首钢现状资源、国内外老工业区相关案例经验、产业发展方向、土壤及地下水污染治理、永定河生态治理等相关专题展

开系统性研究。这是北京乃至全国范围内第一个系统化、规模化对工业遗产展开科学调查与研究的项目，具有突出的示范意义。

　　与798厂所不同的是，首钢工业遗产价值的发现、认知、挖掘与保护，是一次有意识、有组织的主动行为，上述专项课题研究及时终止了原有规划方案"夷平重建"的思路，转向结合首钢工业遗产实际对未来发展目标进行重新定位，这一行动标志着工业遗产作为物质文化遗产的一部分被人们逐渐认可。

　　以首钢工业遗产资源调查为契机，北京市工

业促进局、清华大学、北京城市规划设计研究院等团队联合展开了对北京100余处城区工业企业资源的现状调查，涵盖了北京绝大多数国有工业企业以及部分民营企业，包括电子、纺织、机械、钢铁、化学、印刷、制药、食品以及轻工业等众多门类，涉及中心城地区888.53公顷工业用地以及443.59万平方米工业建筑，梳理出30余项具有突出价值的工业遗产，并据此开展了北京中心城01～18片区的工业用地整体利用专题研究[①]。这是全国第一项针对城市工业企业空间资源的全面调查，也是北京市第一项针对城市工业用地现状的研究成果。

2010年，中国建筑学会工业建筑遗产学术委员会在清华大学成立，标志着以"工业建筑遗产"为主要研究对象的学术组织正式成立。首届工业建筑遗产学术研讨会通过了"关于中国工业遗产保护的《北京倡议》——抢救工业遗产"，这是对2006年《无锡建议》和《关于保护工业遗产的通知》的拓展和再诠释，对日后北京开展工业遗产的保护、再利用的研究具有里程碑意义。

### 2.4.2 文化创意产业兴起与发展

随着产业结构调整的不断深入，特别是2008年奥运会等一系列重大事件的助推，北京第三产业得到蓬勃发展。截至2018年底，北京第一、二、三产业产值比重达到0.4∶18.6∶81[②]，传统第二产业占比已不足1/5，而以创意产业、服务业为代表的第三产业则高达4/5。按照哈佛大学经济学家霍斯利·钱纳里（Hollis B. Chenery）的多国模型工业阶段划分标准，北京已进入"后工业化发达经济初级阶段"[③]，而在第三产业中，文化创意产业逐渐登上历史舞台，成为第三产业的一支重要力量。

"创意产业"的概念由英国在1997年率先提出[④]，是一个有别于传统产业的革新性产业，因为它将人的脑力创造与科学规律结合在一起。2005年，时任北京市委书记刘淇在北京市九届十一次全会上讲话中提出："北京要大力发展优势产业，积极培育首都经济新的增长点。着力抓好'文化创意产业'的发展，以发展文化创意产业为新的引擎，推动产业升级。"[⑤]这是北京市首次提出"文化创意产业"的概念，并且确定北京未来的产业发展方向将突出强调文化创意产业。

按照《北京市地方标准：文化创意产业分类标准》中相关定义，"文化创意产业"是指"以创作、创新为根本手段，以文化内容和创意成果为核心价值，以知识产权实现或消费为交易特征，为社会公众提供文化体验的行业集群"。[⑥]根据《北京市文化创意产业发展报告》划分，北京市文化创意产业的发展经历了"萌芽（1996—2002年）、起步（2003—2005年）、发展（2006年至今）三个阶段"[⑦]。2006年开始，北京市文化创意产业增加值逐年上涨，文化创意和科技创新成为北京"双轮驱动战略"的核心内容，到2010年

① 施卫良，杜立群，王引，刘伯英. 北京中心城工业用地整体利用规划研究 [M]. 北京：清华大学出版社，2010.
② 引自北京市统计局《北京市 2018 年国民经济和社会发展统计公报》。
③ 钱纳里，鲁宾逊，赛尔奎因. 工业化和经济增长的比较研究 [M]. 上海：上海人民出版社，1995.
④ LAWRENCE T. B，PHILLIPS N. Understanding cultural industries[J]. Journal of Management Inquiry, 2002, 11(4): 430-441.
⑤ 金元浦. 文化创意产业与北京的发展 [J]. 前线，2006(3):25-26.
⑥ 参见 http://www.creativeindustry.org.cn/policies/bj16.htm。
⑦ 王国平，张京成. 北京文化创意产业发展报告（2011）[M]. 北京：社会科学文献出版社，2012.

文化创意产业增加值（亿元）

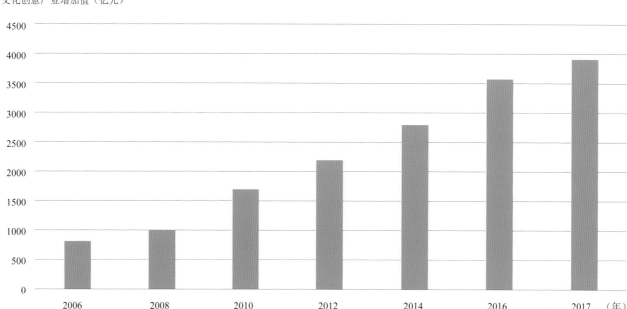

图2-4-2　2006—2017年北京市文化创意产业增加值

（资料来源：历年北京市统计年鉴）

文化创意产业增加值占全市生产总值比重已超过5%。根据北京市"十一五"发展规划，文化创意产业成为支柱产业，并一直延续至今①（图2-4-2）。

### 2.4.3　工业资源与文化创意产业结合

工业建筑遗产的闲置与文化创意产业的蓬勃发展在时间上基本重合，两者结合的较早案例应当追溯到798艺术区出现。艺术家的聚集，不仅为闲置的工业建筑寻找到了使用价值，而且极大地促进了人们对艺术产业的关注，而这种"临时性利用"为人们认知工业建筑遗产价值赢得了时间和机会。798的价值不仅仅在于它是中国第一个当代艺术区，更在于它重新定义了人们对存量空间资源进行开发和利用的概念——平庸、破败的厂房可以成为创意和艺术的"孵化器"，具有示范和引领作用。

2007年北京市工业促进局出台《保护利用工业资源，发展文化创意产业指导意见》，从官方层面明确引导闲置工业建筑转型为文化创意产业园区，此后利用工业建筑遗产改造而成的文化创意产业园更是不断涌现。2014年，国务院印发《关于推进文化创意和设计服务与相关产业融合发展的若干意见》，提出支持以划拨方式取得土地的企业单位利用存量房产、原有土地兴办文化创意和设计服务，为利用存量空间资源发展文化创意产业指明方向。之后，老旧厂房的开发利用迎来春天。2015年，北京市文化创意产业促进中

---

① 李建盛.北京文化发展报告（2011—2012）[M].北京：社会文献出版社，2012.

心开始对北京老旧厂房、老旧仓库和老旧商业设施资源进行普查，历经三年基本完成《北京市老旧厂房转型升级为文创园区、公共文化设施研究报告》。2017年12月，北京政府出台《关于保护利用老旧厂房拓展文化空间的指导意见》，该意见成为首个保护利用老旧厂房的专项政策，破除了原有的诸多掣肘因素和发展瓶颈。

2018年6月29日，北京市政府发布《北京市文化创意产业园区认定及规范管理办法（试行）》（以下简称《办法》）和《关于加快市级文化创意产业示范园区建设发展的意见》（以下简称（《意见》）。《办法》共包括6个章节24条，主要明确了"北京市文化创意产业园区"的认定标准、认定程序、管理和考核机制、支持服务体系等内容；《意见》主要包括总体定位和建设目标、加大政策支持力度、提升运营管理水平、健全园区管理机制4个部分。围绕扶持文创园区的政策方面，《意见》提出了7个方面19条政策，将对示范园区建设运营管理机构建设硬件设施、开展公共服务、文化金融服务、保护利用老旧厂房建设分园等给予资金支持。同年11月，由北京文化创意产业促进中心主办的首批北京市文化创意产业园认定工作展开，符合"双七十"①标准的文化创意园区均可申报，根据专业评审之后，确定了首批北京市文化创意产业园区名单，共33个，其中20个园区是利用城区工业遗产改造而来，约占总数的2/3（见附录Ⅶ）。

---

① 根据《北京市文化创意产业园区认定及规范管理办法（试行）》，符合"园区入驻率70%以上以及文创法人单位数占已入驻法人单位总数比例70%以上"的园区可以参评首批文化创意产业园的认定，简称"双七十"。

# 第 3 章

遗海拾珍：
北京工业遗产现状调查

北京工业发展有其自身的特殊性，无论是传统手工业发展还是民族资本企业兴起，无论是殖民工业出现还是中华人民共和国成立后大规模现代工业建设，北京的工业门类和规模在全国一直处于前列，这一点尤其体现在1949年之后：从"一五"时期"工业基地与工业城市"，到改革开放之后发展"适合首都特点工业类型"，再到"十三五"时期"工业制造迈向北京创造"，每一次工业调整都带来新的影响与变化。工业建筑作为工业发展的物质载体，是体现和展示工业文明与文化的重要空间，是以具有突出价值的工业建筑遗产应当被科学全面地调查、登记，并根据具体情况予以合理保护与利用。自2006年以来，工业和信息化部、国家文物局、北京市文物局、北京市规划与国土资源委员会、中国城市规划学会、中国科学技术协会、中国建筑学会等部门，先后出台了各自的遗产名录，为北京市工业遗产名录的确定提供了重要依据。

工业遗产存在广义与狭义之分，广义工业遗产包括工程遗产、科学技术遗产和传统手工业遗产，狭义工业遗产则特指使用机械设备进行加工和生产活动的近现代工业遗产。对北京而言，狭义工业遗产可以追溯到洋务运动时期京西门头沟首次使用蒸汽动力开采的煤矿，以及中华人民共和国成立后的工业建设项目。因此，除部分章节外，本书中对工业遗产的讨论将主要集中在"狭义工业遗产"范畴内。

## 3.1　工业遗产名录

2006年，北京市工业促进局和清华大学、北京华清安地建筑设计事务所有限公司联合对北京地区工业资源进行了摸底调查和深入研究，对城区一百余处正在生产或已停产的工业企业进行了走访记录，对具有价值的工业资源进行了系统梳理，较早地公布了一批北京工业建筑遗产名单，共计30处[1]。

同年，北京印钞厂、清陆军部和海军部旧址被列入第六批全国重点文物保护单位，成为北京地区首批登录全国重点文物保护单位的近代工业遗产。 2007年北京市规划委与文物局共同公布"北京市优秀近现代建筑名录"（第一批），其中798近现代建筑群，北京市焦化厂1、2号焦炉与煤塔，首钢厂史馆及碉堡，双合盛五星啤酒联合公司设备塔等4处工业建（构）筑物被列入名录[2]。

2013年，京张铁路南口至八达岭段、四一九电台、长辛店"二七"革命遗址地被列入第七批全国重点文物保护单位；2017年至2019年，国家有关部委各自出台了多个涉及工业遗产的名录：工业和信息化部先后发布三批"国家工业遗产名单"，738厂、751厂、北京卫星制造厂以及原子能"一堆一器"等6处工业遗产被列入其中[3]；国务院国资委发布了"中央企业工业文化遗产名录"，核工业"开业之石"、北京电报大楼等4项工业遗产被列入其中[4]；中国科协与中国城市规划

[1] 刘伯英，李匡 . 北京工业建筑遗产现状与特点研究 [J]. 北京规划建设，2011(1):18-25.
[2] 京京 . 北京优秀近现代建筑保护名录发布 [J]. 城市规划通讯，2008(1):11.
[3] http://www.miit.gov.cn/n1146290/n4388791/c6504488/content.html
[4] http://www.sasac.gov.cn/n2588025/n2588119/c9183542/content.html

学会等相关部门公布两批"中国工业遗产保护名录"，北京自来水厂、北京印钞厂、京奉铁路、798厂、首钢总公司、北京焦化厂等8处优秀近现代工业遗产被列入名录①；北京市规划与国土资源委员会公布429处北京市历史建筑名单，北京第二热电厂、北京电子管厂历史建筑群、北京有线电总厂历史建筑等25处工业建筑遗迹被列入名录。

　　截至2019年12月底，拥有各类身份认证的工业遗产共计66项（重复项已合并）②。此外，仍有16项遗产价值突出的工业遗产尚未登录于各类名录，本书将其列入工业遗产"候补清单"。综上，北京地区共有各类工业遗产项目计82项。其中，广义工业遗产18项，狭义工业遗产64项（图3-1-1）；全国及北京市级重点文物保护单位34项，各类建筑遗产32项，候补遗产16项（图3-1-2）。

### 3.1.1　广义工业遗产

　　广义工业遗产包括工程遗产、科学技术遗产以及传统手工业遗产（图3-1-3），其中工程遗产8项、科学技术遗产5项，传统手工业遗产5项。工程遗产是指传统工匠修筑的水利、桥梁等工程项目，科学技术遗产包括见证天文、地理等方面的科学技术成就的装置、设施和建筑物（表3-1-1）。

表3-1-1　北京工程遗产及科学技术遗产清单

| 序号 | 遗产名称 | 遗产属性 | 身份认定 |
|---|---|---|---|
| 1 | 大运河遗址<br>（含京内通运桥及张家湾镇城墙遗址、南新仓等11处遗址地） | 工程遗产 | 世界物质文化遗产（2014年）<br>全国重点文物保护单位（第六批） |
| 2 | 琉璃河大桥 | 工程遗产 | 全国重点文物保护单位（第七批） |
| 3 | 卢沟桥 | 工程遗产 | 北京市重点文物保护单位（第一批） |
| 4 | 广济桥 | 工程遗产 | 北京市重点文物保护单位（第三批） |
| 5 | 万宁桥 | 工程遗产 | 北京市重点文物保护单位（第三批） |
| 6 | 朝宗桥 | 工程遗产 | 北京市重点文物保护单位（第三批） |
| 7 | 禄米仓 | 工程遗产 | 北京市重点文物保护单位（第三批） |
| 8 | 北新仓 | 工程遗产 | 北京市重点文物保护单位（第三批） |
| 9 | 古观象台 | 科学技术遗产 | 全国重点文物保护单位（第二批） |
| 10 | 北京大学地质学馆旧址 | 科学技术遗产 | 全国重点文物保护单位（第七批） |
| 11 | 水准原点旧址 | 科学技术遗产 | 北京市重点文物保护单位（第五批） |
| 12 | 中国地质调查所旧址 | 科学技术遗产 | 北京市重点文物保护单位（第八批） |
| 13 | 北京天文馆 | 科学技术遗产 | 北京市优秀近现代历史建筑保护名录<br>中国20世纪建筑遗产项目 |

---

① 引自 http://www.planning.org.cn/news/view?id=8109&cid=0。
② 本书中所列北京市工业遗产名录的现状统计截至 2019 年 12 月，且包含广义与狭义工业遗产项目。

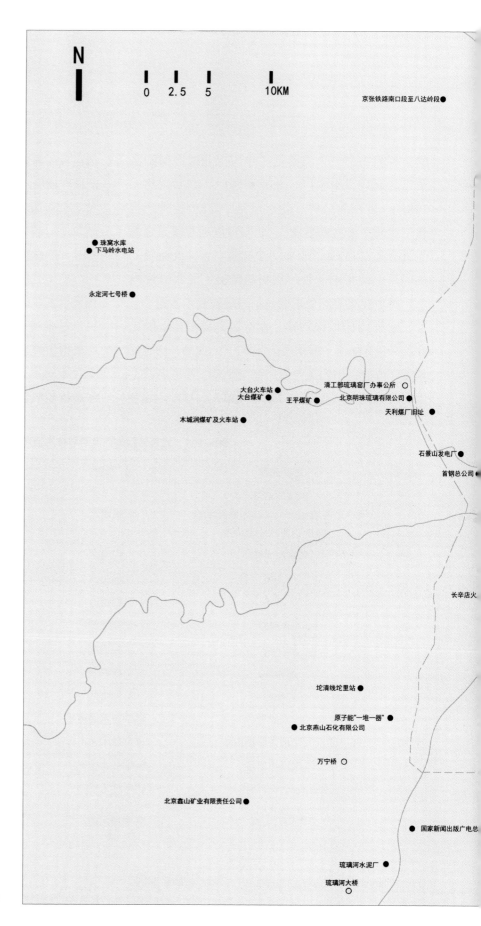

图3-1-1 工业遗产分布示意
（按遗产类型标记）

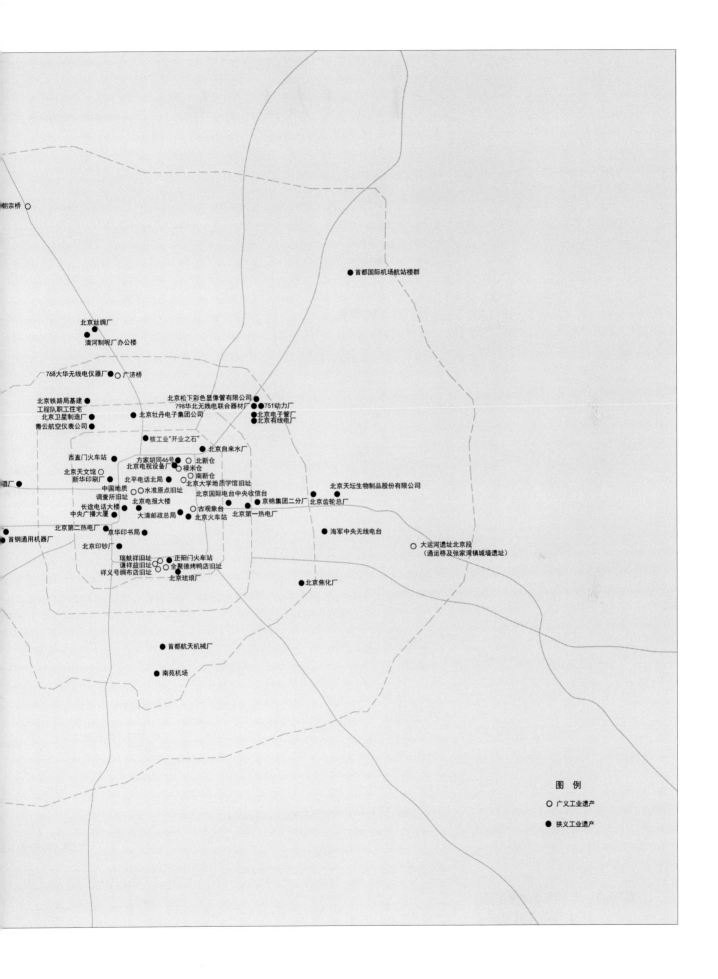

潮宗桥 ○

● 首都国际机场航站楼群

北京丝绸厂 ●

清河制呢厂办公楼 ●

768大华无线电仪器厂 ● ○ 广济桥

北京铁路局基建 ●      北京松下彩色显像管有限公司 ●
工程队职工住宅      798华北无线电联合器材厂 ● ● 751动力厂
北京卫星制造厂 ●    北京牡丹电子集团公司 ●    ● 北京电子管厂
青云航空仪表公司 ●         ● 北京有线电厂
       核工业"开业之石" ●   ● 北京自来水厂
西直门火车站 ●   方家胡同46号 ○ ● 北新仓
北京天文馆 ●   北京电视设备厂 ● ● 禄米仓
新华印刷厂 ●   北平电话北局 ○ ○ 南新仓
酒厂    中国地质   ● 北京大学地质学馆旧址    北京天坛生物制品股份有限公司 ●
    调查所旧址 ○ ● 水准原点旧址   北京国际电台中央收信台 ●
      北京电报大楼 ●     京棉集团二分厂 ● ● 北京齿轮总厂
长途电话大楼 ●   ○ 古观象台
中央广播大厦 ●   大清邮政总局 ● ● 北京第一热电厂
北京第二热电厂 ●    北京火车站 ●
首钢通用机器厂 ●   京华印书局 ●       海军中央无线电台 ●
北京印钞厂 ●           大运河遗址北京段 ○
    瑞蚨祥旧址 ●   正阳门火车站 ●       （通运桥及张家湾镇城墙遗址）
谦祥益旧址 ●   ● 全聚德烤鸭店旧址
祥义号绸布店旧址 ●   北京珐琅厂 ●
             ● 北京焦化厂

● 首都航天机械厂

● 南苑机场

图 例

○ 广义工业遗产

● 狭义工业遗产

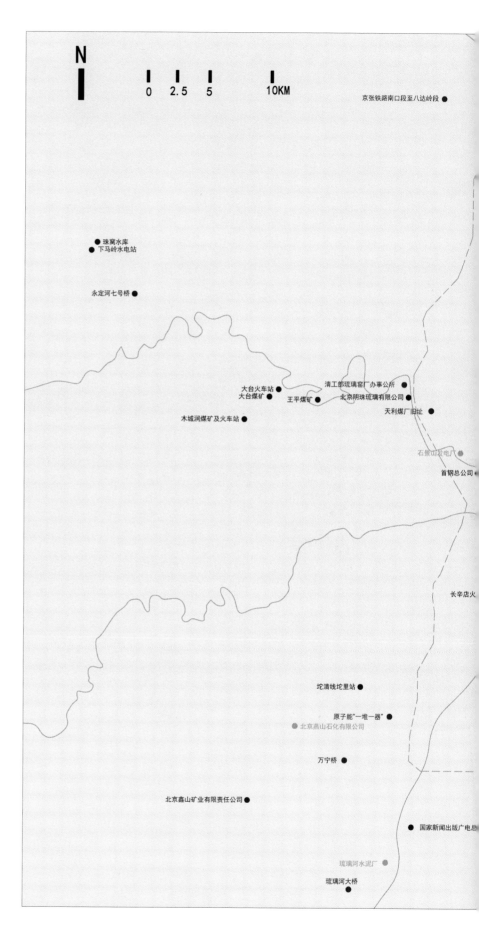

京张铁路南口段至八达岭段 ●

● 珠窝水库
● 下马岭水电站

永定河七号桥 ●

大台火车站 ●　　　　　　清工部琉璃窑厂办事公所 ●
大台煤矿 ●　　　王平煤矿 ●　　北京明珠琉璃有限公司 ●
木城涧煤矿及火车站 ●　　　　　　　　　天利煤厂旧址 ●

石景山发电厂 ●

首钢总公司 ●

长辛店火

坨清线坨里站 ●

原子能"一堆一器" ●
● 北京燕山石化有限公司

万宁桥 ●

北京鑫山矿业有限责任公司 ●

国家新闻出版广电总 ●

琉璃河水泥厂 ●

琉璃河大桥 ●

图3-1-2　工业遗产分布示意
　　　　（按身份属性标记）

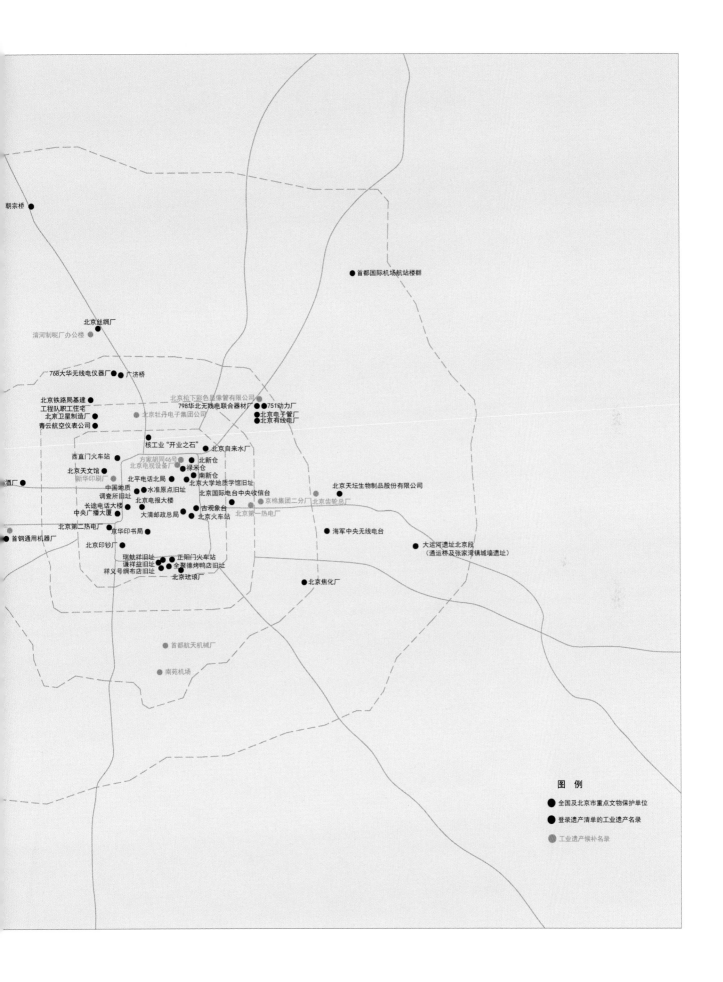

朝宗桥 ●

● 首都国际机场航站楼群

北京丝绸厂 ●
清河制呢厂办公楼 ●

768大华无线电仪器厂 ● ● 广济桥

北京松下彩色显像管有限公司 ●

北京铁路局基建 ●
工程队职工住宅
北京卫星制造厂 ●
青云航空仪表公司 ●

798华北无线电联合器材厂 ● ● 751动力厂
北京牡丹电子集团公司 ● 北京电子管厂
北京有线电厂

核工业"开业之石" ● ● 北京自来水厂
西直门火车站 ●
方家胡同46号
北京电视设备厂 ● ● 北新仓
北京天文馆 ● ● 禄米仓
新华印刷厂 北平电话北局 ● ● 南新仓
北京大学地质学馆旧址 ●
中国地质 ● 水准原点旧址
调查所旧址 北京国际电台中央收信台 ● 北京天坛生物制品股份有限公司 ●
酒厂 ● 长途电话大楼 ● 北京电报大楼 ●
中央广播大厦 ● ● 古观象台 京棉集团二分厂 ● 北京齿轮总厂 ●
大清邮政总局 ● ● 北京火车站
北京第一热电厂
北京第二热电厂 ●
首钢通用机器厂 ● 北京印钞厂 ● ● 京华印书局 海军中央无线电台 ●
大运河遗址北京段 ●
（通运桥及张家湾镇城墙遗址）
瑞蚨祥旧址 ● ● 正阳门火车站
谦祥益旧址 ● ● 全聚德烤鸭店旧址
祥义号绸布店旧址 ● 北京焦化厂 ●
北京珐琅厂

首都航天机械厂 ●

南苑机场 ●

图　例

● 全国及北京市重点文物保护单位

● 登录遗产清单的工业遗产名录

● 工业遗产候补名录

71

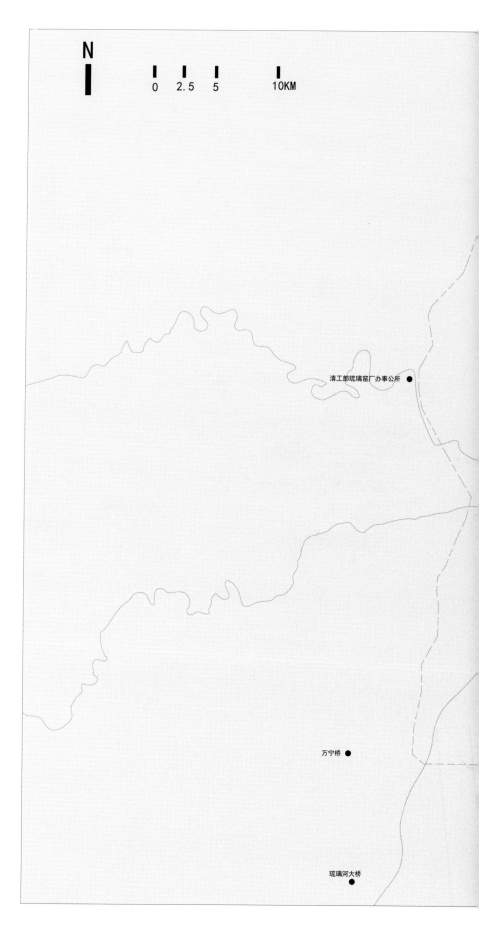

图3-1-3 广义工业遗产分布示意

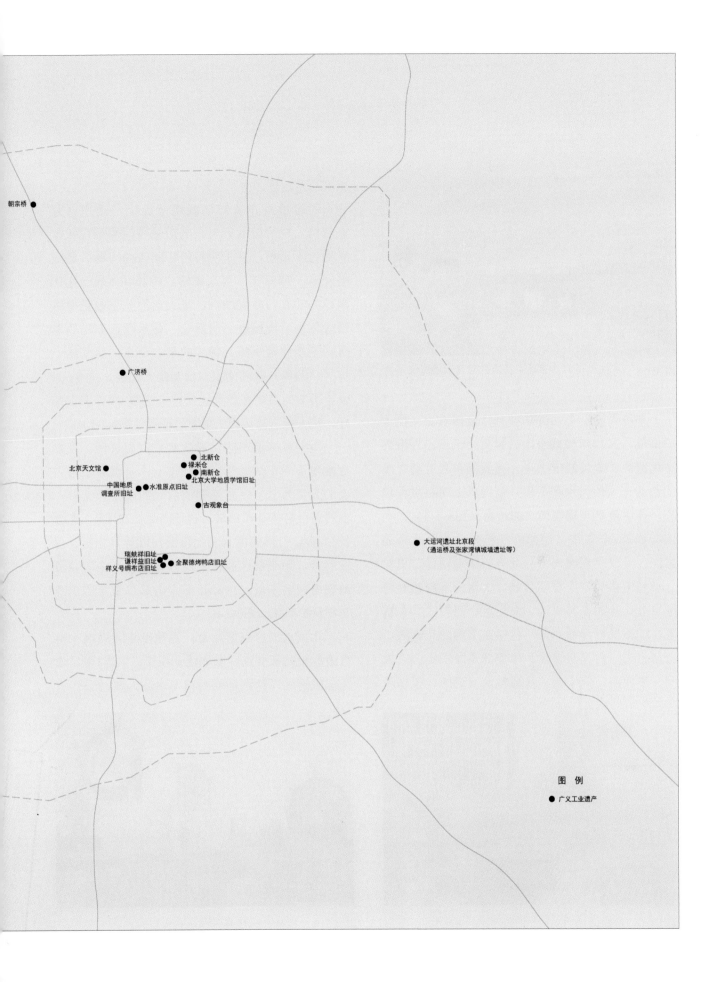

朝宗桥 ●

● 广济桥

● 北新仓
北京天文馆 ●          ● 禄米仓
                  ● 南新仓
中国地质          ● 北京大学地质学馆旧址
调查所旧址      ● 水准原点旧址

              ● 古观象台

                                  ● 大运河遗址北京段
                                  （通运桥及张家湾镇城墙遗址等）
瑞蚨祥旧址
谦祥益旧址    ●
样义号绸布店旧址    ● 全聚德烤鸭店旧址

图 例

● 广义工业遗产

73

图3-1-4　京杭大运河北京通运桥及张家湾城墙遗迹实景

　　京杭大运河于2006年被列为全国重点文物保护单位，2014年被联合国教科文组织评定为世界文化遗产，全长2700公里，是我国古代劳动人民创造的一项伟大水利工程，是世界上现存里程最长、开凿最早、规模最大的运河（图3-1-4）。大运河横跨8个省市，南起浙江杭州，北至北京通惠河，不仅是连通南方与北方的漕运动脉，更对北京城市格局产生重要影响。大运河京内共有遗址11处，分布于昌平区、海淀区、西城区、东城区、朝阳区以及通州区，包括高粱闸、什刹海、玉河古道、白浮泉遗址、黑龙潭及龙王庙、广源闸、平津闸、庆丰闸、永通桥及石道碑、张家湾城墙及通运桥、南新仓等。

　　通运桥及张家湾镇城墙遗迹位于通州区张家湾镇，横跨萧太后河，其历史可追溯至辽代，早期为木质桥，后于明万历年间改为石桥，清咸丰元年（1851年）再次重修。桥长43.5米，宽10米，为三孔石券洞结构，是大运河北京段重要的漕运码头。南新仓、北新仓、禄米仓，亦是明清两朝京都储藏皇粮、俸米的皇家官仓，明永乐七年（1409年）在元朝北太仓基础上起建，至今600余年历史。其中南新仓现保留古仓廒9座，保存完好，是大运河漕运历史重要见证者（图3-1-5）。

　　科学技术遗产的代表是北京古观象台。观象台始建于明正统七年（1442年），是世界上最古老的天文台之一，也是明清两代的国家天文台。古观象台台体高约14米，台顶南北长20.4米，东西长23.9米，设8架清制天文仪器，以建筑完整、仪器精美、历史悠久和在东西方文化交流中的独特地位而闻名于世，1982年被列为第二批全国重点文物保护单位（图3-1-6）。

　　北京水准原点旧址是计算测量华北地区水准点最原始的基准点，原址建于西安门大街1号，由北洋政府陆军部测地局聘请日本商人在1915年设

图3-1-5　南新仓实景

图3-1-6　北京古观象台实景

工农业发展、市政规划、交通运输、天文地理、历史文化等领域中都是极为重要的参照数据（图3-1-7）。1977年到1980年，北京市测绘处在玉渊潭晾果厂甲7号建立了玉渊潭水准原点，沿用至今。

北京天文馆位于西城区西直门外大街138号，始建于1955年，后于2004年扩建，是我国第一座也是亚洲规模最大的天文馆，由建筑大师张开济主持设计，其核心天文设备选用德国蔡司牌天象仪。天文馆的早期建筑被列入北京优秀近现代历史建筑保护名录、北京市第一批历史建筑名单以及中国20世纪建筑遗产项目（图3-1-8）。

北京大学地质学馆旧址位于北京市东城区沙滩北街15号，由建筑学家梁思成、林徽因共同设计，1935年建成，2013年被列为第七批全国重点文物保护单位。建筑为三层砖混结构，地窖层为磨片室、储藏室、锅炉室等；一层为教室、古物陈列室、地史陈列室、暗室、阅览室等；二层为教室、大讲堂、化验室、显微照相室、矿床实习室等；三层为地质陈列室、教员室等。现该建筑归属中国社会科学院法学研究所使用（图3-1-9）。

图3-1-7　水准原点旧址

计建造，1952年9月中央人民政府人民革命军事委员会总参谋部测验局重修北京水准原点。1965年5月，国家测绘总局在水准原点建筑东南35米处地下建设了水准原点副点。水准原点在城市建设、

图3-1-8　北京天文馆早期建筑实景

图3-1-9　北京大学地质学馆旧址实景

（资料来源：http://iolaw.cssn.cn/）

图3-1-10 中国地质调查所旧址实景

中国地质调查所旧址位于兵马司胡同9号，记录了中国近代地质科学的开端，被蔡元培先生誉为"中国第一个名副其实的科研机构"。中国地质事业创始于20世纪初期，章鸿钊、丁文江、翁文灏等地质学奠基人成立地质调查所，培养了10多位地质科研人员，均成为我国地质事业最初的技术力量（图3-1-10）。

手工业遗产是广义工业遗产的另一个重要组成部分，主要是指以人力为主要生产力，一般不使用机械设备而进行产品或商品生产、加工和制造的项目①。北京地区登录遗产名录的手工业遗产项目共有5项（表3-1-2）。

表3-1-2 北京手工业遗产清单

| 序号 | 遗产名称 | 遗产属性 | 身份认定 |
|---|---|---|---|
| 1 | 谦祥益旧址 | 手工业遗产 | 北京市重点文物保护单位 |
| 2 | 瑞蚨祥旧址 | 手工业遗产 | 北京市重点文物保护单位 |
| 3 | 祥义号绸布店旧址 | 手工业遗产 | 北京市重点文物保护单位 |
| 4 | 全聚德烤鸭店旧址 | 手工业遗产 | 北京市重点文物保护单位 |
| 5 | 清工部琉璃窑厂办事公所 | 手工业遗产 | 北京市重点文物保护单位 |

以谦祥益、瑞蚨祥、祥义号等为代表的织布企业不仅是北京传统手工业代表，更是中国传统织布技术的传承与延续（图3-1-11、图3-1-12、图3-1-13）；全聚德作为驰名中外的老字号品牌，是传统食品加工行业的代表企业；清工部琉璃窑厂办事公所是清朝工部北京烧窑厂的遗存代表，是北京手工烧制琉璃的重要象征。

### 3.1.2 狭义工业遗产

狭义工业遗产，即将机械设备作为主要生产工具的近现代工业遗产。北京近现代工业遗产主要指自洋务运动以来，特别是中华人民共和国成立以后建设的工业项目。在全国和北京市重点文物保护单位名录、北京优秀近现代历史建筑、北京历史建筑名单、中国20世纪建筑遗产项目、中

---

① 传统手工业遗产特指不使用机械化工具进行生产的手工业企业，不包含那些仅以商业交易作为核心内容的手工业企业。

图3-1-11 谦祥益布行旧址实景

图3-1-12 瑞蚨祥旧址实景

（资料来源：余强摄）

图3-1-13 祥义号绸布店旧址实景

央企业工业文化遗产、中国工业遗产保护名录以及国家工业遗产等名录中，剔除已经完全没有实体遗存的企业后，目前北京地区存在48项近现代工业遗产（图3-1-14、表3-1-3），其中始建时间在1840—1949年的工业项目共计17项，1949年后的工业项目共计31项。

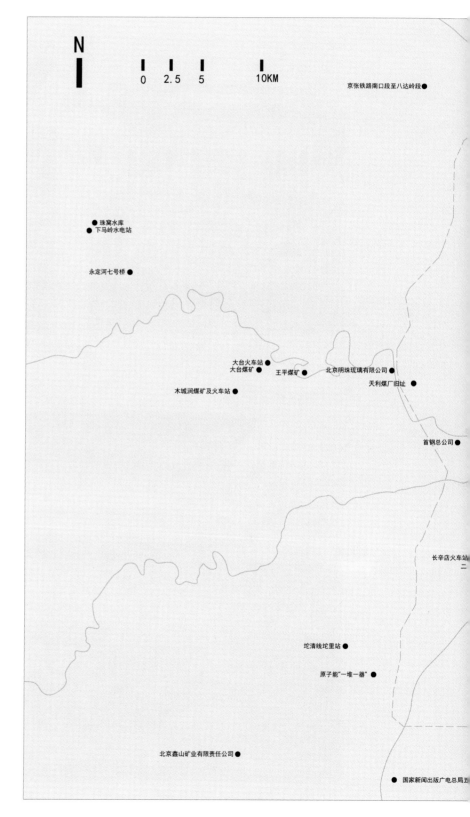

图3-1-14　狭义工业遗产分布示意

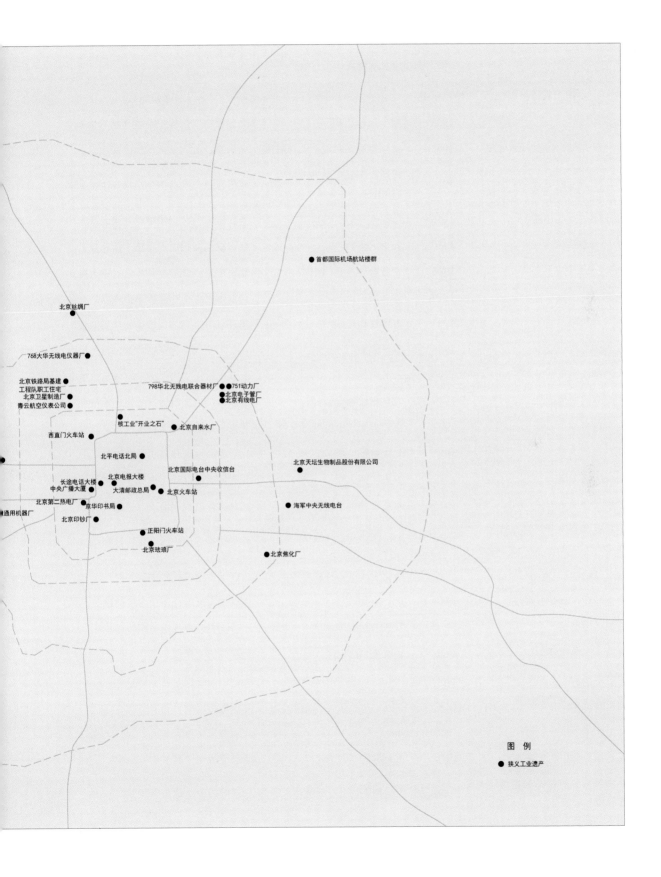

● 首都国际机场航站楼群

北京丝绸厂 ●

768大华无线电仪器厂 ●

北京铁路局基建 ●
工程队职工住宅
北京卫星制造厂 ●
青云航空仪表公司 ●

798华北无线电联合器材厂 ● ● 751动力厂
北京电子管厂 ●
北京有线电厂 ●

核工业"开业之石" ●
● 北京自来水厂

西直门火车站 ●

北平电话北局 ●

北京国际电台中央收信台 ●
北京天坛生物制品股份有限公司 ●

北京电报大楼 ●

长途电话大楼 ●
中央广播大厦 ●
大清邮政总局 ● ● 北京火车站
北京第二热电厂 ●
京华印书局 ●
通用机器厂 ●
海军中央无线电台 ●

北京印钞厂 ●

正阳门火车站 ●

北京珐琅厂 ●
北京焦化厂 ●

图 例

● 狭义工业遗产

表3-1-3　北京近现代工业遗产名录

| 序号 | 遗产名称 | 始建年份 | 前身或曾用名 | 身份认定 |
|---|---|---|---|---|
| 1 | 北京印钞厂 | 1908 | 度支部印刷局 | 全国重点文物保护单位（第六批） |
| 2 | 京张铁路南口段至八达岭段 | 1905 | 京张铁路南口段至八达岭段 | 全国重点文物保护单位（第七批） |
| 3 | 海军中央无线电台 | 1918 | 民国海军通信基地旧址419电台 | 全国重点文物保护单位（第七批） |
| 4 | 原子能"一堆一器" | 1956 | 中国原子能科学研究院 | 全国重点文物保护单位（第八批） |
| 5 | 北京火车站 | 1959 | 北京火车站 | 全国重点文物保护单位（第八批） |
| 6 | 西直门火车站 | 1906 | 京张铁路西直门车站 | 北京市重点文物保护单位（第五批） |
| 7 | 天利煤厂旧址 | 1879 | 通兴煤矿 | 北京市重点文物保护单位（第六批） |
| 8 | 正阳门火车站 | 1903 | 京奉铁路正阳门车站 | 北京市重点文物保护单位（第六批） |
| 9 | 京华印书局 | 1905 | 撷华书局 | 北京市重点文物保护单位（第七批） |
| 10 | 大清邮政总局旧址 | 1906 | 大清邮传部 | 北京市重点文物保护单位（第八批） |
| 11 | 北平电话北局旧址 | 1940 | 北京皇城根电话局 | 北京市重点文物保护单位（第八批） |
| 12 | 北京自来水厂 | 1908 | 京师自来水股份有限公司 | 北京市重点文物保护单位（第八批） |
| 13 | 北京电报大楼 | 1958 | 北京电报大楼 | 北京优秀近现代历史保护建筑 |
| 14 | 中央广播大厦 | 1959 | 中央广播大厦 | 北京优秀近现代历史保护建筑 |
| 15 | 北京长途电话大楼 | 1975 | 北京长途电话大楼 | 北京优秀近现代历史保护建筑 |
| 16 | 北京铁路局基建工程队职工住宅 | 1910 | 平绥铁路清华园站 | 北京优秀近现代历史保护建筑 |
| 17 | 798厂现代建筑群 | 1957 | 华北无线电器材联合厂 | 北京优秀近现代历史保护建筑 |
| 18 | 北京焦化厂焦炉及煤塔 | 1959 | 北京焦化厂 | 北京优秀近现代历史保护建筑 |
| 19 | 首都钢铁公司 | 1919 | 石景山钢铁厂 | 北京优秀近现代历史保护建筑 |
| 20 | 北京第二热电厂 | 1976 | 北京第二热电厂 | 北京市历史建筑名单 |
| 21 | 北京电子管厂 | 1956 | 774厂 | 北京市历史建筑名单 |
| 22 | 北京有线电厂 | 1957 | 738厂 | 北京市历史建筑名单 |
| 23 | 北京大华无线电仪器厂 | 1965 | 768厂 | 北京市历史建筑名单 |
| 24 | 龙徽葡萄酒厂历史建筑群 | 1910 | 上义酒厂 | 北京市历史建筑名单 |
| 25 | 北京天坛生物制品公司历史建筑群 | 1998 | 卫生部生物制品研究所 | 北京市历史建筑名单 |

续上表

| 序号 | 遗产名称 | 始建年份 | 前身或曾用名 | 身份认定 |
|---|---|---|---|---|
| 26 | 北京丝绸厂历史建筑群 | 1958 | 北京丝绸厂 | 北京市历史建筑名单 |
| 27 | 北京青云航空仪器厂历史建筑群 | 1958 | 北京青云航空仪器厂 | 北京市历史建筑名单 |
| 28 | 首钢通用机械厂历史建筑 | 1958 | 北京第二通用机械厂 | 北京市历史建筑名单 |
| 29 | 大台车站站房 | 1939 | 门斋铁路大台站 | 北京市历史建筑名单 |
| 30 | 大台煤矿建筑群 | 1954 | 大台煤矿 | 北京市历史建筑名单 |
| 31 | 木城涧煤矿及车站建筑群 | 1939 | 京西矿务局大台煤矿 | 北京市历史建筑名单 |
| 32 | 王平煤矿建筑群 | 1960 | 京西矿务局王平村煤矿 | 北京市历史建筑名单 |
| 33 | 北京鑫山矿业有限公司建筑群 | 1940 | 琉璃河水泥厂石灰石厂 | 北京市历史建筑名单 |
| 34 | 永定河七号桥 | 1966 | 丰沙线七号桥 | 北京市历史建筑名单 |
| 35 | 坨清线坨里站建筑群 | 不详 | 坨里站建筑群 | 北京市历史建筑名单 |
| 36 | 长辛店火车站 | 1899 | 长辛店火车站 | 北京市历史建筑名单 |
| 37 | 珠窝水库 | 1975 | 京西发电站<br>东方红发电厂 | 北京市历史建筑名单 |
| 38 | 下马岭水电站 | 1966 | 下马岭水电站 | 北京市历史建筑名单 |
| 39 | 国家新闻出版广电总局五六四台 | 不详 | 国家新闻出版广电总局五六四台 | 北京市历史建筑名单 |
| 40 | 北京明珠琉璃有限公司 | 不详 | 北京琉璃制品厂 | 北京市历史建筑名单 |
| 41 | 首都机场航站楼群 | 1958 | 首都机场 | 中国20世纪建筑遗产项目 |
| 42 | 北京正东动力集团751厂 | 1957 | 华北无线电联合厂动力分厂 | 国家工业遗产名单（工信部） |
| 43 | 北京卫星制造厂 | 1958 | 北京卫星制造厂 | 国家工业遗产名单（工信部） |
| 44 | 北京珐琅厂 | 1956 | 私营珐琅厂、造办处、作坊合并 | 国家工业遗产名单（工信部） |
| 45 | 二七机车厂 | 1897 | 长辛店机车修理厂 | 中国工业遗产保护名录（科协） |
| 46 | 京汉铁路 | 1906 | 京汉铁路 | 中国工业遗产保护名录（科协） |
| 47 | 中国核工业"开业之石" | 1955 | 第一块铀矿石 | 中央企业工业文化遗产名录（国资委） |
| 48 | 北京国际电台中央发信台 | 1952 | 邮电部中央无线发信台 | 中央企业工业文化遗产名录（国资委） |

图3-1-15　已被拆除的玻璃仪器厂1950年代实景
（资料来源：《北京在建设中》）

### 3.1.3　已无实体遗产

　　与其他类型的物质遗产相比，工业遗产建成历史年代普遍较晚，人们对工业遗产价值的理解和重视普遍不足，一部分具有历史价值的工业建（构）筑物尚未得到有效保护就已消失在推土机下。例如1956年由民主德国援建的北京玻璃仪器厂，是当时亚洲最大的玻璃仪器生产企业，全套技术和设备均从德国引进，生产车间是典型现代主义风格工业建筑。2000年该厂环保搬迁，原址已完全拆除并进行商业开发，实属遗憾（图3-1-15）。

　　更有甚者，被列入保护名录的工业遗产项目在城市更新过程中仍被违规拆除。最著名的案例当属建成于1915年的"双合盛五星啤酒联合公司麦芽塔"，其于2007年被列入"北京市优秀近现代建筑保护名录"，曾是近代北京第一座啤酒酿造厂。2007年原厂土地卖给房地产开发商，麦芽塔在名录正式公布之前被偷偷拆除，"北京市优秀近现代历史建筑保护名录"正式公布时已无实物遗存，故未列入本书中的遗产名录（图3-1-16）。

　　建于1950年6月的北京广播器材厂，位于西城区黄寺大街23号（今马甸桥东南），曾是我国发展最早、规模最大、技术力量雄厚的广播电视设备厂，为第一枚运载火箭、第一次南极考察以及第一颗同步卫星等重大工程提供了关键设备，但随着企业的发展外迁，原厂区已经全部拆除并置换为住宅、商业区。

图3-1-16　2007年被拆除的双合盛啤酒厂设备塔旧址

（资料来源：https://tieba.baidu.com/p/2930606461?red_tag=1401352222）

建成于1978年的北京东方化工厂，曾是"文革"期间北京兴建的最大规模的化工企业，从日本引进了我国第一套丙烯酸及其酯类装置，从此结束了国内该产品长期依赖进口的局面（图3-1-17）。1997年6月27日东方化工厂发生特大爆炸，成为北京化工历史上的一个灾难事件。2008年，为配合北京奥运会的环境治理工程，东方化工厂全面停产，原厂址废弃。2017年为配合北京城市副中心建设，东方化工厂原址所在区域被划为"生态绿心"，化工厂厂区已被全部拆除。

图3-1-17　东方化工厂储气罐拆除前实景

（资料来源：http://blog.sina.com.cn/s/blog_1485dbfd40102wqg0.html）

### 3.1.4  建议候补清单

　　除前文所述各项具有明确身份认定的工业遗产外，北京仍有一定数量的具有突出价值的工业遗产，虽然尚未登录于遗产清单，但对北京工业发展作出过重要贡献，是工业遗产名录的重要补充，因此本书将其列入"候补清单"。随着未来人们对工业遗产价值的认知更加深入，候补名录中的工业遗产项目应当获得进一步身份认定（图3-1-18、表3-1-4）。

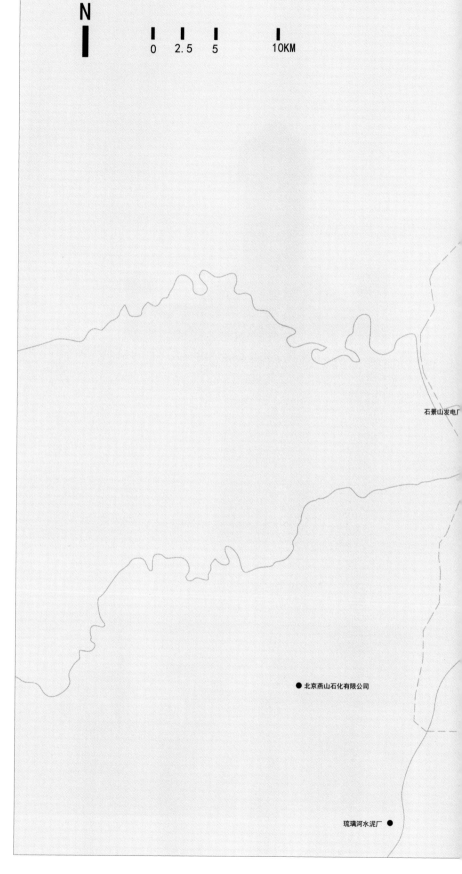

图3-1- 18　16项候补工业遗产分布示意

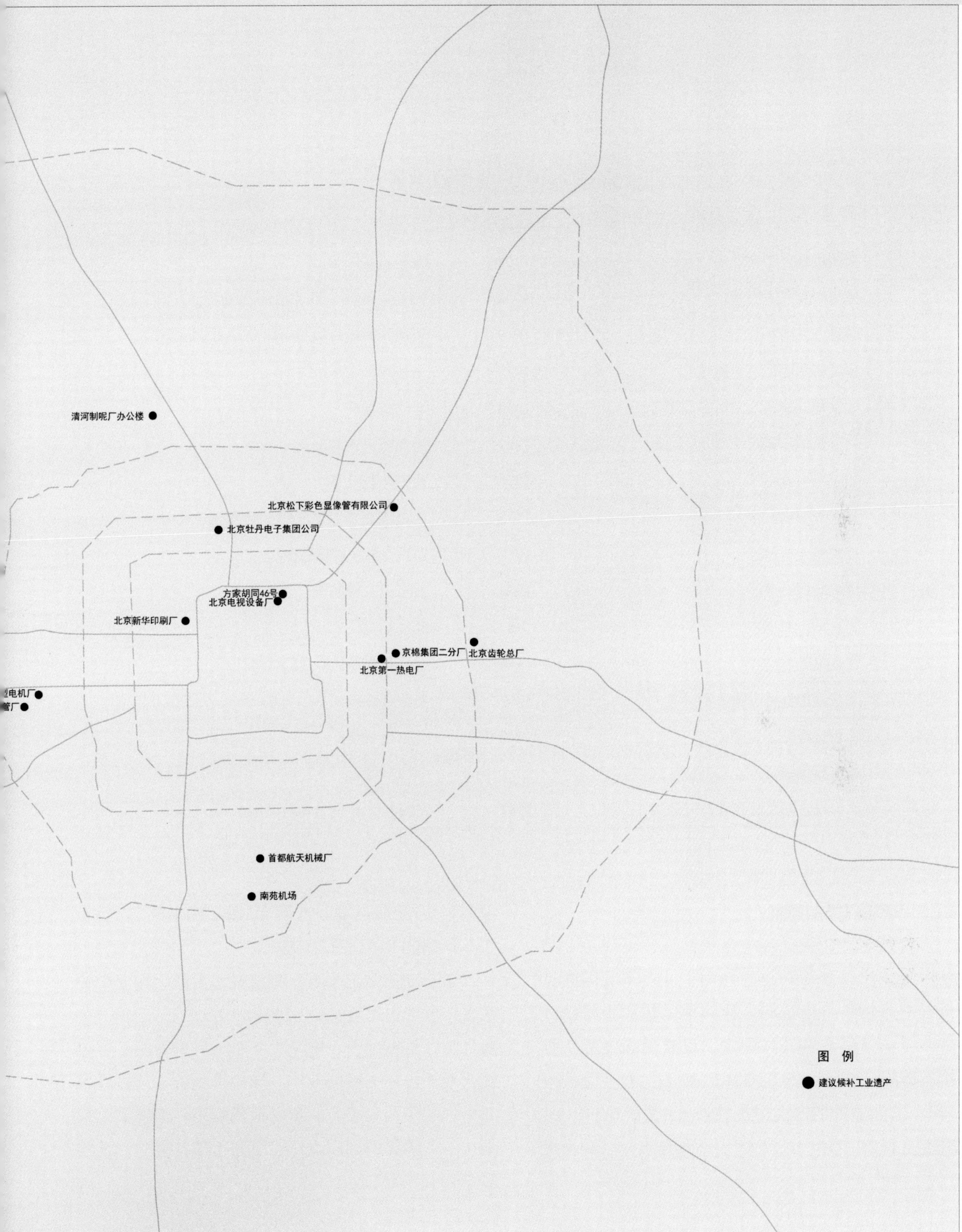

清河制呢厂办公楼　●

北京松下彩色显像管有限公司　●

●　北京牡丹电子集团公司

方家胡同46号　●
北京电视设备厂

北京新华印刷厂　●

型电机厂　●
厂

●　京棉集团二分厂　●　北京齿轮总厂
北京第一热电厂

●　首都航天机械厂

●　南苑机场

图　例

●　建议候补工业遗产

表3-1-4　北京工业遗产候补名录

| 序号 | 企业名称 | 始建年份 | 前身和曾用名 |
|---|---|---|---|
| 1 | 南苑机场 | 1904 | 南苑机场 |
| 2 | 清河制呢厂办公楼 | 1908 | 溥利呢革公司/北京清河制呢厂 |
| 3 | 石景山发电厂 | 1919 | 京师华商电灯股份有限公司石景山电厂 |
| 4 | 琉璃河水泥厂（含碉堡） | 1939 | 大信造纸工厂 |
| 5 | 方家胡同46号北京机器厂旧址 | 1949 | 北京机器厂 |
| 6 | 北京新华印刷厂 | 1949 | 新民印书馆和旧正中书局 |
| 7 | 北京电视设备厂 | 1971 | 北京电视设备厂 |
| 8 | 北京重型电机厂 | 1958 | 北京汽轮发电机厂/北京重型电工机械厂 |
| 9 | 首都航天机械厂 | 1951 | 211厂/国营京都机械厂 |
| 10 | 京棉集团二分厂 | 1954 | 北京第二棉纺织厂 |
| 11 | 北京第一热电厂 | 1957 | 北京热电厂 |
| 12 | 北京齿轮总厂 | 1960 | 北平振华铁工厂/北京齿轮厂 |
| 13 | 北京燕山石化有限公司 | 1967 | 东方红炼油厂 |
| 14 | 北京牡丹电子集团公司 | 1973 | 北京电视机厂 |
| 15 | 北京显像管厂 | 1981 | 北京显像管厂 |
| 16 | 北京松下彩色显像管有限公司 | 1987 | 北京松下彩色显像管有限公司 |

### 3.1.5 产业门类与特征

　　本书将已登录于各类名录的近、现代工业遗产48项及建议候补名录的16项工业遗产共同列入北京工业遗产讨论范畴，计64项。依据国家统计局中关于"工业统计"的定义以及《国民经济行业分类》（GB/T 4754—2017）的相关行业划分规则[①]，工业遗产的产业门类共涉及B采矿业5项，C制造业34项，D电力、热力、燃气及水生产和供应业7项，G交通运输、仓储和邮政业14项，以及军工4项（表3-1-5、图3-1-19）。

　　从产业门类上来看，制造业与交通运输业数量最多，合计占比近3/4，反映出北京在交通运输、金属加工、机械制造、电子设备制造等领域的工业成就最为突出。在制造业中，与电子通信、仪器设备等有关的尖端电子企业项目数量众多，体现了北京现代工业建设的高起点；在交通运输行业中，铁路

---

①依据国家标准《国民经济行业分类》（GB/T 4754—2017）中产业一级代码为B、C、D、G的产业类型被视为工业门类。

遗产数量最多，包括近代的京张铁路、京汉铁路、西直门站、正阳门站，以及当代的北京火车站、永定河七号铁路桥等，展现出铁路大国、强国的悠久历史。从时间分布上来看，64项工业遗产中1949年以后建成的项目43项，占比2/3，反映出中华人民共和国成立之后的工业建设对北京的影响最为显著。

表3-1-5 狭义工业遗产项目列表（以产业门类排序）

| 序号 | 遗产名称 | 产业门类 |
| --- | --- | --- |
| 1 | 天利煤厂旧址 | B—煤炭开采 |
| 2 | 大台煤矿建筑群 | B—煤炭开采 |
| 3 | 木城涧煤矿及车站建筑群 | B—煤炭开采 |
| 4 | 王平煤矿建筑群 | B—煤炭开采 |
| 5 | 北京鑫山矿业有限公司建筑群 | B—非金属矿开采 |
| 6 | 首都钢铁公司 | C—黑色金属冶炼 |
| 7 | 北京焦化厂焦炉及煤塔 | C—化学制品 |
| 8 | 琉璃河水泥厂（含碉堡） | C—化学制品 |
| 9 | 北京燕山石化有限公司 | C—化学制品 |
| 10 | 北京天坛生物制品公司历史建筑群 | C—医药制造 |
| 11 | 龙徽葡萄酒厂历史建筑群 | C—酒制造 |
| 12 | 北京印钞厂 | C—印刷 |
| 13 | 京华印书局 | C—印刷 |
| 14 | 北京新华印刷厂 | C—印刷 |
| 15 | 北京丝绸厂历史建筑群 | C—纺织 |
| 16 | 京棉集团二分公司 | C—纺织 |
| 17 | 清河制呢厂办公楼 | C—纺织 |
| 18 | 首钢通用机械厂历史建筑 | C—通用设备制造 |
| 19 | 方家胡同46号北京机器厂旧址 | C—通用设备制造 |
| 20 | 北京齿轮总厂 | C—通用设备制造 |
| 21 | 北京重型电机厂 | C—通用设备制造 |
| 22 | 首都航天机械公司 | C—航天设备制造 |
| 23 | 北京明珠琉璃有限公司 | C—其他制造 |

续上表

| 序号 | 遗产名称 | 产业门类 |
|------|----------|----------|
| 24 | 北京珐琅厂 | C—其他制造 |
| 25 | 北平电话北局旧址 | C—通信 |
| 26 | 北京电报大楼 | C—通信 |
| 27 | 中央广播大厦 | C—通信 |
| 28 | 北京长途电话大楼 | C—通信 |
| 29 | 国家新闻出版广电总局五六四台 | C—通信 |
| 30 | 北京国际电台中央发信台 | C—通信 |
| 31 | 798厂现代建筑群 | C—电子设备制造 |
| 32 | 北京电子管厂 | C—电子设备制造 |
| 33 | 北京有线电厂 | C—电子设备制造 |
| 34 | 北京电视设备厂 | C—电子设备制造 |
| 35 | 北京显像管总厂 | C—电子设备制造 |
| 36 | 北京松下彩色显像管有限公司 | C—电子设备制造 |
| 37 | 北京牡丹电子集团公司 | C—电子设备制造 |
| 38 | 北京大华无线电仪器厂 | C—仪器仪表制造 |
| 39 | 北京青云航空仪器厂历史建筑群 | C—仪器仪表制造 |
| 40 | 北京自来水厂 | D—水生产与供应 |
| 41 | 北京第二热电厂 | D—热力生产与供应 |
| 42 | 石景山发电厂 | D—热力生产与供应 |
| 43 | 北京第一热电厂 | D—热力生产与供应 |
| 44 | 珠窝水库 | D—电力生产与供应 |
| 45 | 下马岭水电站 | D—电力生产与供应 |
| 46 | 北京正东动力集团751厂 | D—燃气生产与供应 |
| 47 | 北京火车站 | G—交通运输 |
| 48 | 西直门火车站 | G—交通运输 |
| 49 | 正阳门火车站 | G—交通运输 |
| 50 | 大台车站站房 | G—交通运输 |
| 51 | 北京铁路局基建工程队职工住宅 | G—交通运输 |

续上表

| 序号 | 遗产名称 | 产业门类 |
|------|----------|----------|
| 52 | 永定河七号桥 | G—交通运输 |
| 53 | 坨清线坨里站建筑群 | G—交通运输 |
| 54 | 长辛店火车站 | G—交通运输 |
| 55 | 首都机场航站楼群 | G—交通运输 |
| 56 | 二七机车厂 | G—交通运输 |
| 57 | 京汉铁路 | G—交通运输 |
| 58 | 南苑机场 | G—交通运输 |
| 59 | 京张铁路南口段至八达岭段 | G—交通运输 |
| 60 | 大清邮政总局旧址 | G—邮政 |
| 61 | 原子能"一堆一器" | 军工产业 |
| 62 | 中国核工业"开业之石" | 军工产业 |
| 63 | 海军中央无线电台 | 军工产业 |
| 64 | 北京卫星制造厂 | 军工产业 |

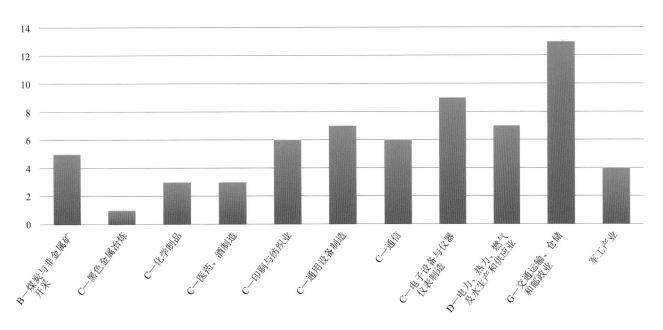

图3-1-19　64项工业遗产行业门类分布

## 3.2 价值评价

就遗产价值广度来看，北京工业遗产类型丰富，基本覆盖了国民经济中的主要产业门类，包括采矿业，制造业，电力、热力、燃气及水生产和供应业，交通运输、仓储与邮政业遗产，充分反映出北京是具有全面综合工业实力的城市之一；而从遗产价值深度来说，北京工业遗产在以下五个方面具有突出特点。

### 3.2.1 政治经济价值：见证国家与首都经济发展

政治经济价值是北京工业遗产最为突出的价值之一。北京工业遗产反映了近代以来中国工业的发展历史，特别是见证了1949年以来首都北京从消费城市向生产城市转变取得的伟大成就，以及在执行国家重大经济决策、服务国家重大事件等方面所作出的重要贡献。

（1）实现中华人民共和国初期首都北京从"消费城市"向"生产城市"的巨大转变

首钢、京棉、798厂、738厂、焦化厂等一系列涉及钢铁、纺织、电子、能源等劳动密集型产业在"一五""二五"期间相继建成，使北京迅速由一个消费型城市转变为生产型城市，在短时间内奠定了现代工业发展基础，这样的工业规模和发展速度在全国乃至世界范围内都属罕见。

（2）服务首都城市职能转变，为CBD建设及奥运会、冬奥会等重大国际活动作出重要贡献

北京工业发展一直与首都城市职能的变化紧密相连。从早期为CBD的建设腾退东郊工业土地，到2008年为奥运会"蓝天保卫战"而疏解大量传统企业，北京的工业企业在每次城市发展变迁中都作出了巨大调整甚至是牺牲。在北京全面推进存量更新和减量发展的新时代，以首钢为代表的北京工业遗产，再一次为服务冬奥会而进行自我改造，成为工业遗产服务城市发展的典范。

### 3.2.2 社会文化价值：见证城市与工人阶级变迁

（1）记录北京工业建设发展历史进程的工业企业文化

北京工业遗产中，国有企业的数量和规模均占比最高，同时也是中国特色社会主义制度的重要体现。国有企业在经营管理、科技创新、劳动保护、企业文化、企业理念等方面积累了丰富的经验，这些经验展现了大国工业特色与企业文化传承，蕴含着务实创新、包容并蓄、励精图治、锐意进取、精益求精、注重诚信等工业生产中铸就的特有品质，这些无形的遗产具有突出的社会价值与教育价值。

（2）传承和发扬大国工业文化与工匠精神

工人阶级是我国从业劳动群体的核心。据不完全统计，1985年前后北京市常住人口中，从事第二产业的人口数量占比达到45%左右，占全部人口近半数。这样一批庞大的工人群体今天依然活跃在城市建设的各个领域，工业遗产真实记录了镌刻在人们心中的工业精神，形成了强大的社会身份认同和情感归属，形成了不可忽视的社会影响。

### 3.2.3 科学技术价值：见证尖端工业与技术诞生

（1）引领国家工业发展和科技创新方向

工业生产活动一般伴随着生产工具、设施设备、工艺流程等方面的创新设计，在这一过程中涌现出的"第一"，代表了先进技术的发展方向，具有突出的科学技术价值。例如1950年代，在北京东郊新建的一批工业厂房中，已经开始使用现场预制和工厂预制的钢筋混凝土排架结构、壳体结构等，工厂构筑物还采用多层框架结构；建成于1966年的永定河七号铁路桥，曾是中国跨度最

大的装配式钢筋混凝土铁路拱桥，为全国首创，属当时亚洲之冠。

（2）见证世界和全国范围内工业技术转移

北京工业遗产中不乏外国援助建造的项目，"156 项目"中有六项落地北京，而在 1970 年代"四三方案"中亦有若干引进项目建成。此外，在"三线建设"时期，北京支援建设国家西北、西南地区的工业企业更是不胜枚举。北京工业既是先进工业技术的接受者，亦是输出者和引领者，其遗产价值展现了工业技术在世界和全国范围内的转移和传播，成为研究工业发展历史、科学技术历史的重要实物。

### 3.2.4　艺术美学价值：见证城市与产业风貌特色

（1）展现不同历史时期城市特色景观与产业风貌

厂区规划、建筑集合所表现出的产业特征和工艺流程，形成了独特的工业风貌，对城市景观和建筑环境产生的艺术作用具有重要的景观与美学价值。例如石景山与首钢的空间关系紧密相连、不分彼此，形成了京西独特的自然与人文景观。工业遗产所展现的城市特色与风貌，是地区识别性的重要标志之一。

（2）记录不同历史时期工业建筑美学与建造技术

工业建（构）筑物及大型设施设备体现了某一历史时期建筑艺术发展的风格、流派与特征，因此其形式、体量、色彩、材料等方面表现出来的艺术水平具有较高的工程美学价值。例如，京棉二厂办公楼、大华无线电仪器厂办公楼是 20 世纪五六十年代北京工业建筑"民族形式+社会主义内容"的典型代表。

### 3.2.5　经济价值：承载新型科技发展，支撑城市存量更新

经济价值是工业遗产区别于其他文化遗产的重要特征之一，经济性主要体现在两个方面：一是工业用地作为城市存量土地和储备用地具有服务城市新职能的潜力，二是工业遗产作为空间存量资源为功能置换提供可能。

（1）工业遗产用地为城市远期发展提供储备用地

北京城市发展已经全面进入存量更新和减量发展的时代，对于寸土寸金的北京城来说，土地储备是未来城市发展的重要支撑。由于工业遗产所在地空间布局相对宽裕，改造可能性与灵活性更高，可以为适应未来城市新功能提供"弹性"的土地保障。

（2）工业遗产为新产业、新功能提供空间资源

"以用代保"是工业遗产保护的重要方式之一。工业建筑物的结构寿命一般超过其功能使用年限，在生产功能退出后，转换功能继续利用，可以避免资源浪费，如改造成创意文化园区、商务办公区、艺术区等。此外，对工业构筑物、设施设备（如炼铁高炉、焦炉、煤仓、煤气柜、水塔等设施）都可以结合空间与结构特色进行适应性改造，如开展工业体验旅游等活动，通过生产场景再现和艺术化处理，使人们获得与日常生活完全不同的体验。

## 3.3　保护与管控层次

实际操作中不应将全部"工业遗存"作为"工业遗产"进行保护，如果该拆的不拆，降低工业遗产标准，将会使工业遗产概念泛化，工业用地价值得不到应有的体现与释放；同时，我们更不能无视工业资源中有价值的工业遗产，不应推倒重来、片面追求经济利益，造成拆了不该拆的。因此，有必要对北京工业遗产进行合理的分级、分类管理，以实现科学的保护。对于不同等

级的遗产宜采取不同的管理措施，依据现有各级主管部门发布的遗产名录，综合考虑北京工业遗产的价值特征，可将北京工业遗产的保护与再利用分为以下四个主要等级（表3-3-1）。

表3-3-1　北京地区工业遗产保护与利用等级

| 保护等级 | 名录 | 基本要求 | 主管部门 |
|---|---|---|---|
| Ⅰ类 | 全国重点文物保护单位<br>北京市重点文物保护单位 | 作为国家或市级文物保护单位进行保护利用 | • 国家文物局<br>• 北京市文物局 |
| Ⅱ类 | 北京市优秀近现代建筑保护名录<br>北京市历史建筑名单<br>中国20世纪建筑遗产名录<br>各部委发布的工业遗产名录 | 作为优秀近现代建筑进行保护利用 | • 北京市规划与国土资源委员会<br>• 北京市文物局<br>• 国家各部委 |
| Ⅲ类 | 候补工业遗产 | 作为特色工业遗产给予保护或谨慎开发利用 | • 各企业主体<br>• 规划、国土、文物部门 |
| Ⅳ类 | 一般工业遗存 | 作为存量土地资源合理开发或利用 | • 各企业主体 |

### 3.3.1　Ⅰ类——作为国家或北京市文物保护单位保护

　　Ⅰ类是工业遗产保护中的最高等级，特指那些被列入国家级、北京市级的重点文物保护单位，主管单位是国家文物局或北京市文物局。保护方式可参照《中华人民共和国文物保护法》《中华人民共和国城乡规划法》《北京市文物保护管理条例》等有关规定，对文物保护单位或划定的保护片区进行管控。

　　目前北京共有30处工业遗产被列为国家或市级重点文物保护单位。例如，列入全国第六批重点文物保护单位的"北京印钞厂"，第七批全国重点文物保护单位的"京张铁路南口段至八达岭段""海军四一九电台"，第八批全国重点文物保护单位的"原子能'一堆一器'""北京火车站"；列入北京市第五批重点文物保护单位的"京张铁路西直门火车站"，北京市第六批重点文物保护单位的"天利煤厂旧址""正阳门火车站"，北京市第七批重点文物保护单位的"京华印书局"，北京市第八批重点文物保护单位的"大清邮政总局旧址""北平电话北局旧址""北京自来水厂"等（图3-3-1）。

N
0　2.5　5　10KM

京张铁路南口

清工部琉璃窑厂办事公所

天利

原子能"一堆一器"

万宁桥

琉璃河大桥

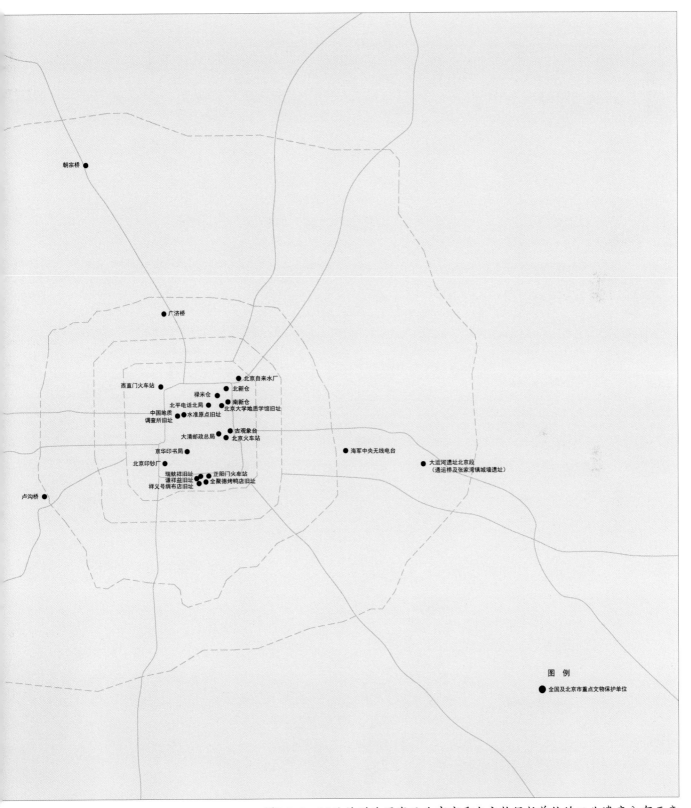

图3-3-1　30处被列为国家及北京市重点文物保护单位的工业遗产分布示意

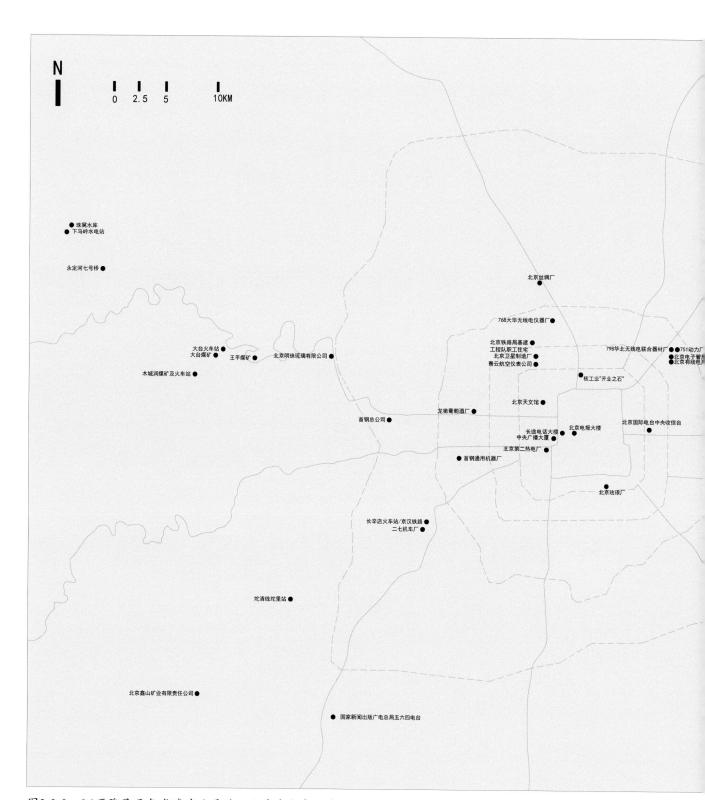

图3-3-2　36项登录于各类遗产名录的工业遗产分布示意

### 3.3.2　Ⅱ类——作为历史建筑或工业遗产保护与利用

Ⅱ类是具有突出价值的工业遗产，也是未来晋升重点文物保护单位的预备项。主管单位是相关名录发布的主管部门以及相关企业单位。优秀近现代历史建筑或工业遗产名录的管控，可参照《城市紫线管理办法》《关于加强对城市优秀近现代建筑规划保护工作的指导意见》《国家工业遗产管理暂行办法》等相关规定执行。

Ⅱ类管理名录包括"北京市优秀近现代建筑保护名录""中国20世纪建筑遗产""北京市历史建筑名单""国家工业遗产名单""中国工业遗产保护名录""中央企业工业文化遗产名录"等，涉及工业遗产项目共计36项[①]，覆盖了北京地区近代、现代工业遗产，是北京工业遗产的集中体现。对于上述工业遗产不得拆除，并应整体保留建筑原状，包括结构和式样，对于不可移动的建（构）筑物和地点具有特殊意义的设施设备还应原址保留，在合理保护前提下可以进行修缮，也可置换建筑功能，但新用途应尊重其原有建筑结构，并应当尽可能与最初功能相协调，同时应保留一个记录和解释原始功能的区域（图3-3-2）。

### 3.3.3　Ⅲ类——作为候补工业遗产保护与利用

Ⅲ类是指那些尚未被列入各类名录，但同样具有突出历史、社会、文化或艺术价值的工业遗产，是北京工业遗产的重要补充。

该类项目应由企业自主负责，同时受北京市规划、国土或文物部门监督。在编制城市规划或城市设计导则时，应当有意识地加强对候补工业遗产的关注，约束企业对工业遗产的过度开发，对企业实施的保护行为应给予支持和鼓励。候补名录详见前文3.1.4节。

### 3.3.4　Ⅳ类——作为一般工业资源适度开发与利用

Ⅳ类是指一般性工业遗产。北京城区内仍有相当规模的普通工业遗产，建成年代较晚，风貌特色一般，遗产价值不高，但在空间再利用方面具有突出潜力。对于这些量大面广的工业遗产，应当视为存量空间资源，结合城市近、远期发展而进行适应性开发利用。对于空间价值较低且质量较差的工业遗产，可结合场地实际情况考虑予以拆除，其所在地应按照相关程序组织招、拍、挂后进行用地性质变更，以作其他用途开发，为城市存量发展提供储备用地。但应注意，进行彻底拆除前，仍需进行详尽的工业资源调查和价值评定工作，对拆除工作应保持谨慎、负责的态度。

①　统计数目已将在各名录中多次重复的项目进行了合并。

# 第 **4** 章

## 连城之璧：

## 北京工业遗产典型案例实录

本章将依据产业门类不同，选取具有代表性、典型性工业遗产案例详细论述，覆盖采矿业，制造业，电力、热力、燃气及水生产和供应业，交通运输、仓储和邮政业等行业（图4-4-1）。

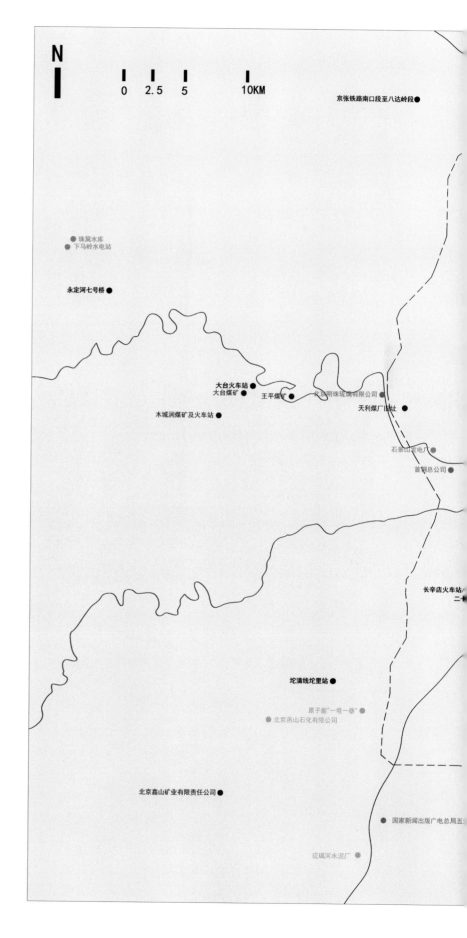

**图4-1-1　64项工业遗产分布示意**
**（按产业门类标记）**

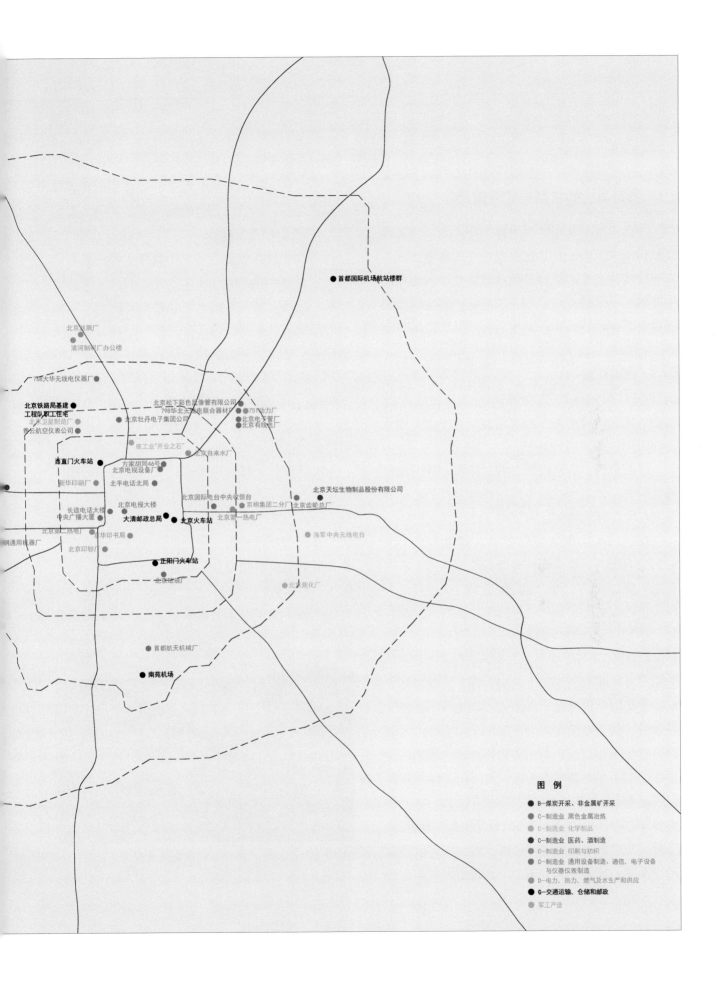

● 首都国际机场航站楼群

北京丝绸厂
清河制呢厂办公楼

768大华无线电仪器厂 ●

北京铁路局基建 ●
工程队职工住宅
北京卫星制造厂
青云航空仪表公司

南直门火车站 ●

新华印刷厂

长途电话大楼
中央广播大厦

北京第二热电厂
北京印钞厂

北京松下彩色显像管有限公司
798华北无线电联合器材厂
北京牡丹电子集团公司
核工业"开业之石"
北京电视设备厂
北平电话北局
北京电报大楼
北京国际电台中央收信台
大清邮政总局 ● 北京火车站 ●

正阳门火车站 ●

北京玻璃厂

75l动力厂
北京电子管厂
北京有线电厂

永废自来水厂

北京天坛生物制品股份有限公司

京棉集团二分厂 北京齿轮总厂
北京第一热电厂
海军中央无线电台

北京焦化厂

● 首都航天机械厂

● 南苑机场

**图 例**

● B—煤炭开采、非金属矿开采
○ C—制造业 黑色金属冶炼
○ C—制造业 化学制品
● C—制造业 医药、酒制造
○ C—制造业 印刷与纺织
● C—制造业 通用设备制造、通信、电子设备
　　　　与仪器仪表制造
○ D—电力、热力、燃气及水生产和供应
● G—交通运输、仓储和邮政
○ 军工产业

## 4.1 不可再生的宝藏：矿业遗产

京西地区是北京矿产资源丰饶之地，门头沟煤矿自清末至今一直是北京采矿业的重要区域，为北京及华北地区提供了优质煤炭资源，现存的大台煤矿、木城涧煤矿以及王平煤矿等规模较大的煤矿厂区设施齐备、规模宏大，是北京煤炭业遗产的重要成就。

### 4.1.1 煤炭开采

天利煤厂旧址（门头沟煤矿）、大台煤矿建筑群、木城涧煤矿及车站建筑群、王平煤矿建筑群等

**核心价值：** 北京近代工业化开端，我国最早的煤炭开采地之一，最早的中外合办煤矿之一，全国五大无烟煤产地之一。

京西门头沟地区煤层较多，储量丰富，开采历史久远。门头沟煤矿前身历经通兴煤矿、中英煤矿股份有限公司、北京矿务局门头沟煤矿公司、平西煤矿公司等，位于门头沟区门头沟路47号。1872年，通兴煤矿由清末商人段益三创办，矿区面积2.43公顷，矿址距北京西直门火车站约25公里，有铁路支线与矿区相通。洋务运动以后，煤矿开采逐渐规模化、机械化。1896年煤矿招美商合股，成为我国煤矿史上第一个中外合办的煤矿，其使用蒸汽机作为动力来排出窑内积水，无论是规模还是产量都在全国首屈一指。1912年，矿区面积达到330.06公顷，有竖井一口，每天产煤500吨左右，发电机房装有2台发电机，每台750千瓦。为了将这些煤及时运出，1914年矿区修建了小铁路，煤炭开采上来后，直接送上火车，运到北京城区、天津等地。煤矿分别在前门和西直门设有煤栈，西直门设有炭场，并在前门、安定门、朝阳门设有贮煤场。

1920年通兴煤矿易名"中英煤矿股份有限公司"，资本增为150万元，中方占51%，英方占49%。生产规模随之扩大，开凿立井两口（即后来的门头沟煤矿东、西立井井口），1923年正式生产，矿区生产能力大增，成为当时北京最大的矿井，年产煤41 388吨，产量居京西煤矿之首（图4-1-2）。至1934年，中英煤矿年产煤43.8万吨，占当年北京地区煤炭总产量的39%。矿区总面积和年产量在全国也属前列。

天利煤厂是门头沟煤矿代表企业之一，煤厂旧址于2008年被列为北京市级第六批文物保护单位，厂址占地约0.35公顷，房舍73间。院落主体建筑、格局保存得较为完整，是反映门头沟早期煤业发展的重要实物遗存，但目前已成杂院，保护现状不容乐观[①]（图4-1-3）。此外，大台煤矿建筑群、木城涧煤矿及车站建筑群、王平煤矿建筑群

图4-1-2 通兴煤矿1930年代运煤历史照片
（资料来源：《北京志·煤炭志》）

① 引自 http://www.beijing.gov.cn/zfxxgk/110035/bjssjwbdw53/2008-05/04/content_76283.shtml。

等，均是中华人民共和国成立后为扩大规模而兴建的采煤厂和配套设施（图4-1-4），目前已被列入北京市历史建筑名单。

2018年11月，北京市政府新闻办举行《关于推动生态涵养区生态保护和绿色发展的实施意见》新闻发布会，确定门头沟煤矿将于2020年全部关停。如今，运行了百余年的门头沟煤矿将告别历史舞台。

图4-1-3　天利煤厂旧址实景
（资料来源：京西走马博客①）

图4-1-4　木城涧煤矿历史照片
（资料来源：《北京工业志·综合志》）

---

① http://blog.sina.com.cn/s/blog_8273021f01018hd4.html。

#### 4.1.2 非金属开采

北京鑫山矿业有限责任公司

核心价值：北京地区年代最早、规模最大的石灰石矿开采企业，为琉璃河水泥厂、首钢等企业提供冶金原料。

1939年日本侵占北京期间在琉璃河兴建水泥厂，并在房山区周口店村西开采石灰石矿，1940年正式建厂，1949年后划归国有。2001年企业改制组建并更名为"北京鑫山矿业有限责任公司"，2007年9月停产。目前采石生产线、配电站、抗战时期炮楼等遗产仍有保留，2019年被列入北京市历史建筑名单（图4-1-5）。

## 4.2 大国崛起的核心：制造业遗产

制造业是第二产业的核心产业，以首钢为代表的黑色金属冶炼企业，以北京焦化厂、燕山石化等为代表的化工品制造企业，以798厂、768厂、774厂为代表的电子产品制造企业，都曾是全国领先的制造类企业，是北京国民经济的支柱产业，也是制造业遗产的重要代表。

#### 4.2.1 黑色金属冶炼

首钢总公司

核心价值：北京地区唯一的钢铁冶炼企业，是我国最早一批钢铁企业，为我国钢铁事业作出

图4-1-5 鑫山矿业有限责任公司停产后实景
（资料来源：鑫山矿业有限公司）

图4-2-1　石景山制铁所时期历史照片
（资料来源：首钢新闻中心官网）

了卓越贡献。

首钢总公司前身可追溯到1919年建立的龙烟铁矿股份有限公司石景山炼厂。1919年，在汉冶萍、本溪湖、鞍山三大煤铁公司相继被日本控制的背景下，国民政府批准成立龙烟铁矿股份有限公司，综合考虑水源、交通、地质等诸多因素后，选定石景山地区为厂址，定名为"龙烟铁矿股份有限公司石景山炼厂"。美国贝林马肖公司规划厂区并制造设备，到1922年末炼厂工程已完成80%，但由于直奉战争、资金告急，工程被迫停工。1937年"七七事变"后，日本侵略军令南满铁道株式会社所属的兴中公司接管龙烟矿务局，将原石景山炼厂易名为"石景山制铁所"并实施军事管制。为掠夺钢铁资源，兴中公司与日本制铁株式会社协力投资恢复生产并进行扩建，到1938年11月，石景山制铁所设计日产250吨的炼铁高炉点火投产。1941年3月，自日本八幡制铁所迁建废热式焦炉及洗煤设备，并于翌年建成投产（图4-2-1）。1943年，由天津、上海迁建的11座日产2吨的特型炉和由日本釜山制铁所迁建已停用10年的设计日产380吨炼铁高炉在石景山制铁所投产。随后来自日本大谷制铁所迁建设计日产600吨炼铁高炉和650吨蓄热式焦炉相继投产。1945年南京国民政府接收石景山制铁所，将其更名为"资源委员会石景山钢铁厂"，下辖炼铁、炼焦、铸造、机电、炼钢、轧钢等6个分厂，历时两年整修了被日本人破坏的1号炼铁炉。到1949年石景山钢铁厂总共产铁28.63万吨，但多数质量不佳不堪重用。

1949年中华人民共和国成立后，石景山钢铁厂获得新生。1958年建起了我国第一座侧吹转炉，结束了"有铁无钢"的历史；1964年建成了第一座30吨氧气顶吹转炉，是国内最早采用高炉喷吹煤技术的转炉。1966年，石景山钢铁厂正式更名为"首都钢铁公司"，1970年代末，2号高炉建成投产，综合采用了37项国内外先进技术，是我国第一座现代化高炉。1992年首都钢铁公司更名为"首钢总公司"，到1994年时首钢钢产量达到824万吨，位列全国第一位，2000年时首钢总公司在北京的占地面积达到2755.6公顷，占北京市域面积的1%。

进入21世纪，为响应城市环境治理、筹办奥运会等重大赛事活动，首钢进入了减产、搬迁程序，2005年2月国务院、国家发展改革委批复《关于首钢实施搬迁、结构调整和环境治理的方案》，2008年初首钢4号高炉正式熄火。800万吨规模的超大型钢铁企业腾退搬迁并异地重建，在世界范围内都极为罕见。2010年12月18日，随着最后一点铁水流出，首钢3号高炉熄火，宣告首钢厂区全部停产（图4-2-2）。

图4-2-2　首钢工业遗产实景

（资料来源：韦拉摄）

### 4.2.2　化学制品制造

北京炼焦化学厂

**核心价值：** 北京地区最大规模的化学制品制造企业，为首都多项重要工程提供能源保障。

"二五"期间，为改变首都落后的燃料结构，北京着手建设年产90万吨的炼焦与化工、煤气综合利用项目。厂址选在北京东南郊通惠河以南的苇罗营村附近，即今朝阳区化工路东口。1959年3月初，国务院正式以"国庆工程"名义建立北京炼焦化学厂，同年11月1日焦炉建成投产，

次年12月正式向"三大一海"（大会堂、大使馆、大饭店、中南海）供应煤气。北京炼焦化学厂仅8个月即建成投产，创造了国内外罕见的高速度，其后逐步发展成为我国规模最大的煤化工专营企业之一，商品焦炭占全国统配量40%以上，商品煤气占北京全市总供应量80%以上，成为全国最大商品焦炭生产厂和北京商品煤气供应的主要基地，朱德曾先后6次视察该厂。焦化厂历史上创造了多个"第一"：商品焦产量第一，我国第一座6米大容积焦炉，拥有当时国内最大的1万立方米天

然气贮气罐。到1998年时，厂区占地面积153.9公顷，建筑面积达到33.8万平方米，年产焦炭量220万吨。

根据《北京奥运行动规划》，北京焦化厂属重点污染企业，需在2008年前全部完成调整搬迁工作，按照搬迁规划主厂区及生产设备迁至河北唐山。2006年7月15日，北京焦化厂在运行了47年后焦炉区正式熄火，原址进行工业遗址公园与保障住房建设，其中焦炉、煤塔等于2007年被列为北京市优秀近现代建筑（图4-2-3）。

琉璃河水泥厂

**核心价值：**北京最早的水泥建材制造企业，为国家重大工程项目提供优质产品。

琉璃河水泥厂前身是华北洋灰股份有限公司琉璃河水泥厂，位于房山区琉璃河镇。1939年由日本东京浅野洋灰公司筹建，该公司将日本深川水泥厂一套旧设备拆迁来华，在琉璃河火车站西侧建厂。1945年工厂被国民政府接收，更名为"华北水泥公司琉璃河水泥厂"。1948年12月由人民解放军军管会接管，从此进入快速发展时

图4-2-3　北京焦化厂历史照片

图4-2-4　琉璃河水泥厂实景
（资料来源：崔振美摄）

期，曾为人民大会堂、北京火车站等北京重要地标建筑物提供水泥材料。1980年恢复厂名"北京琉璃河水泥厂"（图4-2-4），到1998年时，厂区

占地面积达87.6公顷，建筑面积35.6万平方米，拥有铁路专用线4.9公里。目前该厂早期建筑已经不存在，但其采矿区（鑫山矿）还留有日本占领时期修建的碉堡。

### 北京燕山石油化工有限公司

**核心价值**：我国最大的石油化工企业之一，国家"四三方案"重点项目之一。

北京燕山石油化工有限公司前身是"东方红炼油厂"，始建于1967年，位于房山区燕山岗南路附近，曾是我国规模最大的石油化工联合企业，1969年9月炼出第一批石油制品。1970年7月，东方红炼油厂与向阳、胜利、东风、曙光4家化工厂合并，成立北京石油化工总厂，得到党和国家领导人的高度重视（图4-2-5）。1984年1月

图4-2-5　1971年周恩来总理视察北京石油化工总厂顺丁橡胶装置
（资料来源：《北京工业志·综合卷》）

图4-2-6　燕山石化实景

（资料来源：http://www.sohu.com/a/147459483_820372）

图4-2-7　北京龙徽葡萄酒厂酒窖旧址实景

改名为中国石油化工总公司北京燕山石油化工公司，除生产装置外，还附设动力、机修、工程、仪表等辅助部门和科研设计机构，其中乙烯产量占全国40%以上，塑料产量约占全国25%，顺丁橡胶产量约占全国合成橡胶30%。产品80余种、170多个牌号，行销国内外，计划停产后搬迁至曹妃甸工业园区（图4-2-6）。

### 4.2.3　酒制造

北京龙徽酿酒有限公司

**核心价值**：北京最早的葡萄酒厂，生产出北京最早一批优质自酿葡萄酒产品。

北京龙徽酿酒有限公司前身是由法国天主教圣母文学会兴建的葡萄酒窖，1910年选址在阜成门外马尾沟13号，酿酒主要供教会弥撒、祭祀和教徒饮用，生产法国风格的红、白葡萄酒，年产量5吨左右。1946年正式注册为"北京上义洋酒厂"对外出售葡萄酒，1949年后收归国有。1955年周恩来总理参加印尼万隆会议，举行招待会时曾使用该厂生产的香槟招待各国来宾。1956年，酒厂迁往西郊玉泉路2号，征地16公顷建厂，建有主体厂房1130平方米，以及地下储酒窖、蒸馏塔和其他配套设施，共计建筑面积3380平方米。1959年正式更名为"北京葡萄酒厂"，投资34万元扩大生产，扩建厂房1080平方米，增添了压榨车间、蒸煮车间、储酒库、配电室、水塔、锅炉、办公室、宿舍、仓库等配套设施，总建筑面积达到50 000平方米。1987年，北京葡萄酒厂与法国保乐力加集团合资成立"北京龙徽酿酒有限公司"。2006年，建于1950年代的酿酒车间被改造成为"龙徽葡萄酒博物馆"，由苏联援建的地下酒窖仍然继续用于储酒，现存的其他建筑则主要为1970—1980年代建设（图4-2-7）。

#### 4.2.4 医药制造

**北京天坛生物制品公司历史建筑群**

**核心价值：** 中国最早的生物制品基地，近代中国生物医学发源地。

天坛生物制品公司位于朝阳区三间房南里4号，其历史最早可追溯至1919年由北洋政府建立的、全国第一家研究和生产疫苗和血液制品的单位，是近代中国生物制品发源地。1949年改为中央防疫处，由中央军委管理；1950年后划归卫生部，并更名为卫生部生物制品研究所；1998年研究所改制为北京天坛生物制品股份有限公司，并在三间房南里4号院建厂。其办公楼、行政楼、实验楼、门楼等于2019年被列入北京市历史建筑名单。

#### 4.2.5 印刷

**京华印书局**

**核心价值：** 北京最早印刷业工业建筑之一，是早期使用钢筋混凝土的优秀近现代建筑代表。

京华印书局前身是1884年由康有为、梁启超等人创办的强学会书局，1905年被上海商务印书馆买下后更名为京华印书局，位于西城区（原宣武区）虎坊桥十字路口西北角。现存建筑共4层，中间高两侧低，形似轮船，平面呈三角形，采用了当时先进的钢筋混凝土框架结构，1918年动工，1920年竣工，造型受古典主义与现代主义影响，是现代主义建筑逐渐传播与发展的标志性建筑之一。该建筑于2003年被列为北京市文物保护单位，建筑内保存了一部木制导轨电梯。目前该建筑用途为新华书店、咖啡厅与美术馆（图4-2-8）。

图4-2-8 京华印书局旧址实景

北京印钞厂

**核心价值**：中国历史最长、规模最大的印钞厂，是第一家采用雕刻钢版凹印工艺印制纸币的官办印钞企业。

北京印钞厂前身是清政府"度支部印刷局"，始建于1908年，位于西城区白纸坊附近。1911年印制出钢版凹印钞票——大清银行兑换券，由此开始了中国采用雕刻版凹版设备印钞的历史。辛亥革命后，度支部印刷局改称"国民政府财政部印刷局"。1914年秋主工房大楼竣工，1915年全局建筑基本建成。印刷局占地面积达到24.4公顷，主要建筑有第二门（中卫门）、主工房大楼、机务科工房、活版科工房及3座二层办公楼、厂内东西四合院等辅助用房。第二门（中卫门）设计者为华胜建筑公司设计部，由于其上部取钟楼造型，通常以"钟楼"称之。钟楼为砖石混合结构，灰砖墙体、局部石材。建筑主体平面为"凵"形，东西长59.05米，南北宽10.45米（东、西两端宽9.55米）。1988年更名为北京印钞厂并沿用此名至今，目前印钞厂生产活动已停止，钟楼作为北京市优秀近现代建筑得以保留（图4-2-9）。

北京新华印刷厂

**核心价值**：中华人民共和国成立后北京地区第一家大型国营印刷企业，见证并承印了国家级重要刊物。

北京新华印刷厂成立于1949年4月24日，前身是正中书局北平印刷厂，位于西城区车公庄大街4号。新华印刷厂是国家级骨干印刷厂，也是中华人民共和国成立后北京建立的第一家大型国营印刷企业，在印刷行业占有重要地位，受到党和国家领导人的多次视察。1959年朱德为该厂题

图4-2-9　北京印钞厂1935年历史照片
（资料来源：《北京志·金融志》）

字"你们是供应人民精神食粮的工厂，希望你们为精神食粮的高产而努力"；1999年建厂50周年时，江泽民题字"为人民生产出更多更好的精神食粮"。新华印刷厂长期承担党、全国人大和政协、国务院等的国家级图书和文件的印制工作。到1998年底，厂区占地面积6.6公顷，建筑面积6万平方米。2003年2月10日，国务院正式批准组建中国印刷集团公司，北京新华印刷厂成为该集团公司直属厂及标志性企业。车公庄厂区停产并改造为"新华1949文化金融创新产业园"，成为北京市西城区重要的文化产业聚集地，2018年被认定为北京市首批文化创意产业园区（图4-2-10）。

图4-2-10　新华1949文化金融创新产业园实景

### 4.2.6　纺织

清河制呢厂办公楼

**核心价值**：北京第一家纺织企业，孙中山先生曾在此视察演讲。

清河制呢厂前身是溥利呢革公司，选址于清河镇，1909年建成投产，共有机器180余台，纱锭4800枚，是当时全国第一大毛纺厂。1912年孙中山先生视察该厂时曾发表演讲，并把它称为学习西方先进的典范。1916年北洋政府陆军部把溥利呢革公司收归官办，改名为陆军呢革厂；1927年改名为陆军部第一制呢厂；1937年7月日本强占工厂。1948年12月，中国人民解放军解放清河并接管工厂，次年6月全面复产，并更名为北京清河制呢厂。2007年，清河制呢厂组建清河三羊毛纺集团，厂区已经搬迁至平谷工业园区，原址进行住宅开发，其中建成于1909年的清河制呢厂办公楼于2014年被列为海淀区第四批文物保护单位（图4-2-11）。

图4-2-11　清河制呢厂办公楼现状实景

图4-2-12　莱锦文化创意产业园实景

京棉二厂

**核心价值**：北京地区规模最大的纺织企业，中华人民共和国成立后第一家国营棉纺厂，为改善北京地区民生作出了重要贡献。

京棉二厂始建于1957年，与京棉一厂、三厂共同构成了北京东郊纺织工业城。纺织业作为北京经济起步的先导产业，是北京"一五"期间重点建设的产业项目。从朝阳区慈云寺东到十里堡，依次建起了京棉一厂、二厂和三厂，占地总面积超93公顷。从1953年京棉一厂破土动工到1957年京棉三厂正式投产，短短4年时间内3家大型棉纺织厂如雨后春笋般拔地而起，投产第二年就达到设计的生产能力。三大棉纺织厂结束了北京有布无纱的历史，成为北京国民经济建设的一面旗帜。1990年代，中国纺织业开始了产业调整，京棉一厂、二厂、三厂整合为京棉集团。京棉一厂和三厂均已较早地完成搬迁改造，原厂址腾退后进行了房地产开发。京棉二厂因拆除较晚，其办公楼和主体厂房得以幸存，现已改造成"莱锦文化创意产业园"，成为东郊纺织工业城中最后的空间记忆（图4-2-12）。

此外，位于昌平区清河光华创业园的北京丝绸厂成立于1958年，曾是北京纺织行业的代表企业，但2000年丝绸厂破产，其礼堂、办公楼等于2019年被列入北京市历史建筑名单。

### 4.2.7　通用设备与其他设备制造

首钢通用机械厂

**核心价值**：全国八大重机厂之一，是北京重型机械的龙头企业。

首钢通用机械厂的前身可追溯到始建于1958年7月的北京第二通用机械厂，位于丰台区吴家村69号。"一五"时期为适应首都城市建设和工农业发展的需要，解决国家和北京建设对大型铸锻件及电站锻件的需求，国家计委、北京市政府、第一机械工业部决定以北京管件厂为基础组建"北京第二通用机械厂"，1978年改名为"北京重型机器厂"，经过多次投资扩建后成为国有大型重点企业，是全国重型机械行业"八大重机厂"之一，朱德曾于1960年、1972年两次到厂视察，李先念、彭真、万里、余秋里、刘仁、郑天翔也曾到厂视察。1992年3月该厂划归首钢，改名为首钢通用机械厂，2000年12月政策性破产。停

图4-2-13 首钢通用机械厂历史照片

图4-2-14 中国动漫产业基地实景

产后厂区基本保留了原有厂房和主要设施，现已改造成"中国动漫产业基地"（图4-2-13、图4-2-14）。

北京齿轮厂

**核心价值：** 北京最早的齿轮机械加工和制造企业，全国领先的汽车齿轮企业。

北京齿轮厂于1960年2月正式成立，其前身是1949年成立的北平振华铁工厂，是全国较大的从事汽车用齿轮、变速器、分动器和驱动桥总成生产的骨干企业。2013年，经历了资产重组、破产调整等步骤后组建的北京北齿有限公司启动整体搬迁，除变速箱总装车间外，其他车间全部搬迁至河北黄骅，定福庄厂区只保留产品开发部和营销部。2015年1月，北汽集团正式成立北京首尚定福庄文化产业发展有限公司，具体负责产业园的投资运营工作，将原齿轮厂改造成"24H齿轮场文化创意产业园区"，占地面积约6.6公顷，总建筑面积6万平方米（图4-2-15）。

图4-2-15 24H齿轮场文化创意产业园区实景

**首都航天机械公司**

**核心价值：**我国最早、最大的运载火箭研制总装制造企业，为国防事业作出了卓越贡献，苏联援建"156项目"之一。

首都航空机械公司又称211厂，前身是清政府创办的中国第一家飞机修理厂，始建于1910年，现隶属航天一院，是我国最大的运载火箭研制总装制造企业。1951年，飞机修理厂正式定名为国营211厂，成为国营大型飞机修理厂。1958年211厂归属国防部第五研究院，改扩建为我国第一家液体火箭研制总装厂，同时也是苏联援建"156项目"之一，为我国航天事业的发展和国防现代化建设作出了卓越贡献。该厂生产总装的长征一号火箭成功地发射了我国第一颗人造地球卫星，长征二号火箭成功地发射了我国第一颗返回式遥感卫星，长征三号火箭成功地发射了我国第一颗地球静止轨道通信卫星，长征二号F火箭成功地发射了6艘神舟飞船，先后将三名航天员送入太空。目前，企业仍继续生产。

**方家胡同46号北京机器厂旧址**

**核心价值：**北京最早的现代机器生产厂，北京最大的机床生产单位。

北京机器厂前身主要是民国时期北平市若干修械所组合而成的北平第一机器厂，1929年在方家胡同建厂。"七七事变"前，这里就已发展成为一家拥有400名工人的企业，除铸造锅炉、水管以外，已能够用简单设备仿制外国机器设备。1945年日本投降后，工厂被国民党接收；1949年北平和平解放后改名为北平第一机器厂。1950年6月，中央重工业部机器工业局决定在北京东郊建国门外新建厂区，部分生产线迁至新址。方家胡同生产线于2008年正式关停并改造成文化创意产业园。

图4-2-16　方家胡同46号文化创意产业园社区青年汇实景

方家胡同46号文化创意产业园占地面积0.9公顷，现有建筑面积约1.3万平方米，由礼堂、锅炉房、恒温车间、办公楼等各种建筑混合成的厂区被改造成酒店、剧场、沙龙和艺术创作工作室等，成为胡同里的文化创意产业园（图4-2-16）。

此外，位于丰台区吴家村57号的北京重型电机厂，其前身可追溯到建成于1958年的北京汽轮发电机厂和北京重型电工机械厂，二者于1963年合并为北京重型电机厂，占地面积66公顷，建筑面积达到16.9万平方米，成为北京最重要的大型国有电机生产企业之一。目前企业经过改制后仍在继续生产经营。除上述通用设备制造外，生产琉璃的北京明珠琉璃有限责任公司、生产珐琅的北京珐琅厂等亦是其他制造类工业遗产的代表性项目。

**4.2.8　通信**

**北平电话北局旧址**

**核心价值：**近代中国通信行业的发源地。

北平电话北局始建于1930年代，由北平市政府和日本电信机构共同出资成立，选址于东城区东皇城根大街14号，1940年建成。北局主体建筑是一座具有日式风格的伞顶灰色两层建筑，高约10米，建筑面积约1900平方米。1982年1月，北局更名为"北京皇城根电话局"，外观仿中国传统建筑形式修缮。目前其主要建筑和原机器设备保存基本完好，是北京保存的最早、最完整的电信行业建筑，2011年被列为北京市第八批市级文物保护单位，目前是中国通信电信博物馆。

### 北京电报大楼

**核心价值**：国家早期民族风格建筑代表，是重要的电报通信业建筑。

北京电报大楼于1956年开工建设，选址在北京西长安街北侧，由建筑大师林乐义设计完成。早期通信设备由苏联及民主德国等社会主义国家引进，塔钟设计、制造和安装获得了苏联和民主德国专家协助。电报大楼占地面积3800平方米，建筑面积2.01万平方米，建筑总高度为73.37米，主楼共7层，其中地下1层，地上6层，钟楼内装有四面塔钟。电报大楼由报房、机房、营业厅、办公室等功能区域组成。1990年代以前，北京电报大楼是北京与外界通信的主要场所，是国家电信网中心、全国电报网路主要汇接局，与全国所有省、自治区、直辖市大小城市均有直达报路。1990年代后期，电报业务量逐渐下降，大楼逐渐转为数据业务及互联网业务中心。1998年9月28日，北京电报大楼作为当时北京唯一24小时营业的电信综合营业厅正式营业。同年底，国内第一台网络服务器也正式落户北京电报大楼。2017年6月15日起，因北京电报大楼装修改造，北京电报大楼一层中国联通电报大楼营业厅正式关闭，所有业务调至北京长途电话大楼一层中国联通长话

图4-2-17　北京电报大楼实景
（资料来源：杨鸿鹄摄）

大楼营业厅，原址变为中共中央宣传部的对外发布厅。北京电报大楼于2018年被列入中国20世纪建筑遗产项目（图4-2-17）。

### 北京长途电话大楼

**核心价值**：国家早期通信行业建筑代表，优秀的民族风格建筑。

北京长途电话大楼始建于1959年12月，位于西长安街复兴门立交桥东。基础工程完成之后，因处于国民经济困难时期而临时停工。1972年再次开工建设，1976年正式完工。长途电话大楼建筑面积共2.45万平方米，其平面呈"山"字形，地下1层，地上两翼6层，中部8层，并有5层高的塔楼，楼高94.17米，是北京标志性建筑之一。长途电话大楼是国内最大的长途电话枢纽，除装有大容量的有线通信系统外，还装有现代化微波中继系统，可以同时传送上千路电话，也可以传送彩色电视及各种传真电报、图像信号，是全国微波

中继通信网的中心。长途电话大楼于2018年被列入中国20世纪建筑遗产项目（图4-2-18）。

中央广播大厦

**核心价值：** 受苏式风格影响的早期现代主义建筑代表，承担早期国家信息传播广播工作。

中央广播大厦位于西城区复兴门外大街2号，建成于1958年，由中国建筑设计研究院与苏联莫斯科民用建筑设计院联合设计完成，建筑面积6.38万平方米。中央广播大厦承担了中华人民共和国成立初期全国主要信息的广播和转播工作，如体育运动赛事、民生节目、广播体操等。中央广播

大厦为矩形平面，由一组台阶形建筑组成，是集广播、电视和行政、业务、技术等功能于一体的综合大楼，也是北京首座达到10层的高层建筑。楼内设有480平方米的综合录音室、400座的音乐厅，以及24个大小不同的语言录音、播音、总控制室等。其建筑造型受苏式建筑风格影响，2018年入选中国20世纪建筑遗产项目，现为中国电视艺术委员会总部（图4-2-19）。

除上述遗产项目外，建成于1951年的北京国际电台中央发信台，是我国最早建立的短波通信设施，为国家早期通信行业作出了突出的贡献，

图4-2-18　北京长途电话大楼实景

（资料来源：杨鸿鸽摄）

图4-2-19　中央广播大厦实景
（资料来源：杨鸿鸽摄）

于2019年被列入中央企业工业文化遗产名录。此外，位于房山区交道西大街50号的国家新闻出版广电总局五六四台的专家公寓、办公楼、信号发射中心等亦于2019年被列入北京市历史建筑名单，成为通信行业中的代表性遗产项目。

### 4.2.9　电子设备制造

798厂

**核心价值：** 中华人民共和国最早的无线电器材生产基地，曾是亚洲规模最大的电子元器件生产企业，民主德国援建中国的最大工程项目。

798厂前身可追溯至华北无线电器材联合厂。联合厂始建于1957年，位于朝阳区酒仙桥电子城内，"一五"期间由民主德国援建，工业建筑采用当时先进的包豪斯风格与技术。联合厂曾包括718厂、798厂、706厂、707厂、797厂以及751厂，占地面积116.19公顷，是亚洲首屈一指的大型电子元器件生产基地，我国第一颗原子弹和人造卫星的许多重要零部件均产于此，"798厂"实际上是对原有联合厂的统称。1995年中央美术学院教师隋建国首先利用厂房改造成雕塑工作室，2002年美国人罗伯特租用了798厂回民食堂，改造成咖啡厅和书店，由此逐步开启了798厂的艺术转

图4-2-20　798艺术区现状实景

型之路。厂区内多数厂房被改造为艺术家工作室、画廊、设计公司、餐厅、酒吧等，形成了具有国际化色彩的"SOHO式艺术聚落"。2007年，798厂被列入北京市优秀近现代建筑保护名录（图4-2-20）。

北京电子管厂

**核心价值：** 中华人民共和国成立后的第一个现代化电子管厂，奠定了我国电子行业基础，是苏联援建"156项目"之一。

北京电子管厂又称774厂，始建于1952年，是我国最早建成的现代化电子管厂，坐落在北京东北郊酒仙桥"电子城"内。电子管厂是"一五"期间苏联援建的156项国家重点建设项目之一，1956年10月正式投产。1965年中国第一块集成电路诞生于北京电子管厂，当时集成电路的发展几乎与世界先进国家同步。

1980年代以前，北京电子管厂一直是中国最大、亚洲最强的电子元器件厂，是中国电子工业和国防工业的骨干企业。但随着半导体集成电路技术迅速取代电子管技术，民用和军用订单迅速萎缩，电子管厂从1986年至1992年连续7年亏损，陷入无债可举的破产边缘。进入1990年代，电子管厂涉足液晶显示器领域，并先后与日本等国的国际先进企业合作持股，逐步走出困境。1993年北京电子管厂更名"京东方科技集团股份有限公司"并成功上市，现已成为北京乃至全国最为重要的电子元器件生产企业之一（图4-2-21）。2019年，厂区被列入北京市历史建筑名单。

图4-2-21　北京电子管厂实景

图4-2-22　北京有线电厂实景

### 北京有线电厂

**核心价值：** 中华人民共和国最早的有线电企业，是我国第一家研制、生产自动电话交换机和电子计算机的企业，苏联援建"156项目"之一。

北京有线电厂又称738厂，始建于1953年，坐落于北京东北郊酒仙桥"电子城"内，是我国第一家研制、生产自动电话交换机和电子计算机的工厂，也是"一五"期间苏联援建的156项国家重点建设项目之一，1957年9月建成投产至今已有60余年历史。北京有线电厂曾在中华人民共和国历史上书写过多个"第一"：研制和生产了我国第一台自动电话交换机、第一台电子计算机、第一台电传打字机、第一台百万次集成电路计算机等。1997年9月，该厂改制为北京兆维电子（集团）有限责任公司（图4-2-22）。2019年，厂区被列入北京市历史建筑名单。

### 北京牡丹电子集团有限责任公司

**核心价值：** 北京地区唯一的电视机生产企业，产品国内外驰名。

北京牡丹电子集团有限责任公司的前身是北京电视机厂，始建于1973年，位于海淀区花园路

图4-2-23　中关村数字电视产业园实景

附近，早期产品主要为黑白、彩色电视机。1990年2月，北京电视机厂与北京电子显示设备厂合并成立牡丹集团，成为我国电子工业的大型骨干企业和生产出口彩色电视机的基地。2006年12月，电视机厂原址成立中关村数字电视产业园，旧厂房通过改造成为研发办公空间（图4-2-23）。

北京松下彩色显像管厂

**核心价值：** 北京最早的中日合资企业，是引进国外技术发展企业的典范。

北京松下彩色显像管厂始建于1987年9月，位于酒仙桥北路9号，是北京电子管厂、中电北京公司、中国工商银行北京信托投资公司、北京显像管厂与日本松下电器产业株式会社联合创办的中日合资企业，也是日本松下集团在中国规模最大的企业。历经10年建成五条生产线，主要生产彩色显像管及高效节能灯，曾连续11年跻身全国电子百强企业。目前厂区已经改造为恒通国际创新园（图4-2-24）。

其他

此外，位于丰台区吴家村三顷地甲1号的北京显像管总厂，其前身是北京半导体器件五厂，

图4-2-24 恒通国际创新园实景

1993年因市场原因显像管全面停产，目前厂区已被改造成易通创意中心（图4-2-25）。建于1971年的北京电视设备厂曾是全国唯一一家从事电视设备生产制造的国有企业，位于东城区东四北大街107号，2000年改制后归北京电控集团，目前已经改造成107号创意工厂（图4-2-26）。

图4-2-25 易通创意中心实景

图4-2-26 107号创意工厂实景

图4-2-27　768文化创意产业园区实景

图4-2-28　青云航空仪器厂历史建筑群实景

### 4.2.10　仪器仪表制造

北京大华无线电仪器厂

**核心价值：**中华人民共和国最早的无线电仪器研究与生产企业之一，苏联援建的"156项目"之一。

大华无线电仪器厂前身是北京无线电仪器厂、768厂，1958年筹建，1965年建成投产，位于北京市海淀区学院路5号，是我国第一家无线电微波仪器专业厂。厂区规划及部分建筑受苏联风格影响。厂区2008年停产，老旧厂房和办公楼保存完好，目前已改造成为768文化创意产业园（图4-2-27）。

北京青云航空仪器厂

**核心价值：**"大跃进"时期建设的高精尖企业，为国家航空航天事业作出了突出贡献。

青云航空仪器厂位于北京市海淀区北三环西路43号，建成于1958年，占地面积17公顷，是"大跃进"时期国家投资建设的重要项目。1999年后经历经济体制改革后属国有独资公司制企业，现隶属于中国航空工业集团总公司（图4-2-28）。

## 4.3　城市运转的动力：电力、热力、燃气及水生产和供应业遗产

电力、热力、燃气以及水生产和供应企业为保障北京的正常运转提供了重要条件。以北京自来水厂为代表的水供应企业，以第一热电厂、第二热电厂为代表的热力供应企业，以及以751厂为代表的燃气供应企业，为首都经济建设的腾飞提供了有力保障。

### 4.3.1　水供应

北京自来水厂

**核心价值：**中国第一座自来水厂，城市现代化基础设施的代表性企业。

北京自来水厂前身是京师自来水股份有限公司，始建于1908年，1910年建成并开始供水，按照"官督商办"的模式筹办和经营。1908—1949年，北京供水事业经历了晚清、北洋政府、日伪统治和国民政府等时期，在这40多年中，北京供水事业惨淡经营、艰难发展、徘徊不前。在1949年北京和平解放前，供水能力5万立方米，自来水管线长度367公里。1949年后，北京供水事业得以

迅速发展。2007年，自来水厂遗址被列为北京市优秀近现代建筑（图4-3-1）。2016年3月，北京自来水集团在水厂旧址基础上新建自来水博物馆。博物馆分为展馆、清末自来水厂厂区旧址遗迹两个展区，展区占地面积约3公顷，建筑面积约2400平方米。

### 4.3.2 热力、电力生产与供应

北京第一热电厂

核心价值：北京第一座高温高压热电联产企业，是北京市重要的集中供热热源和电力支撑点，苏联援建"156项目"之一。

北京第一热电厂是中华人民共和国成立后在首都建设的第一家高温高压热电联产企业，始建于1957年，位于朝阳区大望路，是"一五"期间苏联援建"156项目"之一（图4-3-2）。1958年9月首台2.5万千瓦机组投产发电，1990年增装2

图4-3-1 北京自来水厂旧址实景

台苏联制造的热水锅炉，1997年热水锅炉投产，1999年第一热电厂改名为"国华北京热电厂"。按照《2013—2017年清洁空气行动计划》，北京市应压减燃煤1300万吨，第一热电厂属于节能减排大户，同时由于CBD东扩，厂区进入腾退搬迁程序，2015年3月第一热电厂正式熄火停

图4-3-2 苏联专家援助建设的北京第一热电厂历史图纸
（资料来源：《北京工业志》）

图4-3-3　北京第一热电厂历史照片
（资料来源：《北京志·供水志·供热志·燃气志》）

图4-3-4　北京第二热电厂历史照片
（资料来源：《北京志·供水志·供热志·燃气志》）

图4-3-5　天宁一号文化创意产业园实景

产，其主厂房和240米高的烟囱作为工业遗产予以保留（图4-3-3）。

北京第二热电厂

**核心价值：**北京老城区重要的热电供应企业，"四三"方案中重点建设项目之一。

北京第二热电厂位于西城区天宁寺西侧，始建于1976年，1977年第一台发电机组投产，1980年全部建成，共装有4台5万千瓦发电供热机组和6台高温高压蒸汽锅炉。其主要承担着长安街、前门大街沿线的中南海、人民大会堂、钓鱼台国宾馆等重要部门的供热任务，同时也有效缓解了当时市区电力短缺的局面。2008年为保障奥运会期间的大气环境质量，北京第二热电厂逐步关停，原址打造为以文化设施为主，集旅游、科普等多种功能为一体的天宁一号文化创意产业园（图4-3-4、图4-3-5）。

石景山发电厂

**核心价值：**中国最早的商办电力企业，民族实业代表性企业之一。

石景山发电厂前身是京师华商电灯股份有限公司，始建于1906年，是我国第一家近代商办电力工业企业。厂址原设在正阳门内顺城街路附近，发电机购自上海瑞生洋行，1906年10月10日开始发电，供商店、路灯、官府约8000盏电灯用电。1918年在石景山广宁坟村附近建新厂并更名为"石景山发电厂"，到1937年抗日战争爆发前夕，石景山电厂总装机容量为3万千瓦，是当时京津唐地区最大的发电厂。1949年后石景山发电厂快速发展壮大，1956年至1958年先后两次扩建，发电容量增加了5.4万千瓦时，是1950年代后期北京地区最大的发电厂，1985年石景山热电厂于石景山发电厂原址建设。1999年石景山热电厂划归北京京能热电股份有限公司。2015年3月，石景山热电厂正式关停，目前停产待拆。

此外，位于门头沟珠窝村的京西发电厂建成于1975年，是为防御苏联对北京空袭，按照"靠山、分散、隐蔽"的方针在深山里修建的一座电厂，原名"东方红发电厂"，该电厂于2019年被列入北京市历史建筑名单。位于珠窝村的下马岭水电站工程于1958年7月开工，1960年12月下闸蓄水，1962年2月投产发电，是我国第一座软基混凝土重力坝，由5个溢流坝段和左右两岸各1个非溢流坝段组成，2019年被列入北京市历史建筑名单。

### 4.3.3 燃气生产与供应

北京正东集团751厂

**核心价值：** 中华人民共和国成立后最早建设的无线电器材生产基地，曾是亚洲规模最大的电子元器件生产企业，是民主德国援建工程之一。

751厂前身是华北无线电器材联合厂下的无线电动力厂，始建于1954年，负责为酒仙桥地区工业企业提供能源保障。随着城市发展，751厂煤气生产供应拓展到整个市区，和首钢、焦化厂共同成为北京三个主要气源厂。随着北京能源结构调整，751厂煤气生产线于2003年正式退出运行，热电部分由原来燃煤发电产热，变为天然气发电产热。1990年代初期751厂改制为北京正东动力集团，2007年厂区逐步改造成设计师广场，多数厂房和机械设备均得到了完整妥善保存，目前已经成为时尚潮牌、国际大牌发布会的首选场地之一（图4-3-6）。2018年11月15日，751厂被列入第二批国家工业遗产名单。

**图4-3-6 751D·PARK时尚设计广场实景**

## 4.4 工业产品的流通：交通运输、仓储和邮政业遗产

北京在百余年前见证了我国铁路事业的蹒跚起步，从中国人自力更生修建的首条铁路线诞生，到中华人民共和国成立后国家铁路事业的迅速腾飞，从西苑铁路到京张铁路，从蒸汽机车到复兴号高铁，从西式风格正阳门站到民族风格北京站，北京铁路的发展史可以视作首都城市建设的成就史，铁路遗产是北京最具有代表性的工业遗产类型之一。

### 4.4.1 铁路运输业

#### 正阳门火车站（原京奉铁路正阳门东火车站）

**核心价值**：中国早期铁路站房代表之作，京奉铁路起点，优秀的近现代铁路建筑。

正阳门东火车站前身是京奉铁路正阳门东火车站，车站始建于1903年，1906年建成，平面呈矩形，由候车大厅、南北辅助用房和钟楼共四部

图4-4-1 中国铁道博物馆实景

分构成，建筑面积约3500平方米，整栋建筑采用西式青砖砌筑。1915年北京修建环城铁路，正阳门及其瓮城被拆除改造。1959年，建国门新北京火车站建成后，正阳门东车站停用，先后被改造成科技馆、工人文化宫、剧场、老车站商城等。1965年修建北京地铁二号线时，拆除了包括中央大厅在内以北的部分建筑。1976年受唐山大地震影响，车站钟楼受损严重，后被拆除，仅存原南部辅助用房。1993年在旧南楼基础上进行复原改建，正阳门火车站原貌得以重现[①]。2004年该建筑被列为北京市级文物保护单位。2008年8月，正阳门车站被改造为"中国铁道博物馆"并使用至今（图4-4-1）。

#### 京张铁路西直门火车站

**核心价值**：京张铁路一等车站，詹天佑亲自设计和建造的铁路建筑之一。

西直门火车站前身是京张铁路西直门站、平绥铁路西直门站，建于1906年。京张铁路是我国第一条完全由中国人自主建造的铁路线，由我国著名铁路工程师詹天佑主持设计，是连接我国华北和西北的交通要道，全长201.2公里，花费白银近700万两，平均每公里造价不足3.5万两，创造了当时全国铁路造价最低值。1909年京张铁路正式通车，西直门火车站正式启用，1916年1月环城铁路正式通车运营，自此，西直门站被核定为一等站，并成为京张、京门、环城铁路三线的换乘站。1918年西直门站扩建改造，现存二层站房即为当时建成，车站平面近似矩形，主站房面积2300平方米，车站正面入口为三孔外券廊，朝站

---

① 正阳门火车站的重建与修复并非与原貌完全相同，而是将钟楼的位置由原来的南侧镜像改建到北侧，以减少对正阳门机动车道路的影响。

图4-4-2  京张铁路西直门火车站旧址实景

图4-4-3  清华园火车站旧址实景

台一面用连廊，站台为并列式，旅客进站方向与站台垂直，建有跨越铁道的铁架天桥。1988年西直门火车站更名为"北京北站"。1995年车站被列为北京市文物保护单位。目前西直门火车站因京张高铁建设而暂时封闭（图4-4-2）。

**北京铁路局基建工程队职工住宅（原清华园火车站）**

**核心价值：**京张铁路的三等车站代表，保留有詹天佑手书"清华园车站"牌匾。

清华园火车站前身是京张铁路清华园车站，始建于1910年，站房为单层建筑，两侧对称，虽规模很小，但候车室、售票处、货运仓库一应俱全。清华园火车站是詹天佑建造京张铁路的重要见证，詹天佑手书站牌目前只保有两块，清华园火车站的站牌即是其中之一（图4-4-3）。1949 年毛泽东主席乘坐京张铁路线上的火车在清华园火车站下车进入北京城。1950年代为清华校园安全把铁路东移800米，老清华园站被废弃，现为铁路职工宿舍，2007年被列入北京市优秀近现代建筑保护名录（第一批）。

**京张铁路南口段至八达岭段**

**核心价值：**詹天佑首创京张铁路"人字形道岔"的所在地，中国工程师智慧的见证。

京张铁路南口段至八达岭段建成于1905年，是京张铁路著名的"人字形道岔"所在地，位于北京市延庆区八达岭青龙桥车站附近（图4-4-4）。"人字形道岔"是著名爱国工程师詹天佑为解决八达岭山地爬坡问题而创造的铁轨布局方式，是中国人独立设计完成并解决实际困难的代表性成

图4-4-4  青龙桥车站修建时照片
（资料来源：《京张铁路》）

图4-4-5　"人字形道岔"建造时照片
（资料来源：《京张铁路》）

就（图4-4-5）。青龙桥站目前已经停运，经过修缮后改造为京张铁路青龙桥博物馆（图4-4-6），保留着当年的人工道岔、油灯座、报车器等设施。2011年在车站附近发现了两块原京张铁路的里程标记碑和一块线路坡度标，均由水泥制成，且使用中国传统数字"苏州码子"进行书写（图4-4-7）。2013年，京张铁路南口段到八达岭段被列为第七批全国重点文物保护单位。

## 二七机车厂与长辛店火车站

**核心价值：**中国最早一批铁路机车厂，现为爱国主义教育基地。

二七机车厂前身是清朝邮传部"卢保铁路卢沟桥厂"，始建于1897年。1901年比利时人与法国人为联合经营修筑京汉铁路而设立了修理厂，最初由法国人设计，后更名为"邮传部京汉铁路长辛店机厂"，是当时北京规模最大的机械工厂，但是只能修理机车，不具备制造机车的能力。长辛店机厂作为京汉铁路中重要的铁路枢纽，见证了我国早期工人阶级与帝国主义和封建军阀斗争的光荣历史。1949年中华人民共和国成立后，工厂得到了党和国家领导人高度重视，朱德曾先后8次到工厂视察，鼓励铁路工人为建设新中国和社会主义多做贡献。1958年6月长辛店机厂仅用25天时间就制造出我国第一台蒸汽机车，结束了工厂"只能修、不能造"的历史。同年9月这里又造出了我国第一台600马力内燃机车，该机车成为当时党和国家领导人出访时乘坐的动力机车

图4-4-6　青龙桥车站修复后实景

图4-4-7　京张铁路里程碑与铁轨遗迹

图4-4-8　1879科技创新城实景
（资料来源：王振东摄）

之一。1966年9月，为更好地纪念机车厂的光荣历史，长辛店机厂正式更名为"北京二七机车车辆工厂"，经过数十年的发展，曾先后制造出6000马力北京型液力传动货运内燃机车、各种车型的干线大功率内燃机车，成为中华人民共和国成立后铁路运输的"火车头"，为国家建设作出了巨大贡献。

目前二七机车厂已改造成"1879科技创新城"（图4-4-8），一期工程已投入使用，慈禧太后的御用专列"龙车"就收藏于二七机车厂内，并计划在未来打造成"慈禧龙车房"供人们参观。

## 北京火车站

**核心价值：**中华人民共和国成立后首都北京的第一座现代化铁路车站，中华人民共和国成立十周年十大工程之一。

北京火车站位于东城区毛家湾胡同甲13号，建成于1959年，是中华人民共和国成立十周年十大工程之一，也是当时国内最大的铁路客运车站，由中国建筑设计研究院与东南大学联合设计完成，建筑师是陈登鳌。1949年中华人民共和国成立后，铁路行业快速发展，原有的正阳门站无

图4-4-9　北京火车站落成时照片
（资料来源：中国建筑设计研究院官网）

图4-4-10　北京火车站现状实景

法满足首都发展需求，因此1959年1月在毛家湾地区兴建新北京站。1959年9月，车站建成，毛泽东主席亲笔题写"北京站"。北京站大楼坐南朝北，东西宽218米，南北最大进深124米，建筑面积71054平方米，中央大厅采用预应力双曲扁壳屋盖，与塔楼、钟楼连为一体，反映了民族风格与现代技术相结合的艺术效果（图4-4-9、图4-4-10）。截至2017年底，北京站占地面积25公顷，总建筑面积扩至8万平方米。

**永定河7号桥**

　　**核心价值：跨度最大的装配式钢筋混凝土铁路桥。**

　　丰沙线永定河七号桥是中国跨度最大的装配式钢筋混凝土铁路拱桥，位于北京丰台至河北怀来（沙城）丰沙线上，在珠窝东至沿河城两站间跨越永定河。桥梁始建于1960年，耗时6年建成。桥全长217.98米，主跨为一孔、跨度为150米的中承式拱，拱矢高40米，两片拱肋中心距为7.5米，拱轴线采用二次抛物线，形式美观并节省了大量钢材。该项新技术是中国首创，属当时亚洲之冠（图4-4-11）。

　　此外，门头沟大台车站、房山坨里站等铁路遗迹仍保留部分早期遗存，2019年被列入北京市历史建筑名单。

### 4.4.2　航空运输业

**南苑机场**

　　**核心价值：中国第一座机场，开国大典和国**

图4-4-11 永定河七号桥实景

庆阅兵的飞机训练基地。

南苑机场在中国航空史上有着重要的地位，是中国最早的飞机起降基地，其前身是清政府南苑练兵场。1904年，来自法国的两架飞机在南苑练兵场进行了飞行表演，这是飞机首次在中国起降。1910年8月，练兵场一块地被碾压成飞机跑道，由此定名为"南苑机场"，成为中国历史上第一座机场。1937年日军侵占北京，占领南苑机场，经过扩修之后转作南苑兵营；1945年抗日战争后期，美国海军陆战队飞机曾在此停靠和补给。

1948年12月17日，南苑机场成为解放军空军军用飞机场。1949年8月，中国人民解放军第一支飞行中队在南苑机场成立，并执行了中华人民共和国开国大典的飞行任务。此后历次国庆阅兵中，南苑机场一直都是空、地受检部队训练基地，担负着保障空、地受检部队训练任务（图4-4-12）。苏联苏维埃访问团、美国国务卿基辛格等第一次来华所乘坐的一些重要专机均在南苑机

场降落。1986年中国联合航空有限公司成立后，南苑机场改为军民两用飞机场，是中国联合航空公司主运营基地。2011年和2016年南苑机场先后进行了两次改扩建工程，机坪面积达10.2万平方米，可供停放23架民航飞机，候机楼面积达2万平方米。2019年9月26日，南苑机场正式关停，航班全部转场至北京大兴国际机场。

图4-4-12 南苑机场指挥塔台实景

**图4-4-13　首都机场T2航站楼实景**
（资料来源：首都机场官网）

**首都机场航站楼群**

　　**核心价值：**中华人民共和国成立后第一个建设并投入使用的民用机场，目前拥有世界上规模最大的民用航空港。

　　首都机场建设计划最早可追溯至1950年，后因抗美援朝战争被暂时搁置。1954年，民航局选定原顺义县天竺村以北、二十里堡以东地区为首都机场场址。1958年3月，北京首都机场正式投入使用，成为中华人民共和国成立后首个投入使用的大型民用机场，也是中国历史上第四个开通国际航班的机场。进入1990年代，与日俱增的国际往来活动促使首都机场进行扩建。1999年11月，机场T2

航站楼正式投入使用，容量扩充至20个登机口。2008年，为迎接北京奥运会，世界上最大的民用空港T3航站楼建成并投入使用，能承载空中客车A380等超大型客机起降。2017年首都机场航站楼群被列入第二批中国20世纪建筑遗产项目（图4-4-13）。

## 4.5　强国重器的保障：军工产业遗产

　　军事工业是国防现代化的基础，也是实现民族独立、国家富强的重要保障。作为首都，北京的军事工业发展成就斐然，军事通信、核工业以及航空航天业都足以在北京工业遗产历史中书写下辉煌一页。

### 海军中央无线电台

**核心价值：** 北京地区最早的军用电台，曾向世界广播开国大典实况。

海军中央无线电台又称"四九一电台"，始建于1918年2月，位于朝阳区双桥路9号，是民国时期海军通信基地，1923年7月底建成竣工。电台是根据中华民国海军部与日本三井洋行株式会社签订的《无线电台借款契约》而建设的海军长波通信台，实际上一直用于欧美国家在京官商与本国之间通信联络。1937年日军占领北京后，将本土使用的东京电器公司产50千瓦中波机拆卸后运送此地安装，在"七七事变"中成为日本侵华的电信宣传工具。1948年由中国人民解放军接管，在完成了相关设备的修复工作后，1949年9月电台更名为"北京新华广播电台"，开国大典正是通过这一电台向世界各地发送消息。电台旧址于1997年被认定为北京市级文物保护单位，2013年被国务院认定为第七批全国重点文物保护单位，2018年1月入选中国工业遗产保护名录，目前电台的变电站老厂房已改造为E50艺术区。

### 中国核工业"开业之石"

**核心价值：** 中国第一块铀矿石，是中华人民共和国核工业的奠基石。

"开业之石"由著名地质学家南延宗和李四光于1954年在我国广西壮族自治区发现，是呈送毛泽东主席、周恩来总理等老一辈革命家研观的中国第一块铀矿石，奠定了我国原子能事业的基础。铀矿石现保存在核工业北京地质研究院，是中国核工业"开业之石"，也是核工业北京地质研究院"镇院之宝"。2018年6月，中国核工业"开业之石"被国务院国资委列入中央企业首批工业文化遗产（核工业）名录。

### 原子能"一堆一器"

**核心价值：** 开创我国原子能事业，为国防事业作出了卓越贡献。

"一堆一器"是指我国第一座重水反应堆和第一台回旋加速器。在1955年1月15日国家作出了发展中国核工业的战略决策之后，当年10月，中央批准兴建一座原子能科学研究新基地，1959年改称为"四〇一所"，1984年更名为中国原子能科学研究院。在这里建成了我国第一座重水反应堆和第一台回旋加速器。研究院内的中国核工业科技馆，每年接待参观者万人以上，是开展爱国主义教育和核科普教育的重要平台。2018年6月，中国核工业的"一堆一器"被国务院国资委列入中央企业首批工业文化遗产（核工业）名录，同年11月被列入第二批国家工业遗产名单。

### 北京卫星制造厂

**核心价值：** 我国航空航天事业中重要的生产制造企业，为国防事业作出了卓越贡献。

北京卫星制造厂始建于1958年9月，位于海淀区知春路，是我国卫星、飞船研制和生产的重要基地。这里诞生了我国第一颗人造地球卫星"东方红一号"、第一颗返回式遥感卫星、第一颗试验通信卫星和第一艘载人试验飞船"神舟一号"，为我国航天事业和空间技术的发展作出了重大贡献。2018年11月15日，北京卫星制造厂被列入第二批国家工业遗产名单，目前企业仍在继续生产经营。

第 5 章

存量盘点：
北京工业资源现状调查

工业资源是一个内涵更为广阔的概念，它既包括前文所述的工业遗产，也包括那些遗产价值并不突出但仍具有再利用价值的工业遗存，更包括工业遗存所在的工业用地。本书使用"工业资源"一词，指代那些"已停止生产且目前处于闲置、废弃或已改作他用的工业遗存及其土地"（图5-1-1）。当前，北京城市发展已全面从"求量"转向"求质"，建筑存量与土地存量被视为稀缺资源，成为未来北京城市建设的主要战场。本章将从工业用地、工业企业、工业建筑三个层面，对北京工业资源现状进行解读。

工业资源构成

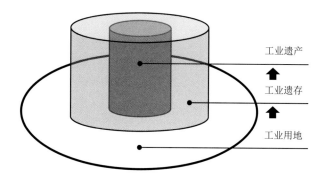

图5-1-1　工业资源构成示意图

工业遗产

工业遗存

工业用地

## 5.1　工业用地调整

工业用地是承载城市工业发展的重要阵地，不断优化工业布局是北京工业转型升级的有效途径。随着城市定位与职能的不断变化，北京工业用地的规模和布局一直处于动态变化中，并受到总体规划、产业政策等诸多因素影响。

### 5.1.1　总体规划调整

北京工业用地调整一直与城市总体规划调整密切相关。回顾城市发展历史可以看出，在首都工业经济总量增长的同时，也逐渐显现了北京城区土地扩展与城市功能的矛盾，城市扩张使原本的近郊工业区逐渐被纳入主城区范畴。

《1983年北京总体规划》中明确了北京的城市性质是全国政治中心和文化中心，强调产业结构调整，要求北京工业建设要严格控制规模，工业发展主要依靠技术进步，北京不再是"现代化工业基地"，由此，工业用地在城市建设用地中所占比重开始逐年减少。与1980年相比，1985年三环路以内的工业企业已由原来1387个减少到1150个，三环路以外则由2311个发展到3258个[①]，有效地降低了中心城区的工业企业密度，仅1988年就投入了1.7亿元，完成了治理工程67项，搬迁扰民企业13家。

《1991年北京市总体规划》着力于缓解城市中心区人口和产业过度密集的问题，同时大力发展第三产业，中心城区不再提供新增工业用地，并有计划地对不适合中心城区发展的工厂、企业进行搬迁，腾退土地用于发展第三产业或其他公共服务设施。

此后，中央和北京市政府又先后出台了多项鼓励措施，以促进传统工业升级改造或停产搬迁，其中比较具有代表性的事件包括：①1995年出台的《北京市实施污染扰民企业搬迁的办法》，直接促成十余家企业搬迁，转让土地面积7.8公顷，20个污染严重的工厂停产。②1997年北京市着力开发建设"两城一街"，即电子城、建材城和纺织一条街，对老工业基地实施连片开发

① 北京市社会科学院.今日北京 [M].北京：北京燕山出版社，1989.

改造，在较高的起点上形成新的产业群。同年，北京市市区内工业腾退面积达到49.2公顷，建筑面积28.4万平方米，涉及金额38.54亿。③1999年，《北京工业布局调整规划》正式执行，要求四环内工业企业全部搬迁，并在城市远郊卫星镇建立工业技术开发区。④2000年出台《关于同意本市三、四环路内工业企业搬迁实施方案的通知》，计划用5年时间，转让原址腾退6.13万平方公里的工业用地，使规划市中心内的工业用地比例由8.74%降至7%。

2004年北京城市建成区面积不断扩张，虽然工业用地总量有所增加（主要集中在远郊工业园区中），但面积占比不断降低，工业建筑竣工面积亦呈明显递减趋势[1]（表5-1-1）。

表5-1-1　历次总体规划期间北京工业用地、工业建筑情况统计

| 时间节点 | 1983年 | 1991年 | 2004年 |
|---|---|---|---|
| 工业企业数（个） | 4011 | 6272 | 4324 |
| 工业用地（含仓储）面积（平方公里） | 72 | 79.9 | 225.1 |
| 市区建设用地面积（平方公里） | 351 | 397.4 | 1254.4 |
| 占市区建设用地比重（%） | 21 | 20 | 18 |
| 工业（含仓库）建筑面积（万平方米） | 93.7 | 109.6 | 141.9 |
| 工业建筑占比值（%） | 12 | 11 | 3.8 |
| 总体规划中的工业调整 | 有计划地将内城工业迁出市区，控制工业建设规模，不再发展重工业 | 调整产业结构和用地布局，远郊设立新型工业技术开发区 | 工业企业向远郊工业园区集中，加快首钢、通惠河等地区产业结构调整 |

资料来源：①北京市统计局.北京统计年鉴（1980—1999）[M].北京：中国统计出版社，1999.

②建设部综合财务司.一九八二年城市建设统计年报[M].北京：中国建材出版社，1983.

③建设部综合财务司.一九九一年城市建设统计年报[M].北京：中国建材出版社，2002.

三次总体规划中工业用地占城乡建设用地比重逐步降低，从1983年的21%降至2004年的18%，工业建筑面积占比则从12%降至3.8%。工业用地的增幅显著低于北京城乡可建设用地面积的增幅，反映出北京从1990年代后期开始，工业用地腾退与城市内部更新重建就已逐步展开。另外，

北京最大规模整体拆迁和工业用地腾退转让同样出现在这一时期，东郊工业区被划定为CBD建设地段，东大桥路，东至大望路、南起通惠河、北至朝阳路段约3.99平方公里被划定为CBD建设用地，原有企业全部搬迁腾退土地[1][2]。东郊、东北郊及南郊的部分工业用地被调整为混合用地或科研用地。

① 北京城市总体规划（2004年—2020年）[J]. 北京规划建设，2005(2):5-51.

② 陈一新 . 中央商务区城市规划设计与实践 [M]. 北京：中国建筑工业出版社，2006.

③ 北京商务中心区建设管理办公室 . 北京商务中心区规划方案成果集 [M]. 北京：中国经济出版社，2001.

### 5.1.2　工业用地腾退

根据《北京"十一五"时期工业发展规划》数据显示，截至2003年，城区工业企业累计完成搬迁面积796公顷，全市四环路以内工业企业占地比重已经从1999年的8.74%下降到2003年的6.29%；2008年前后，包括北京焦化厂、化工二厂、北京有机化工厂、北京福田建材公司、北京齿轮总厂等在内的75家单位制定了搬迁计划，置换用地面积达到5.70平方公里。全市工业有序向远郊开发区集中，电子信息、汽车工业、光机电一体化、生物工程和医药四大产业基地和工业开发区产业整体聚集效应逐渐形成。城区企业大规模腾退搬迁的主要原因包括以下四个方面：

（1）城市建设需要

1980年代以来，北京中心城区向外扩张出现了加速的趋势，1981年全市建成面积仅为349平方公里，到1998年就达到488.28平方公里，平均每年以8.2平方公里的速度扩张；2003年城市中心区建设用地达到630平方公里，5年中每年建设用地扩大28.34平方公里。城市中心区范围不断扩大，由原来的二环路以内扩展到四环路以内，位于城市边缘的工业区完全被城市中心区所覆盖，CBD区域内42家工业企业占整个中央商务区地面积的63.8%。

（2）环境保护要求

由于多数工业企业属于劳动密集型企业，75%以上企业又集中在城区，使北京城区人口过于集中，造成前所未有的环境污染、交通拥挤和能源供应紧张。首钢一家企业的二氧化硫和一氧化碳的释放量分别占到北京释放总量的1/2和3/4。化工二厂、有机化工厂等化工企业和石景山的首钢

东西呼应：如果刮东风，化工厂污染物会飘进市区；如果刮西风，首钢污染会影响城区。因此，如果东南郊的北京焦化厂实施搬迁，每年可以减少燃煤消耗300多万吨，不但能改善局部环境，而且对全市空气质量提升起到明显作用。①

（3）产业调整结果

根据1999年《北京市工业布局调整规划》，一批不适合首都功能定位的产业需要腾退疏解。2005年北京发布《北京市工业当前退出部分生产能力、工艺和产品目录（2005—2006）》，逐步淘汰了一些耗费能源高、污染排放大、环境污染中的行业。2007年北京调整压缩了一批炼铁、焦化、炼钢、煤炭、纺织等工艺生产规模较大的行业，并结合天然气引进和经济结构调整，完成了东南郊焦化厂、化工厂、染料厂等企业的搬迁。

（4）安全生产压力

1990年代后期，传统工业企业大多设备陈旧老化，存在安全隐患。1997年6月27日，东方化工厂发生重大爆炸事故，造成9人死亡，39人受伤，直接经济损失1.17亿元。事故中共烧毁油罐10座，乙烯B罐解体成7块残片飞出，其中最重的一块为46吨，飞出234米，另一块13吨，飞到厂外840米远的麦田里，造成了巨大破坏。2005年1月18日，北京化工二厂聚氯乙烯分厂8万吨聚合装置发生爆燃，造成9人死亡，爆燃持续29个小时后才自然熄灭，对附近居民产生重大影响，造成巨大的心理压力。

因此，城市建设的需要、环境保护的要求、产业调整的结果以及安全生产的压力，共同促成北京城区工业用地大规模腾退转型。据不完全统计，2013至2017年底，北京已累计关停退出一

---

① 引自2018年2月4日《北京日报》，http://jxj.beijing.gov.cn/jxdt/mtbd/266724.htm。

般制造和污染企业1992家，腾退土地约11平方公里，仅2017年北京市就疏解一般制造业企业651家，清理整治"散乱污"企业6194家，清理整治镇村产业小区和工业大院64家[①]。

### 5.1.3　工业用地开发

城市中心区工业用地腾退的根本目的是进一步提高土地利用效率，在土地再开发过程中释放更高的经济价值。但是由于企业搬迁涉及资金巨大，政府无法承担全部费用，资金压力就落在企业身上，利用土地级差效益来置换巨额搬迁费用成为当时唯一的解决方式。例如，按照2004年北京市规划要求，原有通惠河南岸的双井工业区是北京机械制造产业聚集地，将被划定为中央商务区用地，立即吸引了一批来自深圳、广州等地的地产开发商投资，今天我们耳熟能详的地产商几乎都是在这一历史时期积累了"第一桶金"。SOHO中国购买了原北京第一机床厂旧址并新建现代化社区"建外SOHO"，富力集团买了原北京煤炭二厂旧址，拆除后建成住宅区"珠江骏景"，远洋集团则购买了原京棉三厂旧址开发成"远洋国际中心"，等等，房地产开发成为这一时期工业用地转型的普遍操作。

对开发商来说，与工厂签订拆迁协议比棚户区要容易很多，因为这一过程可以简化成"一对一"的契约关系，即"开发商"与"工厂"之间如果达成一致，那么土地一级开发就可以实现；而如果是拆迁棚户区，企业不仅要在区、街道管辖层面达成一致，还需要逐户落实拆迁补偿费用，即"一对多"的契约关系，这会带来更多不确定因素，增加拆迁成本，更有可能拖延时间，

贻误商机。"与开发棚户区相比，开发工厂旧址有很大差别，因为购买工厂的地，我们可以去和人家谈，只要和厂领导谈妥，再共同去政府那里协商就没问题了，拆迁的费用是可以一次性谈妥的。但是如果是棚户区，拆迁的费用可就不那么简单了，遇到钉子户或者各种复杂的情况，你就没法弄了，比如说，100户的居民，即便拆除了99户，剩下1户拆不动也依然无法进行正常建设，需要把所有的个体全部拆净之后才能开发建设。而对于工厂来说，只要土地签订了出让，那么我就可以有计划地分批建设，因为所有的土地都可以被我所用，这个是非常明确的。"除了拆迁费用和契约关系上得到简化外，工厂的用地规模与住宅区的开发规模也高度契合。"接触×××厂这个地是有原因的，我们在1998年开发的小区只有三栋楼，面积比较小。公司想进一步发展，就需要有大盘。大盘的好处在于土地资源被掌控后，便于分阶段开发，可以维持公司3～5年的业绩，你可以不去为了拿地而再四处折腾。那个时候北京的城市边界是三环，三环以内没有什么地。当时×××厂的面积是80万平方米，这对于一个正在拓展业务的地产企业来说，面积是非常合适的。你要是个200万平方米的地，我们可能也吃不消。"[①]

对政府而言，一方面力促城区工业企业搬迁转型，在环境保护方面取得成绩，同时也希望城区土地能够进一步释放价值。工业用地如果置换成商业地产开发，可以迅速实现土地增值，一举两得。"当时北京市进行环境整治，要求工业企业搬迁，所以工厂也有压力，实际上工厂也有意向把这块地卖掉，所以我们先和厂方接触了一段

---

① 引自对某地产企业高层负责人访谈记录，应受访人要求，此处隐去具体信息。

时间。那个时候并不是政府说有这块地要卖，而是由我们先去找到厂方，和厂方协商好，他们要卖，我们要买，没有争议之后再去找到区政府，手续齐备之后，三方就可以把这块地签好。"①

　　由此，工厂、开发商和政府达成了一种平衡关系：工厂出让土地，获得一次性补偿费用，解决自身搬迁、转型和职工安置等现实问题；开发商购买土地，用于房地产开发，利用其区位优势和适宜的用地规模，挖掘土地潜力，促成更高获利；政府则乐见两者达成协议，一方面促成了污染企业搬迁腾退，同时土地流入市场增值，拉动城区生产总值增长。三者间利用一次性资本投入，换来立竿见影的效益（图5-1-2、图5-1-3）。

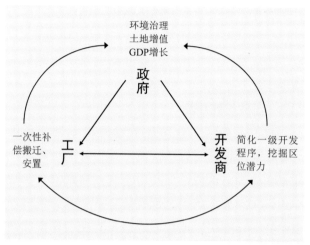

图5-1-2　工厂、开发商和政府之间关系示意图

图5-1-3　第一机床厂腾退后原址进行房地产开发
（资料来源：《SOHO点亮中国》）

--------

① 引自对某地产企业高层负责人访谈记录，应受访人要求，此处隐去具体信息。

进入经济新常态时期，城区工业用地开发逐渐精细化，《北京市"十二五"时期工业发展规划》指出，北京城区将积极盘活存量用地，创新管理与服务机制，鼓励低效率企业项目腾退搬迁，鼓励产业用地置换流转，促进低效用地工业企业的搬迁退出，同时鼓励优势企业对低效产业项目的兼并重组，实现存量用地二次开发。与此同时，市郊工业区迎来了产业升级和工业用地的更新发展时期。2016年，北京市经济技术开发区（亦庄工业开发区）以回购方式收回原诺基亚厂区土地和厂房，支持北汽集团建设新能源汽车总部和研发中心，探索了疏解腾退土地的二次利用新模式；北人集团疏解落后产能，改造旧厂房，

在原址改建亦创智能机器人创新园，建成"世界机器人大会"永久会址①。

### 5.1.4　工业用地现状

2012年至今，北京市工矿土地（含仓储）供应量持续下降，无论是计划供应规模还是实际供应规模，总量和占比均显著减少，且历年工业用地的实际供应量均小于计划量。与"十二五"计划初期的2012年相比，2018年底北京工业用地实际供应量占比由11.3%降至2.4%，压缩近5倍，计划供应量占比从19.3%降至4%，压缩量亦接近5倍，反映出工业用地规模在规划和执行两个层面都进行了大幅度调整（表5-1-2、图5-1-4）。

表5-1-2　2012—2019年北京市工矿仓储用地实际供应量与计划供应量统计

| 年　份 | 工矿仓储土地实际供应（公顷） | 国有建设用地供应总规模（公顷） | 工矿仓储土地供应计划（公顷） | 国有建设用地供应总量计划（公顷） |
|---|---|---|---|---|
| 2019 | — | — | 120 | 3760 |
| 2018 | 91.4 | 2273.3 | 100 | 4100 |
| 2017 | 132.6 | 2826.5 | 100 | 4140 |
| 2016 | 120.9 | 2072.2 | 100 | 4100 |
| 2015 | 122 | 2300 | 350 | 4600 |
| 2014 | 191 | 3160 | 450 | 5150 |
| 2013 | 449 | 4620 | 900 | 5650 |
| 2012 | 465 | 4115.3 | 1100 | 5700 |

资料来源：数据整理自《北京国有土地计划表》及《北京市国民经济发展公报》。

2017年《北京城市总体规划（2016—2035）》得到国务院正式批复。新总规中明确指出，"压缩城区产业用地规模，到2020年全市建设用地总

规模（包括城乡建设用地、特殊用地、对外交通用地及部分水利设施用地）控制在3720平方公里以内，到2035年控制在3670平方公里左右。促进

---

① 引自《北京工业年鉴2017》。

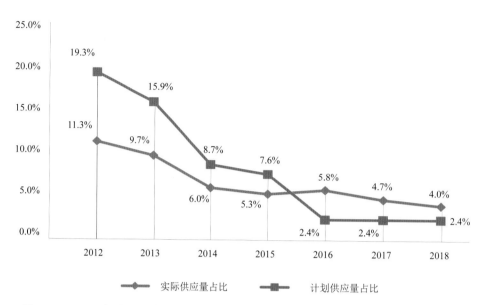

图5-1-4　工矿仓储用地实际供应量占比与计划供应量占比统计图

城乡建设用地减量提质和集约高效利用，到2020年城乡建设用地规模由2921平方公里减到2860平方公里左右，到2035年减到2760平方公里左右。"在所有用地指标中，除总体建设用地规模

和产业用地规模被压缩外，其他功能类型土地指标均有不同程度增加，如居住用地、公共服务用地、公共体育用地面积、公园用地面积、养老床位等（表5-1-3）。

表5-1-3　北京市总体规划中产业用地及其他类型用地指标统计

| 时间节点 | 2016年 | 2020年 | 2035年 |
|---|---|---|---|
| 人口规模（万人） | 2173 | 2030 | 2030 |
| 城乡建设用地规模（平方公里） | 2921 | 2860 | 2760 |
| 产业用地规模（平方公里） | 788.67 | 715 | 552 |
| 产业用地缩减量（平方公里） | — | 73.67 | 163 |
| 城市中心区用地规模（平方公里） | 910 | 860 | 818 |
| 中心区建筑规模变量 | — | 0 | 0 |
| 居住用地面积（平方公里） | 1051.56 | 1058.2 | 1104 |
| 公共文化服务用地（平方米/人） | 0.14 | 0.36 | 0.45 |
| 公共体育用地面积（平方米/人） | 0.63 | 0.65 | 0.7 |
| 公园绿地面积（平方米/人） | 16 | 16.5 | 17 |

资料来源：数据整理自《北京市总体规划（2016—2035）》。

从规划目标可以看到，北京工业用地规模将进一步压缩，从2016年到2035年，工业用地将至少减少236平方公里。而与之相反的是，无论是居住面积、公共文化服务面积、公共体育用地面积还是公园绿地面积，建设总量和人均指标均有增长需求，那么腾退出的工业用地，将是这些功能用地最重要的补充。

## 5.2　工业企业资源

企业是工业用地实际使用者，也是工业遗存产权主体。北京工业企业包括四种主要类型：中央在京企业、市属国有企业、军队工业企业以及民营企业。工业企业资源调查，包括对其发展历史和建（构）筑物遗存情况的全面调查。

### 5.2.1　企业调查

2006年，以首钢工业遗产资源调查为契机，北京市工业促进局与清华大学刘伯英教授团队联合展开了对北京100余处城区工业企业的资源现状调查，涵盖了北京绝大多数国有工业企业以及部分民营企业，包括电子、纺织、机械、钢铁、化学、印刷、制药、食品以及轻工业等众多门类，涉及中心城区888.53公顷工业用地以及443.59万平方米工业建筑，梳理出30余项具有突出价值的工业遗产，并据此开展了北京中心城01～18片区的工业用地整体利用专题研究[①]。这是全国第一项针对城市工业企业空间资源的全面调查，也是北京市第一项针对城市工业用地现状的研究成果。

此次调查主要集中在北京中心城区，依据《北京市总体规划（2005—2020）》《北京市土地利用规划（2006—2020）》以及《北京市中心城1～18片区工业用地整体利用研究》的相关报告，将其范围确定为"老城、中心地区（中心大团）以及边缘集团"三大区域（图5-2-1）。其中工业用地面积3959.69公顷（含M1、M2、M3、M4类工业用地），工业建筑面积总计3012.46万平方米（表5-2-1）。

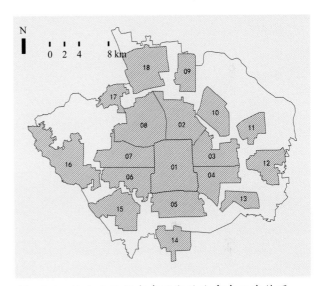

图5-2-1　此次企业调查中确定的北京中心城范围

表5-2-1　北京中心城区工业用地、工业建筑面积数据统计

| 统计项目 | 老城 | 中心大团 | 边缘集团 | 合计 |
|---|---|---|---|---|
| 工业用地面积（公顷） | 86.81 | 888.53 | 2984.35 | 3959.69 |
| 工业建筑面积（万平方米） | 96.46 | 443.59 | 2472.41 | 3012.46 |

资料来源：数据整理自《北京中心城1～18片区工业用地整体利用规划研究》。

---

[①] 施卫良，杜立群，王引，刘伯英.北京中心城工业用地整体利用规划研究[M].北京：清华大学出版社，2010.

表5-2-2　北京中心城区主要工业企业规模调查统计

| 产业门类 | 企业数量（个） | 占地规模（公顷） | 建筑面积（万平方米） |
|---|---|---|---|
| 电子设备制造 | 15 | 137.3 | 80.4 |
| 纺织 | 4 | 27.6 | 20.3 |
| 化工 | 7 | 159.5 | 37.6 |
| 机械制造 | 9 | 120.8 | 51.7 |
| 建材类 | 6 | 192 | 25.6 |
| 酿酒类 | 5 | 31 | 12.2 |
| 食品类 | 6 | 15.9 | 10.6 |
| 物流类 | 7 | 168.4 | 18.9 |
| 冶金类 | 4 | 1875.9 | 391.2 |
| 印刷 | 11 | 23 | 27.4 |
| 医药制造 | 2 | 12.6 | 4.9 |
| 其他轻工业 | 24 | 80.1 | 53.1 |
| 合计 | 100 | 2844.1 | 733.9 |

在北京中心城区内共计分布着1227家不同等级、不同类型的工业企业，其中处于老城区（01区）有138家，中心城区（02~08区）有371家，边缘集团有718家。所涉用地类型覆盖M1、M2、M3类。其中M1类主要为仪器制造等对生活环境影响较小的工业，如北京电视机厂、北京印刷厂等；M2类主要为对生活环境造成一定污染的工业，如北京半导体元件厂、北京印钞厂等；M3类主要为对生活干扰较大且造成污染的工业，如北京第一热电厂、石景山电厂等。

在1~18片区中，调查团队共详细走访和调查了100家企业，包括中央在京企业、北京市属企业以及部分民营企业，统计工业企业占地面积约28.4平方公里，工业建筑面积约733.9万平方米，调查总量达到全市中心城区工业用地的70%。

## 5.2.2　资源调查

2014年《中国经济周刊》记者的一项调查结果显示，北京城区仍有至少180余家闲置工业企业。而根据笔者实地走访，这些闲置工业建筑资源主要呈现以下特征：

第一，从区位分布来看，呈现中间多、两端少的特点。北京闲置的工业资源主要集中在朝阳区、海淀区等中心城区范畴，其中朝阳区数量最多，其次为海淀区和丰台区，而老城（东城和西城）的工业企业目前已经所剩无几，此外，房山、大兴、昌平、通州等城市发展新区亦有部分闲置工业资源，但多数企业仍在工业园区中集中生产。

第二，从权属关系上看，以市属国有企业为主，其他类型企业为辅。在所有闲置工业资源中，市属国有企业数量最多。由于多数国有企业用地属于无偿划拨，因此企业在停产转型过程中，其土地一般难以转性，故而处于闲置状态，这反而在一定程度上使工业遗产躲过了被拆除的命运。作为国有闲置资产的重要组成部分，工业建筑遗存已经成为存量空间中炙手可热的资源。

第三，从规模尺度来看，以中小尺度为主，超大尺度为辅。工业建筑资源的空间类型与其原有产业类型密切相关。如前文所述，北京长期以来对工业结构的调整，使轻工业成为工业的主体，电子产业、食品加工、酒药制造或其他一般轻工业等为主要类型。轻工业企业的建筑多以多层建筑、中小尺度为主，占地节约、规模适中，一般占地面积集中在5000~10000平方米，而如首钢、热电厂、化工厂等超过5万平方米的大型工业企业的超大跨度建筑则在数量上相对较少。

第四，从建筑类型上看，厂房、办公楼等为主，附属建筑物较少。工业建筑资源以普通厂房

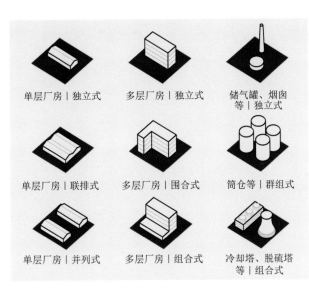

图5-2-2　工业建筑资源的主要空间形式

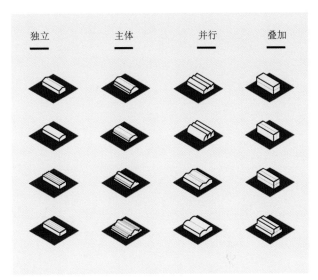

图5-2-3　厂房与办公楼主要空间样式

数量最多，企业办公楼次之，多数的工业生产企业尚能保留部分工业设施设备，但工人住宅区、礼堂及其他工业附属服务设施则留存较少。建造年代普遍集中在1970—1990年代之间，多数为现代工业建筑风格。而工业设施的类型则与产业门类密不可分，多数表现为水塔、烟囱、轨道、储气或储油罐、大型机房设备等（图5-2-2）；厂房建筑多以单层排架或框架结构厂房为主，办公楼以多层框架结构为主（图5-2-3）。

### 5.2.3　改造利用现状

真正意义上推动工业遗产作为工业特色建筑物被保留和改造利用的案例应当追溯到798艺术区。无论是作为雕塑工作室自用，还是作为咖啡厅对外经营，798艺术区掀起了北京乃至全国对工业遗产的关注。2007年北京市工业促进局发布《北京市保护利用工业资源发展文化创意产业指导意见》，明确将工业资源与文化创意产业相结合，为工业遗产的保留和利用找到了合适的载体。2009年北京市工业促进局发布《北京市工业

遗产保护与再利用工作导则》，明确指出了"合理利用"是实现工业遗产保护的重要手段。

2016年北京市人民政府发布《关于进一步优化提升生产性服务业加快构建高精尖经济结构的意见》指出，"鼓励疏解转移的企事业单位在符合首都城市战略定位和产业政策、符合城乡建设用地减量提质要求的基础上，改造利用老旧商业设施、仓储用房发展生产性服务业。对自有工业用地改造用于自营生产性服务业的工业企业，涉及改变用途的，可采取协议出让方式供地"。该意见对工业遗产改造再利用的合理性给予了认可，特别是适度放宽了自有工业用地转型开发的条件，给予企业自身更大的自由度和发展动力。

截至2017年11月，北京已腾退老旧工业厂房242处，总占地面积超过25平方公里，多数都具备历史文化风貌和良好的改造再利用硬件条件。其中109处已得到改造利用，占全市老旧厂房总面积的23.88%（图5-2-4）；26处正在保护改造利用，占5.48%；107处待保护利用，占70.64%。而在本

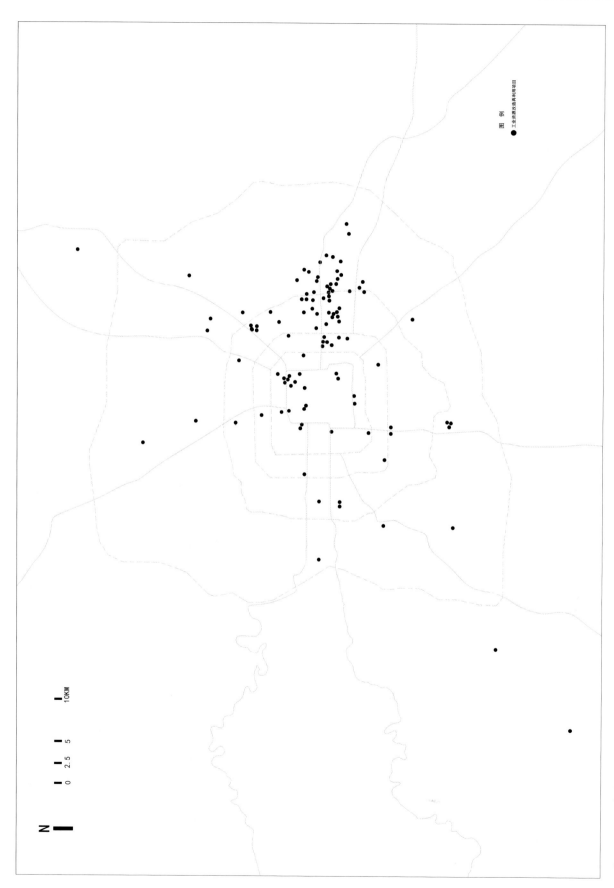

图5-2-4　北京城区工业资源再利用项目分布示意

书确定的64项工业遗产中，目前已经有34项得到了有效保护或已完成改造，12项仍保留原始功能并在使用中，剩余约1/4的工业遗产仍处于废弃待保护状态。

## 5.3　工业建筑再利用

依据功能置换目标的不同，北京工业建筑再利用存在以下五种主要模式：主题博物馆式、工业旅游区式、景观公园式、商务办公区式和文化创意产业园区式。此外，还包括个别工业建筑单体的改造与利用，如改造成商场、停车楼等。

### 5.3.1　主题博物馆

工业主题博物馆是工业建筑再利用的主要方式之一，多用于遗产价值较高的工业遗产上，可以充分利用其特定的建筑风貌改造成具有行业特色的主题博物馆，成为展示工业文化、彰显遗产价值的实物场所。如被列为北京市文物保护单位的原"京奉铁路正阳门东火车站"已改为"中国铁道博物馆"（图5-3-1），北京优秀近现代历史建筑"京师自来水股份有限公司旧址"已改为"北京自来水博物馆"等。

图5-3-1　由正阳门车站改造而成的中国铁道博物馆

### 5.3.2 工业旅游

工业旅游是展示工业文化与文明的重要手段之一，通常与工业主题博物馆、创意园区等形式紧密结合。北京工业旅游资源丰富，既有驰名中外的"中华老字号企业"，也有为促进北京经济发展作出巨大贡献的近现代工业企业，据不完全统计，目前60余家企业开展了不同深度的工业旅游活动。2007年，在第二届中国（北京）国际文化创意产业博览会上，北京市工促局组织的"工业旅游——伴您走进2008"活动，受到了市民的热烈响应，参观人数突破了计划人数1倍以上。2008年，北京市工业促进局和旅游局发布了《北京市关于推进工业旅游发展的指导意见》《北京工业旅游推进实施方案》和《工业旅游区（点）服务质量要求（征求意见稿）》，标志着北京工业旅游开始加速发展。首钢、燕京啤酒、龙徽葡萄酒厂、牛栏山二锅头酒厂等14家企业获得了"全国工业旅游示范点"称号。

### 5.3.3 景观公园

工业建筑再利用的另一种表现形式就是打造为工业景观公园，将工业遗存转化为城市休憩开敞空间，并置入公共文化设施，如互动体验馆、博物馆、室外休闲娱乐场地等，以进一步丰富其功能内涵。同时，以景观公园的方式再利用可以兼顾棕地修复和环境治理，有效地改善城市公共空间风

图5-3-2 由京门铁路遗址改造而成的主题公园

貌。例如，首钢除了发展高端产业综合区外，将具有最高遗产价值的高炉、冷却池等设施设备及场地予以保留，并打造成"首钢工业遗产公园"；原京张铁路城区段废弃后被打造成"京张铁路遗址主题公园"，原京门铁路五路居遗址被改造成京门铁路主题公园，成为附近城市居民的公共绿地场所（图5-3-2）。

### 5.3.4 办公研发

对于寸土寸金的北京城而言，利用原有闲置工业用地和工业遗存，结合既有工业基础和产业特色，打造成高新技术产业聚集区或商务办公区，又是一类常见的工业建筑再利用的途径。如牡丹电视机厂通过产业创新与升级，改造成"中关村数字电视产业基地"，北京电机总厂改造为"电通时代广场"等（图5-3-3）。

图5-3-3 由北京电机总厂改造而成的电通时代广场

图5-3-4　由北京胶印厂改造而成的77文化创意产业园

### 5.3.5　创意产业园区

创意产业园区是北京工业建筑改造利用中最普遍的方式，工业资源所在地优越的区位条件、建筑遗存高大的内部空间都成为现代文化创意产业青睐的对象。根据笔者实地走访，文化创意产业园区整体包括两种类型：一种是"综合性园区"，即以小微创意企业办公为主的通用园区；另一种是突出特定发展方向的"主题产业园"，即以突出某一具体产业门类的办公、生产、交易为主的个性化园区。根据走访数据来看，北京地区综合性园区与主题园区比例约为2：1。虽然主题园区以突出某一具体产业特色为特征，但彼此间仍在功能定位上存在差异：例如768文化创意产业园侧重于建筑景观设计、互联网应用等企业，而77文化创意产业园则主要定位新媒体、艺术等业态（图5-3-4）。

## 5.4　工业资源再利用型创意产业园调查

如前文所述，北京工业建筑遗产再利用最主要的方式是改造成文化创意产业园区。在综合考虑时间和空间两个维度以及改造利用的功能差异性后，本书确立了30份样本集合，涉及工业建筑遗产单体100余栋，改造利用的时间涵盖1990年代到2018年，工业遗产核心建筑物的建成年代涵盖20世纪初期到末期，地理范围覆盖北京老城、中心大团以及边缘集团[1]。

（1）老城、中心大团（02～08片区）

中华人民共和国成立初期形成的工业区主要集中在今北京中心城四环、五环路附近，特别是原四惠、双井的东郊工业区已经完全被纳入主城区范围。虽然大量已腾退的工业用地被先后开发成商业地产项目，但仍有少量工业建筑遗产被保留下来。如原北京新华印刷厂（07片区）、京棉二厂（03片区）、北京大华电子集团768厂（08片区）等，它们保留得相对完整，且已经历了完整的改造周期，具有较高的研究价值，是本次研究中的重点区域。

（2）边缘组团（09～18片区）

随着酒仙桥电子工业区（10片区）、首钢（16片区）、北京焦化厂（13片区）等企业的相继停产搬迁，原东北郊、东南郊和西郊工业区的更新与开发利用方式，正逐渐从过去的拆除重建转型为保护利用。它们有的还在生产运行，有的已经停产闲置，有的已经成功进行了功能置换和空间转型，特别是片区10、片区12等区块，得益于北京着力发展文化创意产业的政策支持，片区内的工业遗产集中转型成为文化创意产业园区，这些亦是本次研究的重点区域。

---

① 本书实地调研工作集中在2015—2017年展开，故仍依据《北京市总体规划（2004—2020）》，将北京的城区分为老城、中心大团以及边缘集团。

### 5.4.1 样本概况

　　30份样本集合分布在老城、中心大团以及边缘组团，其中老城（01区）共2份样本；中心大团（02～08区）共16份样本；边缘组团（09～18区）共12份样本（图5-4-1、图5-4-2、图5-4-3及表5-4-1）。

图5-4-1　样本集合分布示意

样本03
798艺术区

样本06
竞园图片产业基地

样本11
751D·PARK时尚
设计广场

样本13
七棵树文化创意产业园

样本15
768文化创意产业园

样本17
后街美术与设计创意
产业园

样本18
莱锦文化创意产业园

样本23
新华1949文化金融创新
产业园

样本24
中国动漫游戏城二通
创意广场

样本25
爱工场第一文化
产业园

样本29
首钢西十筒仓创意广场

样本30
天宁一号文化创意
产业园

图5-4-2　部分样本的实景照片

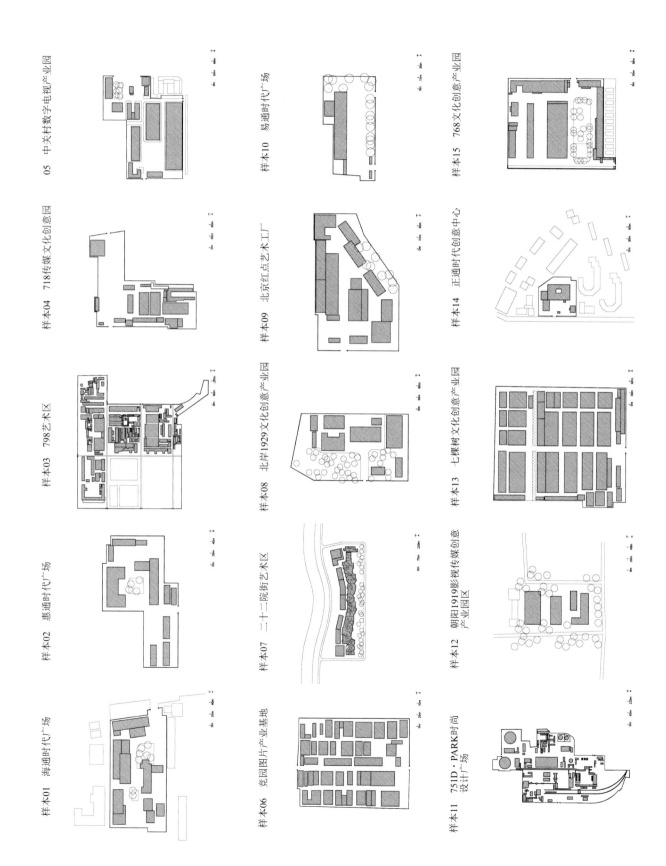

样本01　海通时代广场　　样本02　惠通时代广场　　样本03　798艺术区　　样本04　718传媒文化创意园　　05　中关村数字电视产业园

样本06　竞园图片产业基地　　样本07　二十二院街艺术区　　样本08　北岸1929文化创意产业园　　样本09　北京红点艺术工厂　　样本10　易通时代广场

样本11　751D·PARK时尚设计广场　　样本12　朝阳1919影视传媒创意产业园区　　样本13　七棵树文化创意产业园　　样本14　正通时代创意中心　　样本15　768文化创意产业园

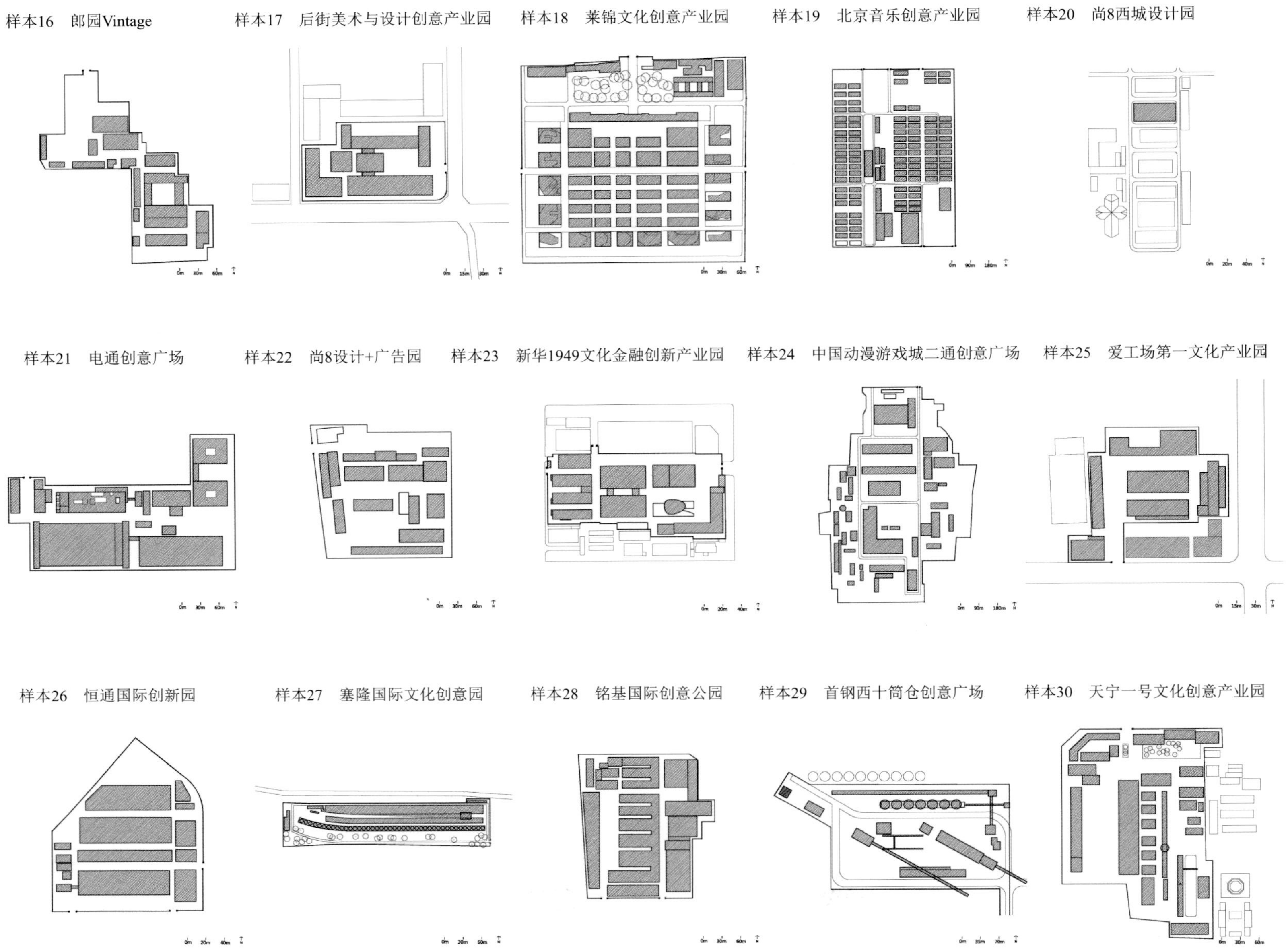

样本16　郎园Vintage　　　　样本17　后街美术与设计创意产业园　　　　样本18　莱锦文化创意产业园　　　　样本19　北京音乐创意产业园　　　　样本20　尚8西城设计园

样本21　电通创意广场　　　　样本22　尚8设计+广告园　　　　样本23　新华1949文化金融创新产业园　　　　样本24　中国动漫游戏城二通创意广场　　　　样本25　爱工场第一文化产业园

样本26　恒通国际创新园　　　　样本27　塞隆国际文化创意园　　　　样本28　铭基国际创意公园　　　　样本29　首钢西十筒仓创意广场　　　　样本30　天宁一号文化创意产业园

图5-4-3　样本集合总平面图示意

表5-4-1　样本集合相关信息概况

| 样本 | 样本名称 | 开放年份 | 原厂 | 始建年代 | 建筑面积（平方米） | 区位 |
|---|---|---|---|---|---|---|
| 01 | 海通时代广场 | 1998 | 海淀某食品厂 | 1980 | 10000 | 08区 |
| 02 | 惠通时代广场 | 2003 | 北方锅炉厂 | 1980 | 32000 | 03区 |
| 03 | 798艺术区 | 2006 | 华北无线电器材联合厂 | 1950 | 600000 | 10区 |
| 04 | 718传媒文化创意园 | 2007 | 北京石棉厂 | 1950 | 30000 | 03区 |
| 05 | 中关村数字电视产业园 | 2007 | 牡丹电视机厂 | 1970 | 39000 | 08区 |
| 06 | 竞园图片产业基地 | 2007 | 北京供销总社棉麻仓库 | 1960 | 60000 | 04区 |
| 07 | 二十二院街艺术区 | 2008 | 北京啤酒厂锅炉房 | 1960 | 65000 | 04区 |
| 08 | 北岸1292文化创意产业园 | 2008 | 朝阳区三间房乡原水泥构件厂 | 1980 | 100000 | 12区 |
| 09 | 北京红点艺术工厂 | 2008 | 北京吉普车制造厂 | 1960 | 8000 | 04区 |
| 10 | 易通时代广场 | 2008 | 北京显像管厂 | 1980 | 25000 | 16区 |
| 11 | 751D·PARK时尚设计广场 | 2009 | 正东电子动力集团有限公司 | 1950 | 220000 | 10区 |
| 12 | 朝阳1919影视传媒创意产业园区 | 2009 | 北京生物制品研究所 | 1960 | 567800 | 12区 |
| 13 | 七棵树文化创意产业园 | 2009 | 北京纺织仓库 | 1970 | 10000 | 11区 |
| 14 | 正通时代创意中心 | 2009 | 北京味全食品有限公司 | 1990 | 13000 | 02区 |
| 15 | 768文化创意产业园 | 2009 | 大华无线电仪器厂 | 1950 | 65000 | 08区 |
| 16 | 郎园Vintage | 2010 | 北京医疗器械厂 | 1960 | 29000 | 04区 |
| 17 | 后街美术与设计创意产业园 | 2010 | 北京胶印厂 | 1970 | 10000 | 01区 |
| 18 | 莱锦文化创意产业园 | 2011 | 京棉集团二分公司 | 1950 | 110000 | 03区 |
| 19 | 北京音乐创意产业园 | 2011 | 北京一商储运中心 | 1950 | 107000 | 04区 |
| 20 | 尚8西城设计园 | 2011 | 北京敬业电厂 | 1950 | 8650 | 01区 |
| 21 | 电通创意广场 | 2012 | 北京机电厂 | 1960 | 180000 | 10区 |
| 22 | 尚8设计+广告园 | 2012 | 北京建材城仓库 | 1970 | 24600 | 04区 |
| 23 | 新华1949文化金融创新产业园 | 2014 | 北京新华印刷厂 | 1940 | 30000 | 07区 |
| 24 | 中国动漫游戏城二通创意广场 | 2013 | 首钢通用机械厂 | 1950 | 827333 | 16区 |
| 25 | 爱工场第一文化产业园 | 2014 | 北京玻璃厂 | 不详 | 20000 | 03区 |
| 26 | 恒通国际创新园 | 2014 | 松下彩色显像管有限公司 | 1980 | 150000 | 10区 |

续上表

| 样本 | 样本名称 | 开放年份 | 原厂 | 始建年代 | 建筑面积（平方米） | 区位 |
|---|---|---|---|---|---|---|
| 27 | 塞隆国际文化创意园 | 2014 | 北京胜利建材水泥库 | 1980 | 24000 | 12区 |
| 28 | 铭基国际创意公园 | 2015 | 瑞丰灯具市场 | 不详 | 30000 | 12区 |
| 29 | 首钢西十筒仓创意广场 | 2015 | 北京首钢集团 | 1910 | 25800 | 16区 |
| 30 | 天宁一号文化创意产业园 | 2016 | 北京第二热电厂 | 1970 | 20000 | 06区 |

### 5.4.2　空间样态

工业建筑遗产的空间类型可以从不同角度进行划分，例如基于原有建筑使用功能划分为生产车间类、厂区办公楼类、设施设备类以及附属建筑类等（如职工住宅、礼堂等），或者基于建筑结构形式划分为砖结构、钢筋混凝土结构、钢结构或特殊结构等。本研究将工业遗产置于城市空间语境下，分别从工厂大院、工业建筑物以及设施设备三个层面探讨工业遗产再利用的空间样态。

#### 5.4.2.1　从"院"到"园"的工厂大院空间转型

工厂大院是现代北京城空间发展的基本格局类型之一，作家洪烛在《北京的大院》这样描述："北京居住环境的一个重要特色就是大院特别多，它不同于像传统胡同那些小尺度的独门独院。"自1949年以来，北京城市格局和肌理并未延续老城胡同尺度下的小院落，而是建成一片片规模宏大、彼此独立、各自封闭的"大院"，基于不同目的和功能的大院彼此混杂，构成了现代北京城市空间结构的基本单元。

作为"生产单位"的重要组成部分，工业企业在空间上同样以"院"为基本组织形式。如果从建筑学视角定义工厂大院，可以认为"工厂大院"是指一组具有明确厂区边界和权属关系，由一系列生产性建（构）筑物、设施设备以及相关附属建筑物组成的建筑集合体，是企业开展生产活动的重要场所。工厂大院转型为文化创意产业园后的厂区形态基本保持不变，直径从120米到800米不等，占地面积从0.4公顷到29公顷不等（图5-4-4）。

"院"被认为是中国城市空间的原型之一，具有"自相似性"，表现出强烈的独立性和封闭性。服务于生产活动的"工厂大院"可以看作是传统院落的"变异"：它们不单是尺度上的放大，而且往往出于生产活动的特殊需要，拥有特定的空间样式。例如，依据工艺流程的要求而对院落内部格局划分功能区块，并以适宜的路径安排工业建筑物或设施设备，形成"平铺直叙"的大院结构。虽然这种空间体验完全不同于"曲径通幽"，但却是工厂大院的独特语言：道路平直，空间开阔，流线清晰且不走"回头路"。也正因为如此，大院内工业建筑的布局多以线性呈现，或平行，或垂直，或在基础上进行交叉、拓展（图5-4-5）。工业企业停产或腾退，意味着"工厂大院"成为工业遗存地。这种具有清晰边界、独特空间样式的大尺度院落，成为空间转型的基础条件。

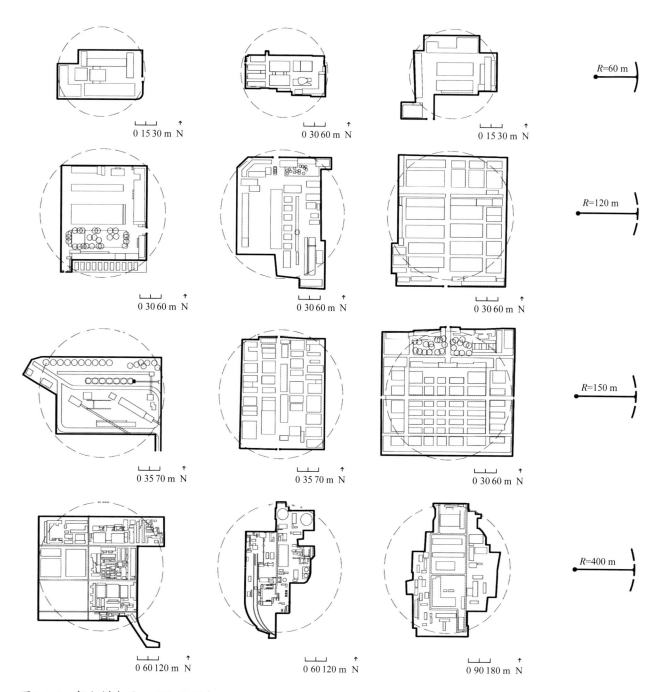

图5-4-4　部分样本的工厂大院形态

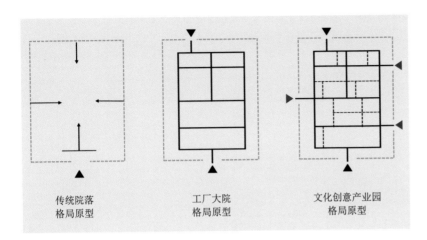

传统院落
格局原型

工厂大院
格局原型

文化创意产业园
格局原型

图5-4-5　工厂大院的空间结构原型

文化创意产业园是一组产业聚集地的概念，落实在空间层面则是近似行业、相同阶层的群体，共同从事创意生产活动的场所。因此，"文创园区"与"工厂大院"之间既存在共性又体现差异：共性体现在二者均需在明确的地理边界范围内进行特定的空间组织，内部自成体系；而差异则体现在"园"的开放性更强且具有混杂性，而"院"的封闭性更强且具有一致性。

"院"向"园"的转型过程，是一次求同存异的尝试，即利用"院"的形式，置入"园"的内容。具体来说，是以"工厂大院"客观环境为基础条件，在一定组织和管理规则下，重新确定产业类型、人员构成以及生产方式，形成创意产业从业人群的聚集场所，最终以"文化创意产业园"方式呈现。由此我们可以认为：在形式上，文化创意产业园是对工厂大院的延续和继承；在内容上，文化创意产业园是对工厂大院的升级和异化；这既是对历史的尊重，也是"大院"模式在当代城市语境中的适应性转型过程。

从具体的空间要素来看，工厂大院向文化创意产业园转型的过程中呈现"开口拓展、边界弱化、有限设防"的三个主要变化过程。

文化创意产业园重新刻画和拓展了"院"的边界样态，边界空间被追加很多"开口"，这些开口一方面为园区内外交流奠定了空间基础，另一方面也为园区内部环境被公众识别和接触提供了有利条件。一般来说，开口的设置与工厂大院的规模密切相关。在尺度相对较小的768文化创意产业园（样本15）和新华1949文化金融创新产业园（样本23）中，一般无需增加或仅需增加一个入口，作为园区的车行入口以及"门面"象征；而对于798艺术区（样本03）、751D·PARK时尚设计广场（样本11）、莱锦文化创意产业园（样本18）等样本来说，因工业厂房占地面积较大，原有2~3个厂区出入口并不能满足新功能使用需求，因此增设了多个出口，以实现内外交流和必要的开放性（图5-4-6）。

围墙在工厂大院转型成文化创意产业园的

155

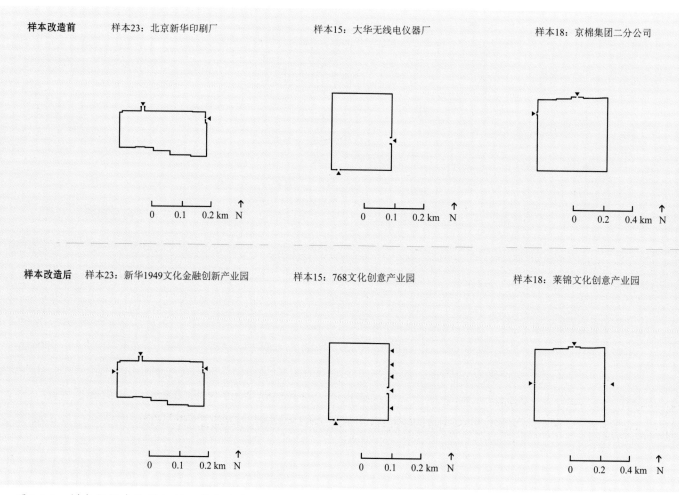

**样本改造前**　　样本23：北京新华印刷厂　　　　　　　　样本15：大华无线电仪器厂　　　　　　　　样本18：京棉集团二分公司

**样本改造后**　　样本23：新华1949文化金融创新产业园　　　样本15：768文化创意产业园　　　　　　样本18：莱锦文化创意产业园

图5-4-6　样本数据中边界与开口关系示意

过程中被不断弱化，而弱化的方式则包括使用更加低矮或通透的墙体围合，或者将沿街厂房对外改造成商业空间等。新华1949文化金融创新产业园在拆除了原有围墙后，重新砌筑矮墙，且使用了镂空、格栅灯等方式，不仅降低了原有围墙高度，而且使内外空间更加通透（图5-4-7）。

边界的调整体现了空间转型后工业遗产面向城市空间的态度，从封闭院落到开放园区的过程，并不意味着从一个极端走向另一个极端，而是通过不断调整场地的开放程度，来实现园区的整体管控。这种方式在以商务办公、小微创意企业办公为功能导向的园区中体现得尤为明显：经营人（物业）和使用者（业主）普遍认为实体围墙的存在有其必要性。从经营人的角度来看，适度的封闭有利于园区的整体管理，内外分明、权责清晰，同时也更容易让进驻的使用者获得"安全感"；但从使用者的角度来看，从事创意生产活动的人群恰恰需要充分开放和交流的空间。由

样本11：正东集团煤气动力厂

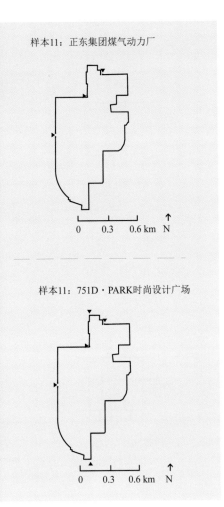

0　0.3　0.6 km　N

样本11：751D·PARK时尚设计广场

0　0.3　0.6 km　N

此，工厂从完全封闭的大院向文化创意产业园转型的过程中，经营人与使用者之间达成"有限的妥协"：在一定范围内实现开放，园区总体实施统一管理、统一物业，对普通访客或客户等群体保持开放，对普通观光游客等则设栏，形成"有限度的开放"。

除了"边界"的改造，工厂大院空间转型的"内核"是功能目标和使用者发生了根本性转变：由机器生产变为人的活动，前者对空间的需求是单一、稳定的，而后者对空间的需求则是多向、动态的。这些诉求落实在空间层面，意味着"工厂大院"的空间秩序将从原来单纯、清晰的线性空间关系，调整成为交叉、融合甚至模糊的空间关系（图5-4-8）。

对新华1949文化金融创新产业园（样本23）、768文化创意产业园（样本15）、莱锦文化创意产业园（样本18）等样本改造前后的道路关系进行对比，可以发现"工厂大院"改造前后的空间秩序发生变动，但这种变动并非"突变"，而是"蔓延"：从结果来看，大院主体路网并未发生结构性变化，但主体路网上衍生出诸多"枝杈"，这些依附在主题空间结构中的枝杈路径增强了空间连贯性和可达性，将平直的空间格局"调和"成一个复杂的有机整体，例如751D·PARK时尚设计广场样本15通过增设空中步廊系统重塑园区空间秩序（图5-4-9）。

图5-4-7　新华1949文化金融创新产业园（样本23）弱化的边界形式

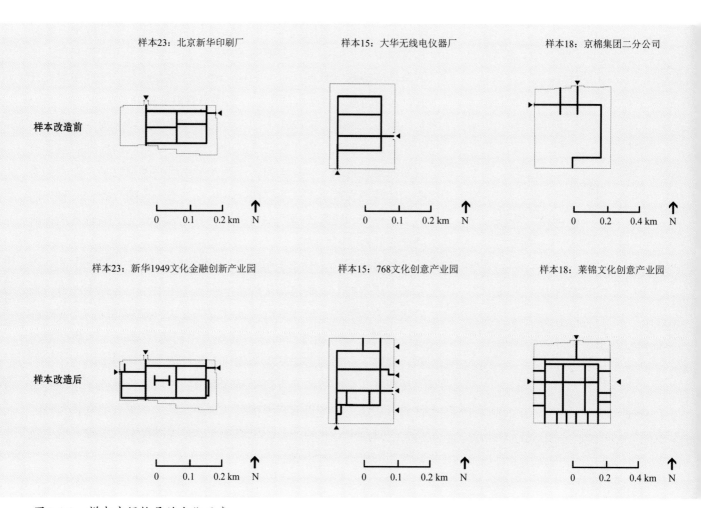

图5-4-8　样本空间格局的变化示意

图5-4-9　751D·PARK时尚设计广场（样本
　　　　　11）增设空中步廊系统

图5-4-10　后街美术与设计创意产业园（样本17）
　　　　　道路秩序重构

样本11：正东集团煤气动力厂

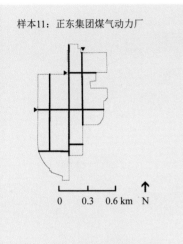

0　0.3　0.6 km　N

样本11：751D·PARK时尚设计广场

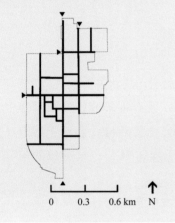

0　0.3　0.6 km　N

路径重构广泛存在于不同尺度的工厂大院中，在小尺度院落中也有充分体现，例如后街美术与设计创意产业园（样本17）利用三栋厂房平屋顶重新建立了空中游廊系统（图5-4-10）。

工厂大院的秩序重构，不仅体现在路网的拓展，还包括功能组织的多样化。除创意生产活动外，与之配套的相关的下游或服务型产业，如餐饮、商业、休闲等也逐渐活跃起来。在早期样本中，798艺术区（样本03）西侧边界大山子路两边不断聚集各类商业、休闲空间，为园区的聚集人群提供相关服务，进而带动周边地区整体发展。再如，768文化创意产业园（样本15）中，除面向城市的沿街餐饮商业外，进驻园区内部的小型商业也成为园内秩序重构的重要纽带（图5-4-11）。

工业建筑遗产改造成为文化创意产业园，不仅是物理空间的一种变化和功能上的置换，更是"单位"制度在当代语境下的一次转型和发展。从组织关系上来看，单位是一种纵深化的组织架构，按照不同层级、不同类别（车间）来进行生产活动，而文化创意产业园催生了新的组织和管理关系："社区共同体"模式，即在从事近似行业、属于相同阶层的使用者（业主）个体之上，存在一个统筹的服务和监管机构——园区管理会（产权人或经营人）。管委会对园区产业发展的总体目标和方向进行统一规划，但对使用者的具体行为不进行直接干预；后者通过缴纳租金和物业管理费的方式使用公共服务的相关资源，而前者则通过空间的支配实现对园区的整体管控。而与纯粹的单位制度相比，文化创意

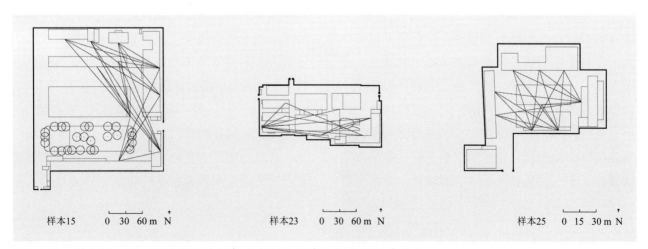

样本15　0　30　60 m　N　　样本23　0　30　60 m　N　　样本25　0　15　30 m　N

图5-4-11　样本15、23、25内通过休闲餐饮空间重新建立的空间秩序示意

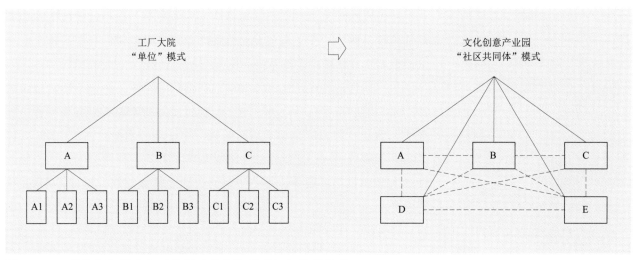

图5-4-12　　"单位"模式与"社区共同体"模式组织异同关系

产业园实行的是一种扁平化组织架构，它是"社区共同体"概念的体现：在"共同体"之下，每一个独立个体高度自治，个体价值的实现与园区管理之间并不产生直接关联，但个体之间则更容易建立平行的合作关系或共享资源（图5-4-12）。

　　"社区共同体"不仅仅是管理方式的转变，同时还凝聚着价值观的隐形共识和对阶层身份的认同：

　　"768文化创意园只做创意类的相关产业，如果有超市或者汽车4S店要进驻，肯定是不被允许的，但对于我们搞设计的人来说就非常愿意。在国内钢厂大院里工作，有一种'上班'的感觉，就像是过去在工厂里上班的感觉。这种感觉不同于完全松散的家庭SOHO模式，也完全不同于CBD的高层写字楼模式。你在写字楼上班，总是会非常紧张，有一种急急忙忙上班的感觉，而在家里

又过于悠闲，缺乏一种在工作的状态。但在768园区上班，氛围刚好合适，既有很多同行在共同生产，也有密度足够低的室内外环境。而对于客户来说，能在768园区里工作，就是一种身份的象征。"[①]

　　上述观点在这些样本中普遍存在，从使用者角度来看，工厂大院不仅提供了低密度的空间环境，更拥有传统楼宇所不具备的"场所精神"：这种精神来源于历史，又投射于当下，其内核是价值观的个性化选择，进而促成了相同或近似阶层的人群的彼此聚集，并最终以"社区共同体"的方式实现价值观的自我肯定和对外输出。

### 5.4.2.2　从"厂"到"场"的工业建筑空间改造

　　工业建筑是构成"工厂大院"的重要组成部分，建造之初是为生产功能服务的，因此工业建设的投资力度和重视程度决定了工业建筑的质量

---

① 引自笔者对768文化创意产业园（样本15）业主的访谈记录。

和美学价值。本章收录的样本呈现出两种主体建筑类型：一是精心建造、具有独特风貌或特定历史意义的工业建筑，如苏联专家援助设计并建造的798厂包豪斯薄壳锯齿厂房、利用人民大会堂剩余材料建造的768厂办公楼等，形式与风貌均属上乘，凸显了工业建筑的美学价值和历史价值，这样的工业建筑一般数量有限；除少数拥有足够资金支撑的重点建设项目外，第二种类型则是数量庞大、采用标准化方式、快速建造的普通厂房，预制、装配等手段十分常见，难以规避复制性和一致性的特征。一般认为，复制性极大地降低了工业建筑的历史价值和艺术价值，但从空间利用的角度来看，这种复制性和一致性呈现出突出的"均好性"，为空间转型提供了多种可能性（图5-4-13）。

工业遗产改造成为文化创意产业园，是一次"工业厂房"向"创意场所"的转型过程。从本质上来看，创意场所依然是一种具有生产性质的空间，是旧形式的生产性空间向新形式的生产性空间转型的成果。空间本质上的耦合，使工业厂房转型为创意场所成为可能。具体来看，本意样本集合中对工业建筑的改造呈现以下几种模式。

（1）碎片切割

旧形式的生产性空间向新形式的生产性空间转型，首先是使用者发生了变化：从事创意产业的群体虽然具体职业有所不同，但他们的共性在于从事小规模创意活动，强调手工或脑力的价值，一般不具备也不需要规模化的生产条件，这些特征使他们更青睐"小户型"办公空间。工业建筑的纯粹性、均好性和包容性，为空间潜质的挖掘提供了便利。"碎片化"是空间转型的显著特征之一（图5-4-14）。

图5-4-13　768文化创意产业园（样本15）内单层厂房"匀质立面"

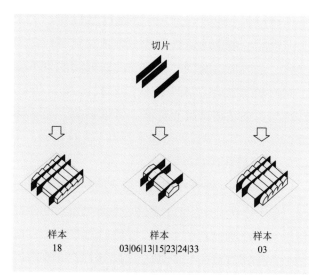

图5-4-14　空间切片式利用示意

768文化创意产业园（样本15）的D栋厂房，向我们呈现了如何通过空间碎片化进行高效率的空间利用。D栋是一座建成于1960年代的单层大跨度排架结构厂房，共计15跨，柱距3.6米，原有建筑出入口共6个。15跨空间根据使用者进驻时间的前后自主切割，形成1至4跨大小不等的独立空间，使每户业主拥有独立对外的出入口，最大程度减少公摊面积。目前容纳了6家小型文化创意办公单位，分别是百绘创景景观设计事务所（D01）、未来空间建筑设计咨询公司（D02）、力禾建筑设计研究中心（D03）、阿普贝斯景观设计公司（D04）、长青树文化发展有限公司（D05），以及世纪精彩图文公司（D06）。其中，阿普贝斯公司是最早一批进驻768园区的企业之一，也是最早租用D栋建筑的业主（图5-4-15）。

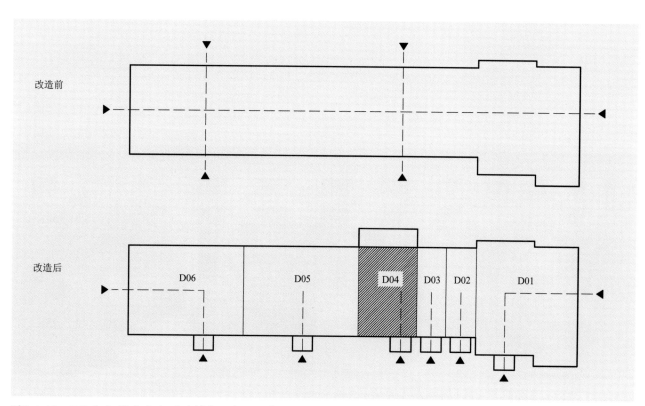

图5-4-15　768文化创意产业园（样本15）D厂房平面切割关系示意

空间切割不仅仅是在平面上划分，还包括垂直方向上的独立使用，如 798 艺术区（样本03）包豪斯锯齿厂房内部容纳了 10 余家小型创意企业，大跨度厂房由"利阿贺拿艺术中心"和"壹是服装店"组合利用，前者的画廊空间位于后者的二层空间，一层仅设一个独立出入口，形成了底层商业、夹层画廊的组合利用（图5-4-16）。

从统一整体到碎片化个体，其根本目的是对工业建筑遗产进行尺度调节。工业建筑尺度以生产活动为依据，无论是室内尺度还是室外尺度，都与普通民用建筑存在巨大差别，空间化整为零的利用，正是对空间尺度的重新确立。

（2）整合重组

如何在被限定了"长、宽、高"的框架内重新定义空间，使其满足新功能的需求，是工业建筑遗产空间改造设计的目标。除了大尺度厂房"碎片化"的利用方式，对于小尺度的厂房还普遍存在着"化零为整"的利用方式。空间整合包括多组旧建筑之间的组合，也包括新建单体与旧建筑之间的混搭组合（图5-4-17）。

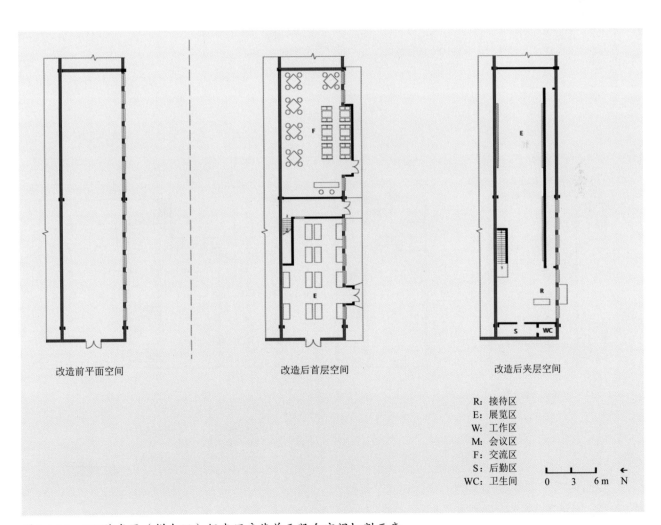

改造前平面空间　　改造后首层空间　　改造后夹层空间

R: 接待区
E: 展览区
W: 工作区
M: 会议区
F: 交流区
S: 后勤区
WC: 卫生间　　0　3　6m　N

图5-4-16　798艺术区（样本03）锯齿厂房某单元竖向空间切割示意

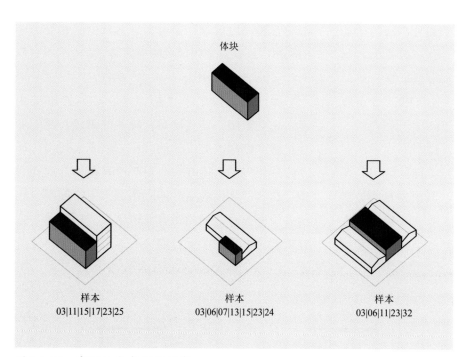

图5-4-17　空间组合式利用示意

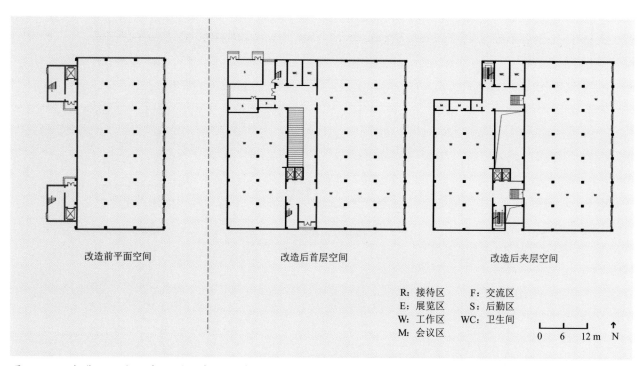

图5-4-18　新华1949文化金融创新产业园（样本23）B厂房的新旧空间整合示意

图5-4-19　新华1949文化金融创新产业园（样本23）B厂房的新旧空间整合实景

新华印刷厂的"大字本楼"B栋建筑，是一座3层框架结构厂房[①]，通过增加新建体量，形成新旧组合式的空间利用，重新定义了空间秩序并拓展了原有空间规模（图5-4-18、图5-4-19）。

（3）自主蔓延

798艺术区（样本03）是早期工业建筑进行空间转型的经典案例。2002年，美国艺术爱好者罗伯特·伯纳德看中了798厂区内的一座建筑面积约200平方米的单层回民食堂，将其租下并改造成一座咖啡厅和书店，开启了798厂闲置工业建筑遗产空间再利用的先例。在罗伯特看来，这座中式平房对西方人来说极具新鲜感，不仅租金低廉，而且规模适中、简单实用，适宜短租（租用合同周期两年）[②]。罗伯特的理念影响了一批经济拮据的青年艺术家，艺术家们随后陆续开始租用798厂的附属平房或者"边角"空间，建筑面积大小集中在100～300平方米，适宜创建工作室或画廊。而当这些边角空间逐渐被占满并形成聚集效应后，大跨度厂房的内部空间划分才开始逐步出现。

除了不同使用者对空间利用存在先后的"占领"顺序之外，相同使用者之间也可能会随着使用功能的变化而调整对空间的利用。作为798艺术区开创者和灵魂人物的罗伯特，最初仅租下回民食堂的北段，用于书店和咖啡厅；2006年后798厂正式成为艺术区，艺术家不断聚集，罗伯特增租了南段改造成画廊，与北段共同形成一个小尺度院落空间；但这种局面持续不到两年，798艺术区的商业氛围越来越浓，画廊已无法实现盈利，罗伯特将南段画廊改造成西餐厅，北段则继续坚持经营咖啡厅和书店；但在2010年前后，咖啡厅和书店也最终被关停，转租给日料餐厅经营至今（图5-4-20）。

自主蔓延的转型特征，与早期工业建筑遗产的开发方式密切相关。2006年前后，北京市的文化创意产业逐步成熟，但利用工业建筑遗产打造文化创意产业园尚处于探索期。798艺术区自主蔓延的特征起到了示范效应，包括对后来样本07、样本13、样本15等均产生了重要影响。在厂房进行第一批招租时，业主可以根据使用需求，自主选择要租用的空间位置和大小，既可以全租，也可租下其中的某几跨。这种由业主决定空间划分方式的过程是自发性的空间转型，但空间的"占领"和"蔓延"存在先后顺序，而决定顺序的正

[①] "大字本楼"因"文化大革命"期间印刷专供毛泽东主席阅读的大字号书籍和报纸而得名。
[②] 引自笔者对798艺术区（样本03）的使用者罗伯特、产权人何晓明等人的访谈记录。

是空间潜力与租金价格。自发性空间转型模式多集中在产权方自主开放的样本案例中，如样本03、样本07、样本15、样本23等。

（4）统筹配置

与自主蔓延相对应的空间转型方式是具有计划性的"统筹配置"，例如莱锦文化创意产业园（样本18），运营团队已在前期进行了全面的市场调查，对潜在业主租用空间面积大小的意向进行了策划研究，对空间样式、面积大小以及公共服务设施等内容进行全盘规划后再着手改造，改造后的空间样式不可轻易变动。

"统筹配置"式的转型特征是文化创意产业园逐步发展成熟的结果，这种特征本身是市场行为的产物，转型后的空间是可供业主选择的"商品"。统筹配置式的空间转型，多集中在合作开发或代理开发的样本案例中，如样本18、样本27等。

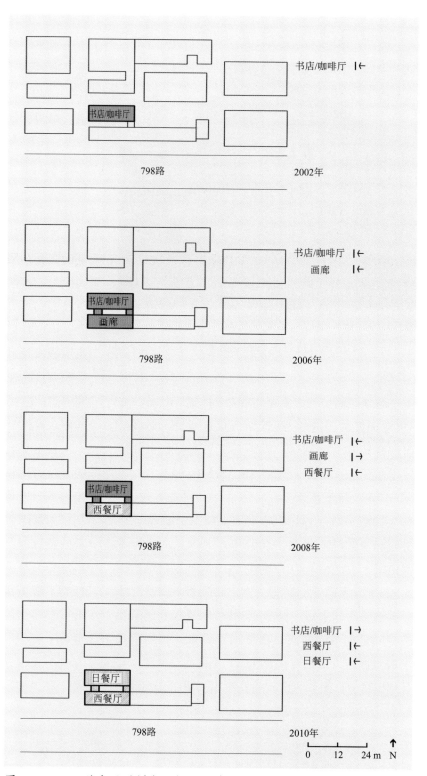

图5-4-20　798艺术区（样本03）罗伯特租用空间历次调整

#### 5.4.2.3 从"特征"到"特色"的工业构筑物空间转型

设施设备是工业生产活动特有的空间样式，也是工业风貌特征的具体呈现者，从北京的具体情况来看，钢铁、能源、化学、仓储等产业门类均有遗产保留，如751动力厂的储气罐、烟囱、铁轨（样本11），首钢的筒仓和料仓（样本29），北京第二热电厂的烟囱（样本30）以及北京胜利建材水泥库的料仓（样本27），等等，成为凸显北京工业历史和企业身份的重要载体。

设施设备不应该被理解成工业遗存地的"摆设"或者风貌附庸品，而是可以被充分利用和挖掘的对象。它们彼此之间存在巨大差异且难以穷举，但总体上可以分为可移动和不可移动两大类型，前者以设备为主，例如天车、吊车、蒸汽机、焦炉等；后者则多以设施为主，例如筒仓、料仓、冷却塔、储气罐等。从空间转型的规律上来看，设施设备比工业建筑的开发和利用更加复杂，但同时也更加灵活、多变。例如751D·PARK时尚设计广场（样本11）中，原有的15万立方米的储气罐被改造成大型多功能活动厅，用于举行时装秀和大型发布会；原有的10座脱硫塔经过加建后组成一个整体，成为空间体验馆的主场地。样本27中的水泥料仓，则成为办公空间的特色标志物（图5-4-21）。

长期以来，工业设施设备如烟囱、高炉等被人们视作污染的象征，拆除工业设施设备成为标榜环境治理、推进城市进步的宣传手段。但不应忽视的是，这些为特定生产活动而建造的设施设备，恰恰是体现工业风貌、行业特色的重要物质

图5-4-21　北京胜利建材水泥库料仓改造后实景（样本27）

实体，是工业历史环境中不可分割的一部分。从空间的角度来看，设施设备可以分为两种类型：一是具有"空间容量"的建筑设施类，如筒仓、水塔、储气罐、高炉等；二是不具备空间容量的机器设备类，如火车头、蒸汽机、炼焦炉等。前者可以被理解为具有特殊形态的工业建筑，其空间潜力更为突出；而后者虽然不具备内部空间利用价值，但对场所气氛的营造、历史价值的呈现而言同样重要。

由于设施设备作为工业构筑物，从设计到建造，从内部空间到外部形式都出自于工业生产的需要，甚至比厂房的"生产性"更加纯粹和强烈，但通过适应性的改造，人们无从感知的生产性空间获得了对外展示的机会，并不断激发人们的猎奇心态，这种戏剧性的冲突促成了设施设备成为工业遗产的"特色空间"，例如，样本17中，原有的锅炉房烟囱得以保留，成为园区地标（图5-4-22）。

### 5.4.3　经济动因

工业资源集中转型成文化创意产业园的现象并非偶然，而是经济利益诉求的必然。对经济动因的分析，有助于我们理清工业建筑遗产空间转型特定模式出现的根本原因，本节将围绕国资保值、利益平衡以及商业动机等方面展开探讨。

#### 5.4.3.1　国资保值

探讨工业建筑遗产空间改造，首先要明确工业建筑遗产的主体身份及其权益归属。在以公有制为基础的经济制度下，北京的工业企业多为国有企业（或中央在京企业），工业建筑物作为国有固定资产的重要组成部分，其产权所有者是国有企业单位。但长期以来，低效率的行政和管理制度使国有资产大量闲置或流失。1990年代部分工业企业通过"变卖家产"的方式获得一次性的补偿，用于企业搬迁或技术升级，这是一条常规的惯性路径。其他部分企业由于地理位置相对偏远（如酒仙桥工业区内的各大电子厂）而暂无搬迁计划，厂区处于闲置状态。这时的主要矛盾来自于经济压力，一方面，企业处于产业结构调整的阵痛期，技术升级需要大量资金；另一方面，企业还要负责相关职工的安置工作，有限的扶持资金无法维持企业的正常运转。而出让土地进行一级开发又因地理区位偏远而难以在短期内实现，所以在远期规划与近期现实之间的"时间差"内，工业企业开始尝试出租闲置工业厂房，换得租金收益，以勉强维持企业的存活，例如早期的样本01——海通时代广场、样本02——惠通时代广场，均与投资公司签订了15年的转租合同，对闲置厂房进行改造利用，样本03——798艺术区则是由七星集团自主出租厂房，等等。在这一阶段，对外出租闲置的工业建筑遗产，并没有长远的规划，也没有遗产保护的动机，仅仅是为企业缓解经济困难的"缓兵之计"。

国有资产作为公共资产的一个重要类型，同样有追求保值和增值的内在要求。随着北京城市化的快速发展，中心城土地价值被彻底释放，厂房闲置意味着资产的变相流失。但国有资产的利用效率与安全性之间常常存在矛盾：一方面，出于安全的考虑，政府不断强化对国有资产的控制，以避免国有资产的贬值或流失；另一方面，为了提高国有资产经营的灵活性，必须适度放松对国有资产的控制，但这又会降低资产的安全性。工业建筑遗产作为国有企业固定资产的重要组成部分，如何在企业转型升级的阵痛期里实现价值最大化，达到保值甚至增值的目的，成为国有企业

图5-4-22　后街美术与设计创意产业园（样本17）
　　　　　　中的烟囱地标

不断探索的一个重要方向。

利用闲置或弃用的工业建筑发展文化创意产业，成为一个相对合理的选项。改造成文化创意产业园，一方面，与国家倡导的"双创"战略相契合，利用存量资源为创意产业提供了新形式的孵化空间；另一方面，国有资产继续掌握在企业手中，持续上涨的资金收益成为企业经济收益的另一项来源。因此，闲置的工业建筑逐渐成为城区土地保持"割据"状态的砝码。在拥有最为密集的国有企业的北京，工业建筑遗产成为土地存量资源中的"新宠儿"，特别是在当前北京严格控制城区建设规模的历史窗口期内，在无法大幅度改变城市用地强度的情况下，通过对工业建筑遗产进行开发和再利用，以收取"使用权"费用的方式获得经济收益，既孵化了文化创意产业获得了社会收益，又实现了国有资产的保值甚至增值。

### 5.4.3.2　利益平衡

工业建筑遗产空间转型不仅是建筑物使用功能的一次调整，更是利益权属关系的再平衡。从物权的角度来看，工业建筑遗产包括产权、经营权和使用权。其中产权归国有企业所有，但国有企业作为生产性单位，不仅在行政关系上受国资委、发改委、工信部等相关部门的统一领导和管理，而且在其主营业务范围内也很难直接参与社会化的资本运作。国有企业不能让工业建筑遗产持续闲置，但自身又缺乏开发利用的经验，因此，社会资本的引入成为经营闲置工业建筑遗产的有效途径。

在重新构建的利益平衡关系中，国有企业通过临时出租闲置工业建筑遗产，将其打造成文化创意产业园，不仅可以获得一定的租金收益，

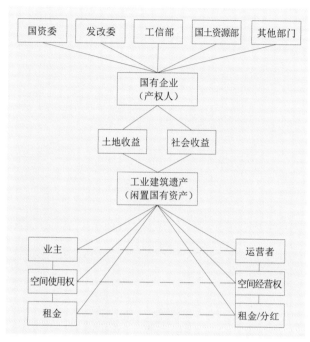

图5-4-23　工业建筑遗产空间转型过程中的权益分属关系示意

还将兼收社会效益。而以创意产业阶层群体为代表的使用者则通过缴纳资金的方式获得空间使用权。经营人则分为两种类型，一类是转让给社会资本（或合作），借助民营公司的市场策划与开发能力经营闲置资产；另一类则是国有企业自身经营，既是产权人也是经营人。由此形成产权人、使用者以及经营人之间的利益关系，达成了基于"交换空间使用权"的平衡（图5-4-23）。

以样本18——莱锦文化创意产业园为例，由于之前开发"三里屯社区"的成功经验，北京宏业华泰咨询公司在2009年获得了原京棉二厂的开发和经营权，并与国棉文化创意产业发展有限公司（隶属于国资委和北方纺织控股集团）合作负责园区招租、基建以及物业服务等，成为国有企

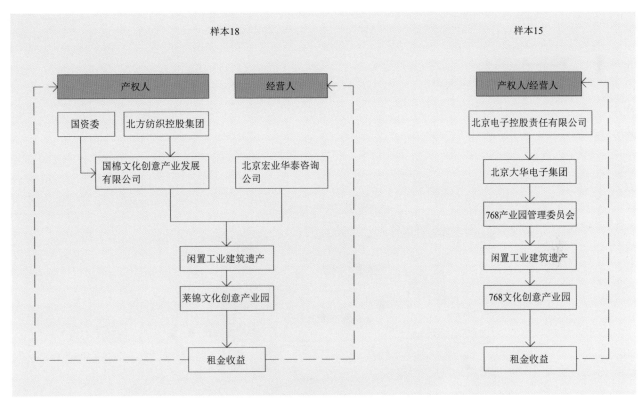

图5-4-24　样本18、样本15的组织结构与收益分配示意

业与社会资本共同经营闲置国有资产的早期样本。再如样本15——768文化创意产业园，其前身是大华无线电仪器厂，2010年招租并开园，其产权人和经营人同为大华无线电厂（今大华电子集团），由企业员工重新成立园区开发建设委员会，负责园区闲置工业建筑的开发和再利用（图5-4-24）。

从组织结构与收益分配关系中可以看到，租金是产权人和经营人最直接的收益。按照我国现行国有企业政绩导向的激励晋升制度，决策者往往更加看重短期收益，当个别工业建筑遗产成功转型成为文化创意产业园后，拥有类似资源的产

权者纷纷效仿，按照类似的方式开发闲置的工业建筑遗产，造成了过去十年中类似园区的涌现。

### 5.4.3.3　商业动机

推动工业建筑遗产空间转型的其中一项重要因素是市场环境。工业建筑遗产在中心城日趋紧张的用地环境中如何能够得以保存并成功地进行转型？通过分析和比对2005年和2014年北京市基准地价的变更情况，可以发现，北京市域范围内的土地基准等级由原来的7级增加为12级，其中，中心城所涉及地区的等级仍为1～6级，但边界和区域已有明显扩张（图5-4-25、图5-4-26、表5-4-2）。

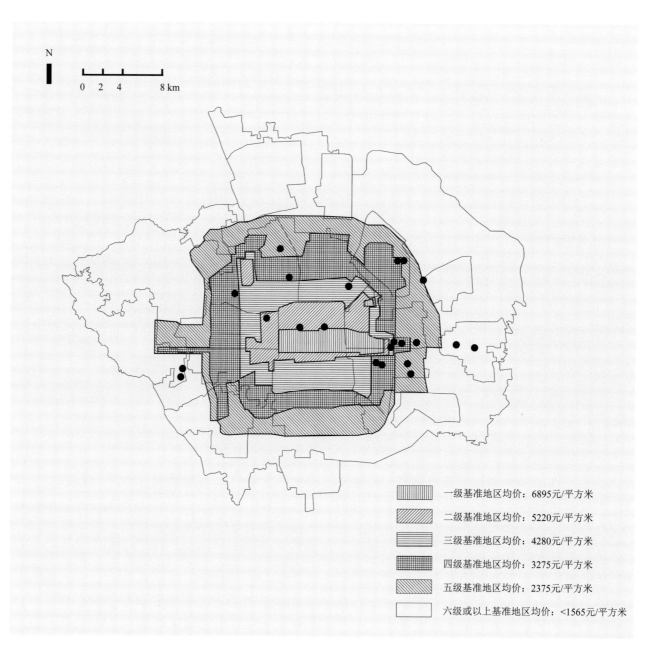

图5-4-25 2005年北京市基准地价（平均楼面熟地）范围示意

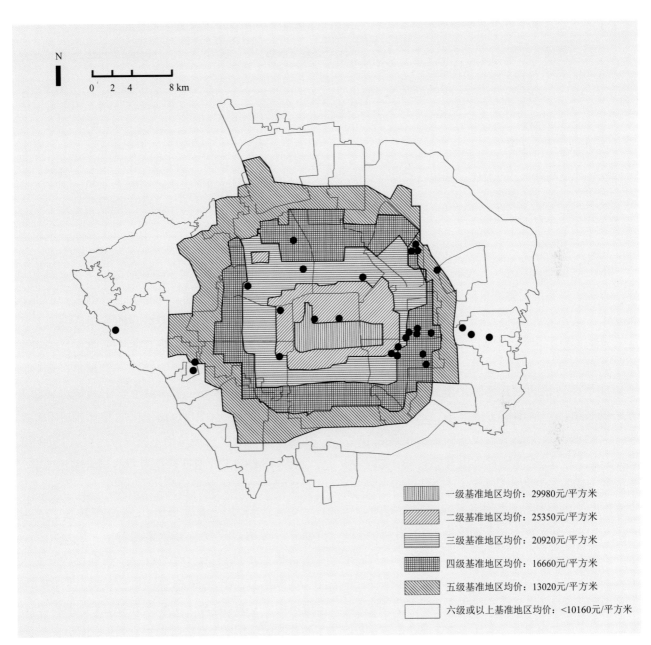

N

0  2  4    8 km

一级基准地区均价：29980元/平方米

二级基准地区均价：25350元/平方米

三级基准地区均价：20920元/平方米

四级基准地区均价：16660元/平方米

五级基准地区均价：13020元/平方米

六级或以上基准地区均价：<10160元/平方米

图5-4-26　2014年北京市基准地价（平均楼面熟地）范围示意

表5-4-2　2004年和2014年两次北京基准地价调整时中心城样本集合的分布数量统计

| 基准地价范围 | 2004—2013年样本数量 | 2014—2016年样本数量 |
|---|---|---|
| 一级 | 0 | 0 |
| 二级 | 3 | 3 |
| 三级 | 3 | 7 |
| 四级 | 6 | 10 |
| 五级 | 6 | 3 |
| 六级或以上 | 4 | 5 |
| 总计 | 22 | 28 |

从上述图表可以发现，2004年至2014年，北京中心城土地基准价格、土地等级范围均发生了显著变化，具体来说存在以下三方面特征：

（1）从中心城土地基准等级来看，除一级有所降低外，其余等级的范围均有所扩张。其中一级基准等级调整的主要范围是增加了西四地区的国家机关用地，而削减了国贸地区的商务办公用地，从而使一级土地范围更加突出国家政治中心职能；而从二级基准地价范围开始，每一级基准地价范围均有不同规模的增长，反映出中心城土地价值不断升高，相同地段的价值等级有所提升。

（2）一至六级土地基准价格在2014年调整后均有大幅度增加。其中一级土地平均楼面熟地价格达到29980元/平方米，相较2004年的6895元/平方米增长了约4.3倍，而二级土地到六级土地基准地价则分别增长4.9倍、4.9倍、5.1倍、5.5倍以及6.5倍，反映出中心城的中心大团和边缘集团的土地价值增长较快。

（3）工业建筑遗产转型为文化创意产业园的区位优势日益显著。2004—2013年，工业建筑遗产开发项目集中在四、五级土地范围内；而2014年，工业建筑遗产的开发项目则集中在三、四、五级土地范围内，特别是集中于通惠河、双井等原东郊工业区的工业建筑遗产开发项目，从四级土地范围被提升至三级，从五级土地范围被提升至四级，反映出CBD对该地区的整体带动和辐射作用十分显著，土地价值不断攀升，也从侧面印证了北京中心城工业遗产转型难以尝试公益性或非营利性转型的市场现实。

从经济动机角度来看工业遗产转型为文化创意产业园，需要核算一笔经济账，即土地招、拍、挂后所获得的一次性收益，与保留改造成文化创意产业园在租金收益、社会收益之间的比较与权衡。以样本15——768文化创意产业园为例，768园区在2010年招租时处于五级土地范围内，以当年土地基准价格均值约9517元/平方米为计算依据[1]，园区占地面积6.8公顷，一次性卖地可获收益6.5亿元，若改造成产业园区后进行出租，起始租

---

[1] 根据2005年五级土地基准价格2375元以及2014年四级土地基准价格16660元为计算依据，2010年处于2005和2014年的中间阶段，故采取中间值，以便于计算。该取值虽有一定误差，但可以反映土地价格的基本面。

金为2.5元/平方米/天，租金以平均10%价格每年递增，按照园区65000平方米建筑面积计算，则七年半（2016年中期）则可收的租金总额就达到6.5亿元；若考虑通货膨胀等因素，8年时间则足以使园区的租金达到一次性卖地收益。与此同时，土地使用权仍归属于国有企业，且同时孵化了如启迪国际、知乎互联网科技、摩拜单车智能科技等一系列极具潜力的创意企业，收获了难以估量的社会效益和潜在的经济效益（表5-4-3）。

从表5-4-3中可以看到，工业建筑遗产转型成为文化创意产业园，一般需要5~8年时间才能使企业获得与一次性卖地相当的经济收益，但企业始终掌握着土地的使用权，使土地不仅产生年均1亿租金的"输入型经济价值"，更因孵化小微创意企业而使土地产生18亿年产值的"输出型经济价值"①。从这个角度来看，工业遗产转型为文化创意产业园，不仅应当计算"输入型"经济收益，更应当关注"输出型"经济收益。工业建筑遗产较低的容积率，为孕育高品质、高效率的创意产业企业提供了独特的场所精神，这是传统高容积率写字楼所无法比拟的优势和特色。因此，探讨工业建筑遗产转型成功与否不应当简单计算土地租金价格这样较为初级的"输入型"价值，更应当在一定时间周期内，估算土地所能产出的较为高级的"输出型"价值，特别是后者需要通过一定的时间培育才能收获成效，其对外输出的经济和社会效应，将为城市整体发展和进步起到难以估量的推动作用。

工业遗产转型为文化创意产业园，本质上依然是在为企业提供办公场所。从总体发展趋势来看，近年来经济下行造成了传统写字楼租赁面积全面缩水，闲置率不断上升。相关数据显示，截至2016年底，北京主城区共有甲级写字楼992万平方米，而写字楼空置率进一步上涨至5.6%，环比上涨0.7个百分点（含自用面积），甲级写字楼租金均价达306.9元/平方米/月，环比下降0.1%。②虽

表5-4-3　样本15两种不同处置方式的经济利益估算比较

| 比较指标 | 一次性卖地 | 转型文化创意产业园 |
|---|---|---|
| 占地/建筑面积（平方米） | 68000 | 65000 |
| 单价（元/平方米） | 9517 | 2.5/天 |
| 当年收益 | 6.5亿 | 5931万（每年平均10%递增） |
| 成本收回时间 | 1年 | 约8年 |
| 企业收益（元） | 6.5亿 | 6.5亿 |
| 社会收益 | 无 | 孵化创意企业、保留工业遗迹 |
| 政府是否获得税收收益 | 是 | 是 |
| 政府是否获得土地收益 | 是 | 否 |

---

① 2014年768文化创意产业园内各类文化创意企业的总产值达到18亿元，缴税8000余万元。

② 引自 http://36kr.com/p/5061627.html。

然写字楼价格持续走低，但对于那些处于孵化状态的小微创意企业来说仍难以承受，例如，金融街或CBD周边区域的甲级写字楼每月的租金均在600元/平方米以上，仅租金就有可能覆盖掉小微创意企业在起步阶段的全部盈利，因此传统的写字楼并不能得到创意产业从业者的青睐。而在相同或近似区位内，闲置工业建筑遗产提供的办公场所在容积率、租金、使用面积等方面均具有明显优势。

以样本23——新华1949文化金融创新产业园为例，最早进驻的艾迪尔工程设计公司在2011年以当时每日5元/平方米的租金租下E栋仓库，租金按每年7%递增，但同一时期的甲级写字楼每日的租金约为7元/平方米；最早进驻样本15——768文化创意产业园的阿普贝斯景观设计公司起始租金是每日2.5元/平方米，而当时中关村学院路一带的甲级写字楼的平均价格为每日3.5/平方米。工业建筑遗产的租金普遍低于同区位甲级写字楼20%～30%，成为吸引初创小微企业的主要诱因。

从短期来看，利用工业建筑遗产改造而来的产业园由于初期建设成本较低，因此租金也整体较低，但在过去的十年中，随着北京中心城土地价格的不断攀升，产业园的租金也一路水涨船高。

"这几年房租上涨，一些设计类的小公司就陆续搬走了，随后来的是一些IT互联网公司，这几年互联网行业很火的。在以前2、3块房租时，设计公司是容易接受的，但是涨到5、6块的时候，你会发现设计行业的公司普遍难以承受，但这种情况对于处在巅峰的IT从业者来说就不必

如此担心。"[1]

当前，部分发展成熟的文创园区不仅拥有"奢侈"的低密度空间单元，而且在耕耘了数年之后收获了一定的口碑，也得到政府和主管部门的认可和支持，甚至产生"品牌溢价"。如798艺术区（样本03）成为中外闻名的当代艺术聚集地，768文化创意产业园（样本15）成为北京"学院派"文创工厂的引领者，新华1949文化金融创新产业园（样本23）成为中印集团开拓全国文化产业市场的"样板间"，等等。

从根本上来看，工业建筑遗产转型为文化创意产业园的过程，是闲置国有资产"社会化"运营的一次尝试，这次尝试伴随着企业的利益诉求和商业动机。正如复旦大学经济学教授史正富所言，"国有企业改革的出路是社会化而非民营化，国企改革的内容不是将闲置国有资产出售，而是进行适应性转型，转变成不同类型的社会公共资本"。以国有资产的空间躯壳承载当代文化创意产业，正是资产转型社会公共资本的一次有益探索。

### 5.4.4　组织方式

工业建筑是国有资产的组成部分，但根据我国《企业国有资产监督管理暂行条例》的相关规定，国有资产不得进入市场自由买卖，这在客观上制约了闲置资产的价值释放。为了避免"公地悲剧"[2]现象的出现，自1998年至今，我国国有企业通过20年的不断改革和调整，基本实现了"产权清晰、权责分明"的改革目标，并在市场化的环境下不断推进国有资产的高效率运营。虽然国

---

[1] 引自笔者对（样本15）768文化创意产业园业主的访谈。
[2] 公地悲剧理论认为，公地谁都可以使用，使用它的人众多，而保护的人却稀少，到最后原本肥沃的土地寸草不生。

有资产的"产权"理论上属于公有，但资产的管理和经营则需要落实在具体责任人身上，即国有企业的具体执行人（例如法人代表等），因此国有企业的"一把手"在处理国有资产的过程中拥有极高的话语权，成为闲置工业建筑遗产开发利用的决定性推手，产权人对闲置工业建筑遗产的态度和想法，将直接左右其开发方式、实施路径以及转型目标。

与此同时，受工业用地性质的制约，企业若对闲置工业建筑遗产进行开发利用，一般遵循"三不变"的原则——"不改变产权、不改变土地性质、不改变建筑结构"[1]，这意味着土地和建筑的性质都不能发生实质性改变。《中华人民共和国企业国有资产管理办法》中，企业有权在符合相关规定的条件下，对其所持有的固定资产进行出租或出借[2]，并鼓励企业通过高效利用、合理定价的方式盘活存量资产，提高房产出租利用效率[3]。因此，将闲置的工业建筑遗产对外出租，不仅可以在相关法律法规允许的范围内实现盘活存量资源，而且可以通过租金收益来弥补级差地租。工业建筑遗产的空间转型，奠定了以"临时租赁"为基本关系的组织路径。在这一路径中，国有企业产权人是甲方，使用者是乙方，二者之间通过签订房屋租赁合同的方式，完成空间使用权的转让。与此同时，部分产权人亦会引入社会资本进行投资或共同开发运营，以"经营人"的角色介入甲方与乙方之间的租用关系中（图5-4-27）。

产权人与使用者之间通过签订"临时性租用合同"的方式建立起契约关系，前者为使用者提供必要的空间条件和相关基础服务，后者则根据协商确定的价格按时缴纳租金，二者形成"商品价值"的交换关系，即将"工业建筑遗产空间"当作具有临时使用价值的"商品"进行经营，契约关系一般以书面合同的方式存在，并作为双方实际操作的共同依据。

本章的样本集合呈现出三种类型的组织方式：第一是自持路径，由产权人与使用者直接建立契约关系；第二是合作路径，产权人与社会资本首先建立合作关系，然后共同与使用者建立契约关系；第三是代理路径，产权人与社会资本首先建立契约关系，由社会资本担任"经营人"的角色，再与使用者建立租赁关系。

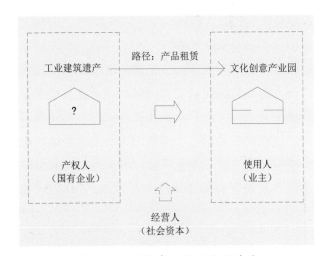

图5-4-27　产权人与使用者之间的路径关系

---

① "三个不变"原则，源自上海"田子坊"老厂房转型为文化创意产业园的相关经验。
② 引自《中华人民共和国企业国有资产管理办法（2003）》《企业国有资产监督管理暂行条例（2011）》《中央及事业单位国有资产管理暂行办法（2008）》等相关法律法规。
③ 引自《北京市人民政府国有资产监督管理委员会关于规范国有企业房屋出租管理工作的意见（2012）》。

#### 5.4.4.1 自持路径

自主开发是早期工业建筑遗产再利用的所普遍采用的方式，798艺术区（样本03）、竞园图片产业基地（样本06），751D·PARK时尚设计广场（样本11）、七棵树文化创意产业园（样本13）、768文化创意产业园（样本15）等均是自持路径的典型案例。自持路径表现为产权人自主投资、自持物业以及自我管理，即由国有企业（即产权人）成立专门的房屋管理部门，一般以园区管委会或投资开发有限公司等形式存在，负责园区的招租、运营和管理等工作，其优势在于产权人可以完全掌控闲置资产的全部动向，并可以根据政策导向随时调整发展目标，并且由于直接与业主签订合同，扁平化的管理方式可以免去中介费，使租金收益最大化（图5-4-28）。

自持路径主要形成于产权人为大型国有企业（中央在京企业）的样本中。以样本15——768文化创意产业园和样本03——798艺术区为例，样本15直接产权人为大华电子集团，而样本03的直接产权人为七星集团，二者同时隶属于北京电子控股集团有限公司，后者是北京市属特大型国有企业，拥有七星集团、大华集团、京东方集团、电子城等25家二级企事业单位，拥有充足的资金储备以及资源整合和协调能力，因此，768园区和

798园区均采用自持路径，由二级单位（大华电子集团和七星集团）作为工业建筑遗产的直接产权人，对其进行投资、招租以及运营管理。

自持路径包括两种具体的实施方式：一是由产权人设立租赁管理部门来专项负责招租和物业工作。样本03、样本15等均属此类，如768文化创意产业园设有园区管理委员会，下设租赁部、工程部、客服部、财务部、经理办等部门，共同管控园区的各项具体事宜（图5-4-29a）。第二种实施方式是由产权人成立二级或三级的子公司，专门从事相关的投资和开发业务。如样本29——首钢西十筒仓创意广场，由首钢集团于2010年成立的北京首钢建设投资管理有限公司开发建设；首钢建设投资管理有限公司是首钢集团的全资子公司，承担首钢北京地区搬迁腾退后的发展项目，涉及土地开发、遗产保护、房地产开发等一系列专项工程（图5-4-29b）。

自持路径的运作关系是单一方向的管理模式，组织架构清晰简单，优劣明显：优势在于国企自身具有强大的资本整合能力，可以通过引入政府部门或高端企业来提升园区的整体竞争实力（如样本29引入北京冬奥组委、样本23引入北京市文资办等）；劣势在于产权人对使用者身份的筛选往往更愿意向"上"看，容易忽视市场性资源，并且由于在房屋租赁和管理等方面缺乏足够的经验，在前提策划、市场定位等方面易出现短板。

#### 5.4.4.2 合作路径

合作路径是国有企业与社会资本共同开发闲置工业建筑遗产、共享收益的一种组织方式。这一路径，是在企业自持资产的基础上，通过适当引入民营社会资本的方式，借助其丰富的市场运

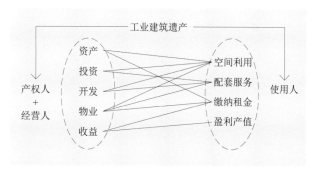

图5-4-28　自持路径关系示意

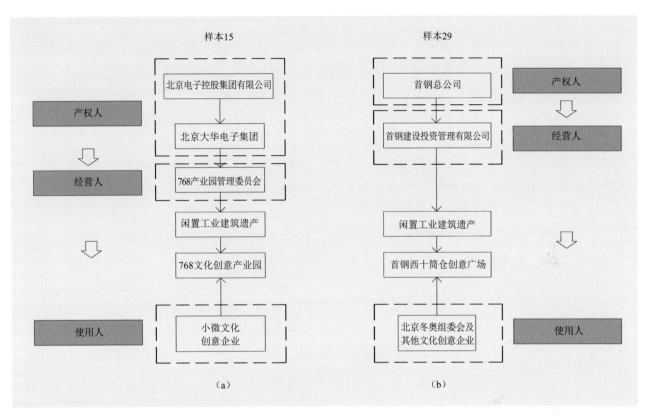

图5-4-29  样本15、样本29自持路径具体组织架构示意

营经验实现合作共赢。合作路径意味着产权人可以较为充分地介入工业建筑遗产转型目标的决策中，有助于其控制资产的发展方向和利用效率，因此成为近年来北京中心城工业建筑遗产开发过程中被广泛采纳的一种方式。从效率的角度来看，国有资产与社会资本的合作运营，是一次半市场化的尝试，二者取长补短、各取所取，既充分利用了社会资本的灵活性和高效率，也同时兼顾了产权人对资产的掌控力度（图5-4-30）。

以样本18——莱锦文化创意产业园为例，产权人北京京棉纺织集团有限责任公司提供原京棉二厂的闲置工业厂房和办公楼，由北京宏业华泰

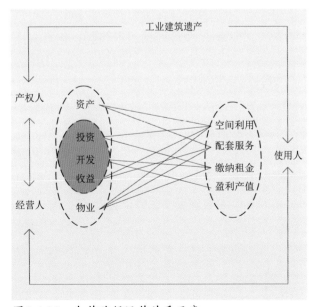

图5-4-30  合作路径运作关系示意

咨询公司负责投资、策划、招商和开发①。而京棉集团与国资委共同成立了北京国棉文化创意产业发展有限公司，与北京宏业华泰咨询公司共同投资和管理莱锦文化创意产业园（图5-4-31）。

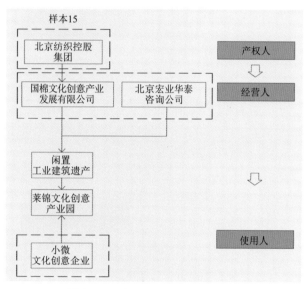

图5-4-31　样本18合作路径具体组织架构示意

由于合作路径可以使国有企业和社会资本共同获益，一方面减轻了企业自持的投资压力，同时也可以借助社会资本迅速打开市场，因此对于普通规模的国企产权人来说这是更普遍采用的方式。在这条路径中，产权人提供工业建筑遗产的闲置空间，有时亦会进行一定比例投资，而社会资本则主要进行投资、开发、策划以及运营，二者共享租金收益。社会资本的引入，在很大程度上增强了国有企业开发、利用闲置工业建筑遗产的决心和信心。合作路径的优势在于可以充分发挥社会资本的灵活性和适应性，因为社会资本既源自市场又最终回到市场，对市场需求、人群定位、功

能业态等方面的理解和判断具有先天优势；而其劣势在于合作路径的开发方式以投资回报率为导向，容易造成工业建筑遗产的过度开发。

### 5.4.4.3　代理路径

代理路径是国有企业与社会资本签订一次性租用合同，在租期内由社会资本担任"经营人"的角色，按照其自主意愿进行开发利用。这一路径中，产权人一般通过入股或分红的方式获益，社会资本（一般为民营企业）则成为临时性"产权代理人"，全权负责前期策划、市场定位、空间利用、物业管理等各个方面。代理路径对资本能力有限、无力自持或合作开发的国有企业产权人是一个合理选项，特别是中小型市属国有企业（图5-4-32）。

一些在市场中运作成熟的开发公司，如北京能通投资有限公司、北京尚8文化投资有限公司、爱工场文化创意投资公司等，凭借其长期以来在旧建筑开发再利用方面积累的丰富经验，在工业建筑遗产的开发利用方面成为"专业代理人"。如样本01、样本02、样本10等"时代广场系列"类均由北京能通投资有限公司与相关企业签订10～15年不等的租期合同，将闲置工业厂房改造成创意办公楼，再如样本05、样本20等"尚8系列"由北京尚8文化投资公司开发建设，样本25、样本28、样本29等"爱工场系列"由北京爱工场文化创意投资公司开发……"连锁式"的开发利用不断涌现。

代理开发路径中，契约关系分成两个阶段，首先是产权人（国有企业）与经营人（社会资本）签订较长周期的承租合同，使社会资本成为

---

① 引自笔者对莱锦文化创意产业园（样本18）园区管委会访谈。

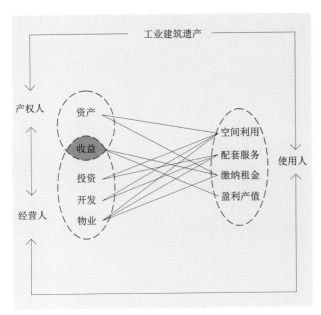

图5-4-32　代理路径运作关系示意

产权的临时代理人；而后，是代理人（经营人）与使用者之间签订的短周期承租合同。工业建筑遗产作为闲置的国有资产，通过"专业代理人"的运作、经营和管理，进而重新释放价值（图5-4-33）。

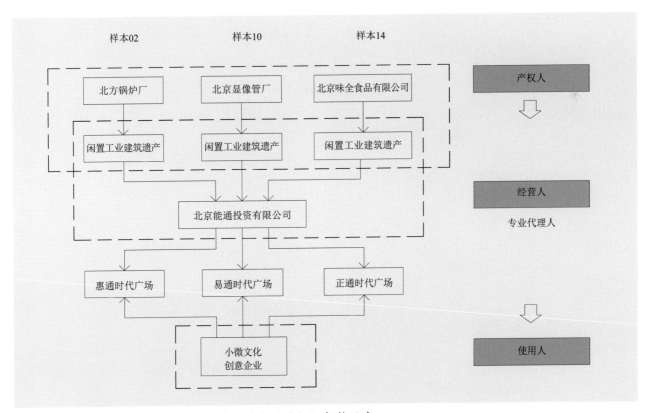

图5-4-33　样本02、样本10、样本14代理路径具体组织架构示意

第 **6** 章

百花齐放：
北京工业遗产保护与利用
典型案例实录

本章选取若干具有代表性的工业遗产保护与利用案例进行详细解读，以进一步阐述北京工业遗产保护与再利用的类型、目标和策略。以下九处项目所在区位基本覆盖当前北京城市中心区范围，其中东城区1处，西城区1处，海淀区3处，朝阳区3处，石景山区1处。

表6-0-1 典型案例基本信息

| 样本 | 案例名称 | 开放年份 | 原厂 | 始建年份 | 改造年份 | 建筑面积（万平方米） | 区位 |
|---|---|---|---|---|---|---|---|
| 01 | 首钢西十筒仓冬奥组委办公区 | 2016 | 北京首钢集团 | 1949后 | 2014 | 2.58 | 石景山区 |
| 02 | 798艺术区 | 2006 | 华北无线电器材联合厂 | 1957 | 2006 | 60 | 朝阳区 |
| 03 | 751D·PARK时尚设计广场 | 2009 | 正东电子动力集团有限公司 | 1954 | 2009 | 22 | 朝阳区 |
| 04 | 莱锦文化创意产业园 | 2011 | 京棉集团二分公司 | 1954 | 2011 | 11 | 朝阳区 |
| 05 | 新华1949文化金融创新产业园 | 2013 | 北京新华印刷厂 | 1949 | 2013 | 3 | 西城区 |
| 06 | 768文化创意产业园 | 2010 | 大华无线电仪器厂 | 1958 | 2010 | 6.5 | 海淀区 |
| 07 | 龙徽1910文化创意产业园 | 2018 | 北京葡萄酒厂 | 1956 | 2006 | 5 | 海淀区 |
| 08 | 北京自来水博物馆及历史建筑旧址 | 2016 | 京师自来水厂 | 1919 | 2016 | 2 | 东城区 |
| 09 | 京张铁路遗址公园（启动区） | 2019 | 京张铁路城区段 | 不详 | 2018 | 1.7 | 海淀区 |

N
0 2.5 5

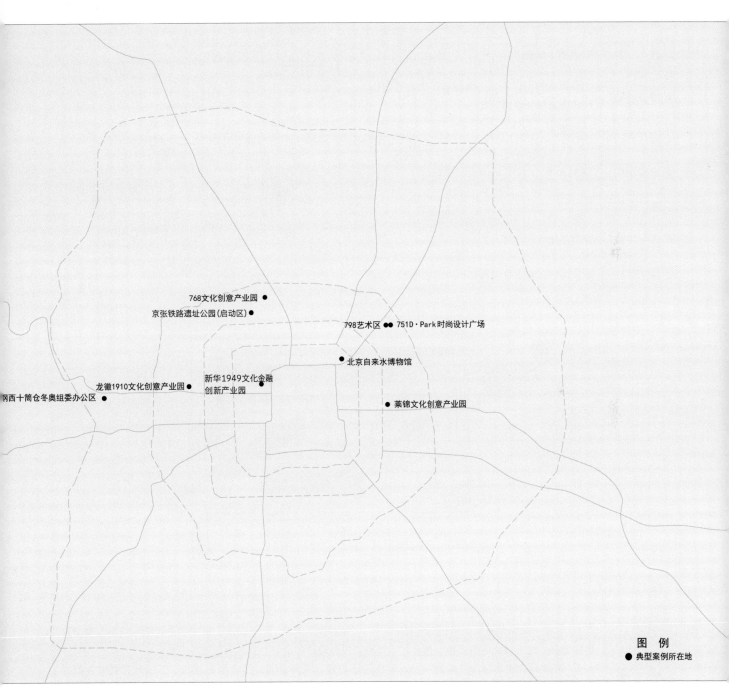

图6-0-1　9处案例实录所在位置分布示意

## 6.1 "大型事件"引导下的工业遗产保护与利用——首钢西十筒仓冬奥组委办公区

| | | |
|---|---|---|
| 案例名称 | 首钢西十筒仓冬奥组委办公区 | 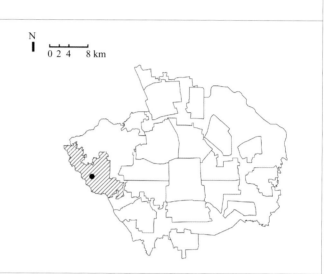 |
| 原 名 | 首钢西十筒仓 | |
| 地 址 | 北京市石景山区石景山路68号首钢新高端产业综合服务区西北部 | |
| 建厂时间 | 1949年 | |
| 占地面积 | 13.31公顷 | |
| 建筑面积 | 76951平方米 | |
| 产权所属 | 首钢集团 | |
| 功能置换 | 办公区、工业遗址公园、产业园区等 | |

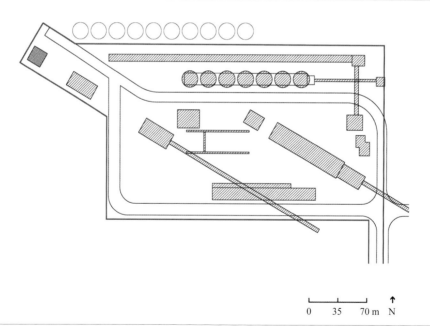

| | |
|---|---|
| 概 要 | 1. 首钢是北京最重要的现代工业遗产之一，2006年停产后，原址保留大量工业建（构）筑物以及设施设备遗存。位于西北区的"西十筒仓区"已经完成改造，目前是北京冬奥组委办公地。<br>2. 改造后功能定位为"冬奥广场、工业遗址公园、景观公园、城市织布创新工厂以及公共服务配套区"，是一座大型综合产业园区。<br>3. 原首钢办公楼、碉堡等遗产于2007年被列入北京市优秀近现代建筑保护名录。首钢工业区于2004年被认定为全国工业旅游示范点，2017年被列入中国工业遗产保护名录。 |

图6-1-1 首钢工业遗址改造后实景

首钢工业区是北京规模最大、价值最突出的工业遗产之一，位于石景山区石景山路65号，长安街西延长线末端，紧邻永定河，东端和东北部与石景山区古城毗邻，南与丰台区交界，是北京"一核一主一副、两轴多点一区"城市空间结构的重要组成部分，也是长安街及其延长线轴线的关键门户。首钢主厂区占地面积约7.07平方公里，建筑面积约200万平方米，除大型厂房外，还有独具钢铁行业特色的高炉、焦炉、筒仓、传送带、冷却塔、冷却池等设施设备。

西十筒仓位于首钢厂区西北侧，是一组建成于1990年代初期的钢筋混凝土仓库，为钢铁厂储存和运送矿石之用。改造后的西十筒仓区成为2022年北京冬奥组委办公区，三高炉及其周边区域被打造为首钢工业遗产博物馆和工业遗址公园（图6-1-1、图6-1-2）。

图6-1-2 由西十筒仓改造而成的北京2022年冬奥组委办公区

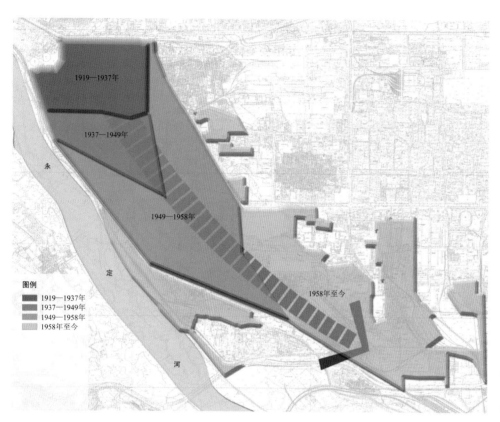

图6-1-3 首钢工业区工业遗产建成年代示意图

（资料来源：北京华清安地建筑设计事务所有限公司）

## 6.1.1 历史沿革

首都钢铁公司前身是建立于1919年的官商合办龙烟铁矿公司石景山炼铁厂，之后厂区屡遭兵祸，所有权也数易其手，先后由北洋政府、国民政府、日本南满铁路株式会社等所有。首钢的发展历史浓缩了中国近代华北地区的政局动荡历史，见证了北京钢铁工业发展从无到有、从弱到强的全过程，其历史发展脉络大致可分为以下五个阶段（图6-1-3）。

### 6.1.1.1 1919—1937年：官商合办龙烟铁矿公司时期

1919年，官商合办的龙烟铁矿股份有限公司在京西石景山地区建厂，标志着北京近代黑色冶金工业正式起步。但在外国资本和军阀混战的影响下，石景山炼铁厂一直未能正式建成，到1923

年时只完成全部工程的80%，直至"七七事变"仍未投产（图6-1-4）。

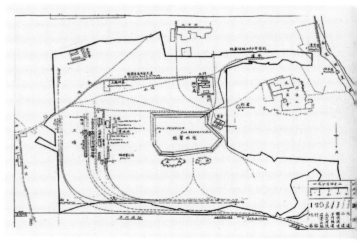

图6-1-4 首钢厂区1936年平面布置图

（资料来源：首钢总公司）

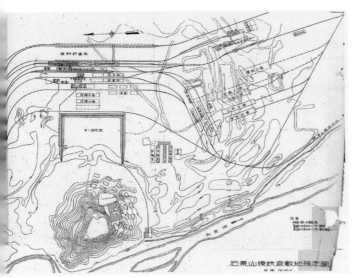

图6-1-5　1938年日本占领时期首钢建设图纸

（资料来源：首钢总公司）

### 6.1.1.2　1937—1945年：日本占领统治石景山制铁所时期

1937年日本侵略北京后强占石景山炼铁厂，将其改组为南满铁道株式会社华北兴中公司下属的"石景山制铁所"，并从日本国内搬迁二手设备，调用1000余名技术人员，驻军2000余人，强迫大批中国战俘和农民服苦役。1938年11月，高炉投产出铁，该厂成为侵略者掠夺华北资源的中枢（图6-1-5）。

### 6.1.1.3　1945—1949年：国民政府石景山炼厂时期

抗日战争胜利时，石景山铁厂被国民政府改组为国有企业，实行雇佣劳动制度。但由于日本侵略者破坏严重，国民党政府军和接收官员又大肆盗卖设备器材，致使资产大量流失，直至1948年才再次少量出铁（图6-1-6）。

### 6.1.1.4　1949—2005年：首钢大发展时期

1949年中华人民共和国成立时百废待兴，钢铁被列为重要物资，纳入国家统一计划范畴，石景山钢铁厂的发展也终于步入正轨。1958年5月厂区进行大规模扩建，同年8月15日，改名为石景山钢铁公司。1969年初轧厂建成投产，并生产出第一炉钢坯，结束了"首钢有铁无钢"的历史（图6-1-7）。1982年北京第一轧钢厂并入首钢，1983年1月1日原市属北京特殊钢铁厂、北京钢厂等21家黑色冶金企事业单位并入首钢。

图6-1-6　国民政府时期首钢照片

（资料来源：首钢总公司）

图6-1-7　1969年初轧厂第一根钢坯出炉

（资料来源：https://www.sohu.com/a/119552293_482071）

**6.1.1.5 2006年至今：新时代搬迁改造转型升级时期**

为配合2008年北京奥运会建设，首钢进入关停、转产阶段，生产线转移至河北曹妃甸等地升级投产，2010年石景山首钢主厂区全部停产，完整保留了大量工业建（构）筑物及设施设备（图6-1-8），首钢随即开展了工业资源调查和遗产保护研究。2015年西十筒仓作为启动区率先完成改造，成为2022年北京冬奥会组委会办公区。

首钢在北京工业发展史上具有极其重要的价值，不论从城市建设、行业发展还是技术研发等方面看，首钢都具有较高的工业遗产价值；其发展历程是中国钢铁工业从无到有的缩影：

①首钢代表着北京黑色冶金工业的建立和发展，开创了首都现代工业化建设历史，对北京城市发展产生了巨大影响。

②首钢是官僚资本与民族资本融合自主发展工业的尝试，也是中华人民共和国成立后自主设计、建造和壮大起来的钢铁生产企业，是我国最大的钢铁生产基地之一，在行业内具有突出的代表性。

③首钢的发展与中华人民共和国钢铁工业文明有着紧密的关系，创造了国内第一套制氧机、第一座氧气顶吹转炉、第一座自动化高炉等多个中国"第一"。

**6.1.2 遗存状况**

首钢厂区保留有各个时期的历史遗存，其中不少遗存在历史、文化、产业等方面具有突出的价值，因此改造与利用不能一蹴而就。2006年，清华大学、北京城市规划设计研究院、北京市建筑设计研究院、北京华清安地建筑设计事务所有限公司等相关单位分别围绕首钢的工业资源调查与价值评价、首钢工业遗产风貌评价值、首钢工业用地环境修复、首钢新产业发展用地规划等方面进行了专项研究，确立了文物保护建筑3项、强制保留建筑36项、建议保留建筑45项（图6-1-9）。在众多强制性保留建筑中，三高炉是最具有代表性的工业构筑物。三高炉始建于1958年首钢扩建期间，直到1970年2月才进行第一次大修，周期达11年之久，拆炉时发现炉底仅有不到6层被侵蚀，即建造11年的侵蚀率不到50%，在高炉冶炼史上

图6-1-8 首钢停产时鸟瞰实景
（资料来源：首钢集团）

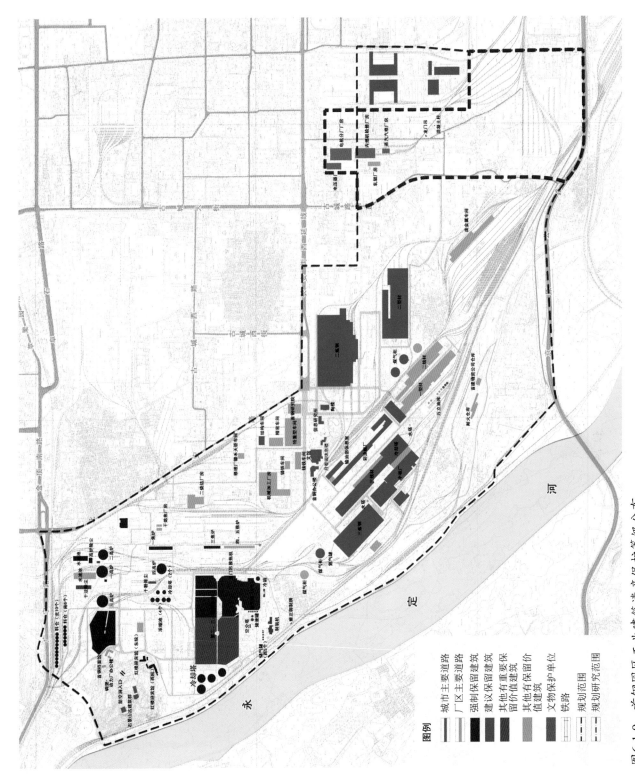

图6-1-9　首钢园区工业建筑遗产保护等级分布
（来源：北京华安清安地建筑设计事务所有限公司）

十分罕见，施工质量堪称一流。1993年6月2日，经过移地大修改造的首钢三高炉竣工投产，采用了29项国内外先进技术，达到当时世界最先进水平（图6-1-10）。

北部片区是首钢厂内工业遗产比较丰富的区域，炼铁厂、焦化厂等均集中于此，格局保存完整，历史脉络清晰，钢铁风貌鲜明。工业建筑遗产以单层大跨度厂房为主，质量风貌较好，空间宽大明亮，再利用价值很高。用于工业生产的高炉、冷却塔、贮气罐等构筑物也保存完好，为再利用提供了有利条件。此外，全厂有铁路约140公里，主要设备有7台翻车机，架空原料传送带长达十余公里。

西十筒仓遗址位于首钢园区西北端，北侧为S1线，南侧和西侧为市政规划道路，东侧为规划二路，总占地面积13.31公顷。筒仓建成于1990年代初期，承担为炼铁厂储存、运输原料的辅助功能，属原三高炉上煤系统的一部分。筒仓直径22米，高度30.3米，上部皮带通廊高度6米。筒仓内无壁柱，下部有料斗，外壁为钢筋混凝土结构（图6-1-11）。

图6-1-10　首钢三高炉实景

图6-1-11  西十筒仓改造前实景照片

### 6.1.3  保护与更新

2013年，西十筒仓改造项目被国家发改委列为全国老工业区搬迁改造首批试点，并率先改造其中的6个筒仓及1个料仓（图6-1-12～图6-1-14）。其中筒仓、料仓主体部分主要改造为办公区、会议区，东侧筒仓地下一层改造成工业遗产博物馆展厅，顶层传送带改造成餐厅等服务空间。筒仓改造采用边施工、边入驻模式，一期已入驻的5号、6号筒仓，能够满足初期九个部门、两个运行中心的办公需求。此外，西十筒仓南侧的高炉、冷却池等设施设备亦已完成改造，成为工业景观游览与体验的重要场所（图6-1-15～图6-1-20）。

图6-1-12  筒仓切割下的圆形混凝土块作为景观小品

193

图6-1-13 西十筒仓及顶层通廊改造后实景

图6-1-14 料仓改造后实景

图6-1-15 由冷却池区域改造而成的首钢园景观公园

图6-1-16 由高炉设施改造而成
的观景台实景

图6-1-17 首钢三号高炉改造后外部实景

图6-1-18 首钢三号高炉内部空间改造后实景

图6-1-19　首钢三号高炉内部设备遗存实景

以西十筒仓为代表的首钢工业遗产保护与再利用，是企业自持资产、自主投资、自上而下进行开发的典型案例，为探索北京工业用地更新与工业遗产保护树立了范本，体现出以下几点特色。

（1）工业遗产保护与大型事件相结合，实现遗产的精准保护与适应性再利用。

首钢的开发利用与2022年北京冬奥会相结合，将工业遗产置于更高、更广的起点来探索保护和再利用策略，首钢的开发超越了企业自身的利益，与北京城市发展息息相关，为首都的发展提供新动力。目前，除西十筒仓服务于冬奥组委外，冷却塔附近被改造成滑雪大跳台，为冬季运动项目提供了独一无二的比赛训练环境。此外，

图6-1-20　三号高炉顶端鸟瞰首钢工业遗产与石景山实景

高炉、冷却池、筒仓、料仓等工业遗产被改造成具有工业风貌的休闲景观公园，工业厂房则被改造成咖啡厅、星级酒店等园区配套服务设施。

（2）充分运用先进科学生态修复技术，因地制宜地开展遗产保护和环境治理。

西十筒仓的改造过程充分体现了生态环保和材料循环利用的理念：地面透水砖使用的是由首钢自主研发、经过回收再加工的固体建筑垃圾；步行道旁景观使用了厂区轨道枕木，部分照明设备是从首钢二型材老厂房中拆除的旧灯具等。景观工程中利用部分废弃的材料和设施进行艺术再加工，如筒仓改造过程中因采光需要而切割下来的圆形混凝土墙壁被用于景观小品，此外，景观照明还运用了光伏发电、太阳能光纤照明，水景系统采用无负压供水、雨水收集系统等先进生态节能和低碳减排新技术。

（3）企业自主开发、自持物业、自主管理。

首钢工业园区的整体开发由首钢建设投资有限公司负责，首钢建设投资有限公司于2010年6月注册成立，属集团全资子公司，承担首钢北京主厂区搬迁、腾退和再开发任务，负责土地开发、施工总包、专业承包、物业管理等功能，是首钢老工业区综合开发与管理的核心部门。由于转型方向、功能目标以及利益分配均由企业自身决定，因此企业自建的管理运营团队能够更有效率地实施遗产保护工作，最大限度地避免因过度追求

经济效益而出现"破坏式保护"。目前首钢工业遗址再开发正在稳步推进,西十筒仓区的率先利用示范,为首钢工业遗产的全面开发拉开了序幕。

### 6.1.4　非物质文化遗产

#### 6.1.4.1　企业文化

首钢在百年不断成长发展壮大中,孕育了优秀的企业文化,积淀了宝贵的精神财富,形成了个性鲜明、独具特色的企业精神。"敢闯、敢坚持、敢于苦干硬干",是首钢精神的集中体现。

"从来没有面对严峻形势退缩过,从来没有被困难吓倒过,从来没有遇到问题绕着走过"成为首钢过硬的良好作风。"敢担当、敢创新、敢为天下先"是新时期首钢精神的核心内容。2006年以来,首钢实施史无前例的钢厂大搬迁,成为我国第一个由中心城市搬迁调整向沿海发展的钢铁企业。首钢为成功举办北京奥运会作出了重大贡献,被北京市委市政府授予"功勋首钢"称号,首钢成为促进京津冀协同发展的先锋。①

---

① 引自 https://shougang.com.cn/sgweb/html/qywhtx/20170323/783.html。
② 央视《首钢大搬迁》网络播放地址:http://tv.cntv.cn/videoset/VSET100259696984。

#### 6.1.4.2　相关文献和资料

**（1）宣传片**

2016年1月，由中央电视台科教频道、首钢总公司、北京贺朗影视文化有限公司联合推出的大型纪录片《首钢大搬迁》[②]开播，共分6集，每集40分钟，讲述21世纪初，因北京市环保要求和城市发展空间布局的调整，首钢走出北京，在曹妃甸实现"钢铁强国梦"的历程。影片根据丰富的史实资料，分为"痛别北京城，还首都一片蓝天""冲破国际技术封锁，走向自主创新之路""植根循环经济，走向未来"三个部分讲述了首钢停产、搬迁和转型的历程，采用最平实的语言来陈述，并对炼铁高炉等静态景物以人性化手法来拉近镜头与观众之间的距离，塑造了新时期首钢"钢铁英雄"的形象，使影片更具亲和力。

2019年10月21日，首钢新闻中心发布了百年首钢宣传片《世纪征程》[①]，共计5集，对首钢发展诞生、发展、转型的历史进行了全面解读，展现了首钢的百年风雨历程。

**（2）厂志书籍**

1936年，卓宏谋所著的《龙烟铁矿厂之调查》由文岚移印书局出版。书中详细记录了1919—1928年首钢建厂及发展的历史，特别载"龙烟铁矿矿层之厚，矿质之佳，亦足为世界太古纪以后水成铁矿中之罕见者，推龙烟为首创，而肾状、鲕状矿并生，亦为其他矿所未有"，表明历史上是先有龙烟铁矿，后有石景山钢铁厂，证明了首钢的前世今生。此外，书中还绘有炼铁厂总平面图，成为研究首钢早期历史遗产的重要依据。

1958年，中共石景山钢铁公司委员会秘书室完成了《石景山钢铁公司扩建资料汇编》的编著，记录了抗战期间、解放战争期间以及"一五""二五"建设期间首钢由小变大、由弱到强的发展历程，成为继《龙烟铁矿厂之调查》后又一部研究首钢早期发展历史的关键文献。2019年，首钢集团出版《百年首钢》四册丛书和《百年首钢　世纪圆梦》画册，庆祝中华人民共和国成立70周年并纪念首钢建厂100周年。

---

① 首钢《世纪征程》网络播放地址：http://www.csteelnews.com/wlsp/spxw/201910/t20191023_18990.html。

## 6.2 "艺术IP"引导下的工业遗产开发与利用——798艺术区

| | | |
|---|---|---|
| 案例名称 | 798艺术区 | 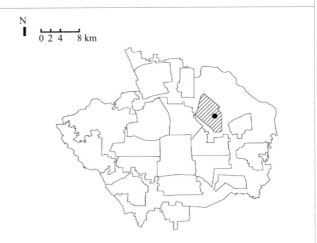 |
| 原　　名 | 华北无线电器材联合厂 | |
| 地　　址 | 北京市朝阳区酒仙桥路2号 | |
| 建厂时间 | 1957年 | |
| 占地面积 | 27.6公顷 | |
| 建筑面积 | 225000平方米 | |
| 产权所属 | 北京七星华电科技集团 | |
| 功能置换 | 当代艺术与文化聚集区 | |

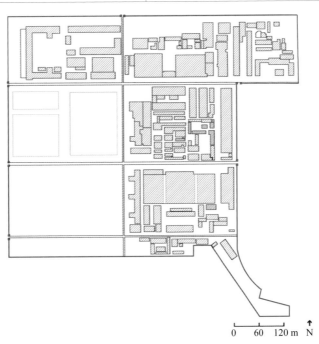

| | |
|---|---|
| 概　　要 | 1. 798艺术区位于原东北郊酒仙桥工业区内，前身是华北无线电器材联合厂，"一五"计划重点建设的电子企业，由民主德国援建。工业厂房从2001年起陆续被改造成艺术家工作室和画廊等，"工厂大院"格局基本完整。功能定位为当代艺术主题园区，用于艺术家工作室、画廊、餐饮、艺术品交易等功能，常年入驻率接近100%。<br><br>2. 2006年，798艺术区成为北京市首批文化创意产业园聚集地，并于2018年入选北京市第一批文化创意产业园区。<br><br>3. 798艺术区内的近现代建筑于2007年被列为北京市优秀近现代建筑，2018年被列入中国20世纪建筑遗产项目、中国工业遗产保护名录。 |

图6-2-1 798艺术区实景

798艺术区位于北京市朝阳区酒仙桥路2号，是北京乃至中国早期工业建筑再利用的经典案例。"798"源自国家"一五"期间建设的军工企业番号，是原华北无线电器材联合厂的第三分厂，现隶属于北京电控集团下属的七星集团。798艺术区占地面积约27.6公顷，建筑面积约22.5万平方米，主要经营艺术画廊、餐饮店、创意商业店铺等，逐步形成了"SOHO式艺术聚落"和"LOFT生活方式"，在2003年被外媒评选为全球最有文化标志性的22个城市艺术中心之一，目前已挂牌北京市第一批"文化创意产业园区"，是北京当代艺术最重要的展示窗口之一（图6-2-1）。

### 6.2.1 历史沿革

华北无线电器材联合厂由民主德国于1954年援建，是德国援建我国工业建设中规模最大的项目，1957年建成投产（图6-2-2），受到了党和国家领导人高度重视和多次视察。华北无线电器材联合厂下设第一（797厂）、第二（718厂）、第三器材厂（798厂）以及相关的配套厂区①，1964年4月，联合厂改制成立了直属706、707厂、718厂、797厂、798厂及751厂。1980年代后期，企业谋求转型升级，所生产的产品由单一的军工产品拓展成军民两用产品，虽有所起色但仍未使企业走出困境。1990年代起北京市政府着手对东郊电子企业

① 华北无线电器材联合厂是最早的企业名称，后因产品分工不同，分设797厂、798厂、718厂、751厂等分厂，但均在同一工厂大院内生产。由于最早开始进行外租用于艺术家工作的工业厂房位于798厂的回民食堂，故"798"的称号一直沿用至今，而随着艺术区名气越来越大，人们已习惯将华北无线电器材联合厂的原址统称为798厂。

图6-2-2　798厂建造时照片

（资料来源：http://www.mfcsevenstar.cn/about/sgyx/19.html）

进行改革，成立了北京电子控股有限责任公司，并于2000年遵循国家债权转股权政策，以原700厂、706厂、707厂、718厂、797厂、798厂等单位为基础组建北京七星华电科技集团（简称"七星集团"），751厂改制成正东电子动力集团，宏源公寓原属七星集团，后出让进行房地产开发（图6-2-3）。

798艺术区转型发展的历史脉络包括以下几个阶段：

（1）萌芽期（1997—2001年）

1997年中央美院雕塑系以低廉租金从七星集团租用空间作为雕塑工作室，从此开始陆续有艺术家进驻园区租用空间成立工作室。

（2）起步期（2002—2003年）

2002年七星集团物业管理中心成立，其最早以"三产办"（第三产业办公室）存在，后来成为综合部，主要职能是对外出租和管理房屋，发

图6-2-3　2004年的798厂实景

（资料来源：《北京志·电子工业志》）

展第三产业。2002年，美国人罗伯特租用798厂内的一座回民食堂改造成咖啡厅，租金为每日0.6元/平方米。咖啡厅的出现逐渐带动了整个厂区的发展，特别是随着知名艺术家的进驻，不到一年时间内，画廊、酒吧、杂志社等商业机构增加到约40个，艺术家工作室增加到30多个。

（3）发展期（2004年至今）

798厂原计划拆除后于原址建设"电子城"，享受与中关村电子城的同等待遇，但已经进驻的艺术家一致反对拆除，并通过各种方式积极展示798厂转型为艺术园区的独特优势。2005年北京市政府对798厂进行了考察和评价，最终确定将798

厂建设为文化创意产业聚集区，798厂得以保留，由七星物业集团和朝阳区政府派驻的798管委会共同负责园区的发展和建设。随着艺术区在国际上的知名度越来越高，798艺术园区成为国内外旅游者游览北京的重要景点，瑞典首相、瑞士首相、德国总理等不少外国重要高官先后前往参观，并被北京市政府列为文化创意产业聚集区之一，2018年798艺术区被认定为北京市首批文化创意产业园区之一。

### 6.2.2　遗存状况

798艺术区较为完整地保留了原有厂区格局，其中最具代表性的遗产——主体厂房是钢筋混凝土抛物线锯齿形薄壳单层厂房，是原塑压车间和机加工车间旧址，占地面积约2.3公顷，柱距7.8米，跨距14.74米，由民主德国机械工业部电讯工业局和德绍设计院设计，北京市第二建筑公司承建（图6-2-4、图6-2-5）。此外，还包括同时期建成的多层框架厂房以及单层库房等。

### 6.2.3 保护与更新

798艺术区以画廊、艺术品交易为主要业态，入驻率近100%，除较小面积的单层厂房被直接包租外，大跨度厂房和多层厂房则在内部进行空间划分后出租。以锯齿厂房为例，这座大尺度的单层厂房集中了20余家不同业态的"小单位"，既有2002年第一批入驻的东京画廊、洞房咖啡，也有2016年进驻的诺博茶叙、喳喳艺术照相馆等，"临时性使用"成为798保护与再利用的主要方式。

A公司于2002年入驻798，是园区第一批租户（图6-2-6），当时租金为每日0.6元/平方米。业主认为进驻798开设艺术书店和咖啡厅有两方面的主要优势：第一是租金便宜，而且零星艺术家的出现可以基本维持咖啡厅的运营；第二是798是一座"工厂大院"，独特的氛围与当代艺术相吻合。业主选定的是一座平房建筑，因为这座典型的北

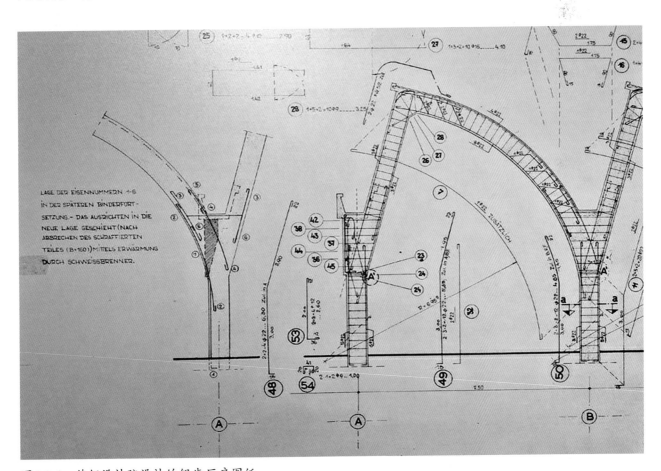

图6-2-4 德绍设计院设计的锯齿厂房图纸

（资料来源：http://www.sohu.com/a/212297796_800514）

图6-2-5　798厂锯齿厂房改造前实景

（资料来源：七星集团）

图6-2-6　A公司利用回民食堂改造的餐厅和咖啡厅入口

方双坡平房建筑面积约200平方米，大小合适，房屋质量良好，原本的食堂功能与计划开设的咖啡厅均为餐饮空间，改造的可行性较大。随着798艺术区的不断发展，艺术家不断聚集，业主有意扩大规模，将回民食堂南侧的工务平房也租下，并改造成画廊，形成前画廊、后书店和咖啡厅的院落格局。进入2008年后租金越来越高，且前来艺术区的人们对买书兴趣不大，书店难以为继，因此业主在2012年关闭了书店和画廊，全部改造成餐厅以保持收益，目前南段为西餐厅，北段为日料餐厅。由于A是第一家进驻园区的公司，因此七星集团给予租金优惠，目前租金约5元/天。

　　B公司是2016年6月进驻798艺术区的公司，是一家拥有国企背景、在全国开设30余家连锁店的企业，主要经营传统手工艺产品。B公司所租用的厂房在其进驻之前是由一位韩国艺术家租用，原来是一座单层工作室。B公司进驻之后，根据空间需要增设了夹层，一层用于展示和销售，二层用于管理和会客，改造设计由B公司内部设计团队完成（图6-2-7、图6-2-8）。

　　此外，798厂区内高大的单层厂房多被改造成画廊，成为工业建筑转型利用的普遍形式（图6-2-9～图6-2-14）。

图6-2-7　B公司将单层大跨度厂房改造为生活艺术展馆

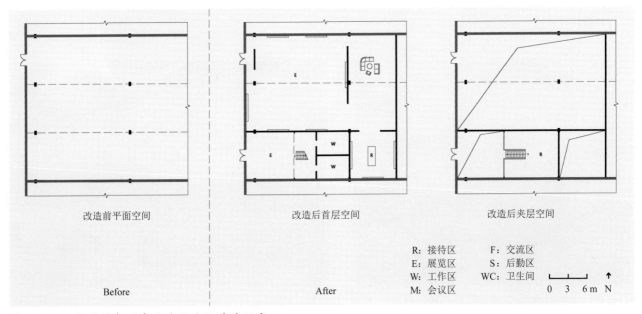

改造前平面空间　　改造后首层空间　　改造后夹层空间

Before　　After

R：接待区　　　F：交流区
E：展览区　　　S：后勤区
W：工作区　　　WC：卫生间
M：会议区

0　3　6m N

图6-2-8　B公司所在厂房改造后平面关系示意

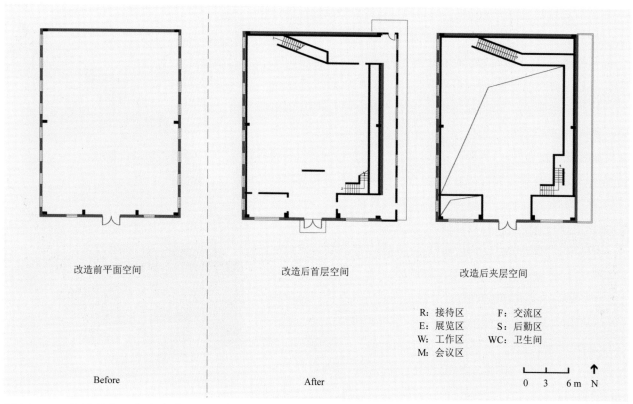

改造前平面空间　　　　　改造后首层空间　　　　　改造后夹层空间

R：接待区　　　　F：交流区
E：展览区　　　　S：后勤区
W：工作区　　　　WC：卫生间
M：会议区

Before　　　　　　　　　After　　　　　　　　0　3　6 m　N

图6-2-9　C公司所在厂房改造前后平面关系示意

图6-2-10　C公司利用单层大跨度厂房改造的美术馆

图6-2-11　C公司改造的美术馆内部

图6-2-12　锯齿厂房改造前旧貌

图6-2-13　锯齿厂房改造成画廊

图6-2-14 798艺术区佩斯北京画廊实景

798艺术区是北京第一个真正意义上自下而上推动工业遗产保护与再利用的项目，也是最早一批成功转型为文化创意产业园区的案例。其保护与再利用的过程体现以下几方面特点。

（1）工业遗产的改造与利用突出个性化与多样化，以"用"代"保"。

798艺术区是自下而上进行改造利用的代表，在不改变园区整体格局的前提下，"各自为政"的建筑改造方式亦成为798艺术区的一个重要特色，每座工业厂房、设施设备的改造都凸显出了使用者的个性。798艺术区丰富多彩的建筑改造形式，反映出一种应对工业遗产的态度和策略：采用"以用代保"的方式，将具有突出历史价值的工业遗产（如包豪斯锯齿厂房）和一般性工业遗存进行充分的改造和利用，在利用的过程中实现对建筑遗产的修复和保护。

（2）体现与时俱进的业态交替，空间转型不断升级。

798的转型经历了三个主要阶段：第一阶段是艺术家聚集地时期，这一时期798的名气逐渐显露，但由于园区未来的发展前景并不明确，因此798并没有真正意义上"火"起来，但艺术家聚集现象出现已经引起人们的关注。第二阶段是商品化时期，这一时期798艺术区的身份被官方认可，特别是借助2008年奥运会的契机，798艺术区被西方媒体广泛宣传和赞扬，798名气越来越大的同时引发大规模聚集效应，租金上涨迫使业态逐步转变，艺术家工作室逐渐撤走，商业和艺术品交易等产业的企业逐步进驻，人员流动性极大，这种变化是一种市场化的导向。第三阶段是798艺术区"经营发展"阶段，798成为北京普通民众休闲旅

游的场所之一，其不仅是一个商业场所，而且结合751D·PARK时尚设计广场等园区的逐步发展，共同构成了一个引领时尚、艺术发展的综合体。

（3）塑造了新时代的艺术IP符号，突出当代艺术界的领军地位。

当代艺术的蓬勃发展，使798获得了继续存在的动力。经过了近20年的发展，今天的798已经不仅是一个艺术聚集区，而且还是当代艺术家向往的圣地。它开启了北京乃至全国范围内工业遗产向艺术区的转型，影响和吸引了一批又一批青年艺术家不断聚集。作为当代艺术作品与传统工业风貌相映生辉的典范，它打造了北京独一无二的艺术IP符号，成为北京的文化时尚名片。

此外，2010年11月7日，在北京798艺术剧场召开了首届中国工业建筑遗产学术研讨会暨中国建筑学会工业建筑遗产学术委员会成立大会。798见证了我国第一个关于工业遗产研究与保护的学术组织正式成立，从此我国工业遗产的学术研究迈上一个新的台阶（图6-2-15）。

### 6.2.4　非物质文化遗产

#### 6.2.4.1　企业文化和重要事迹

798艺术区的前身是"一五"期间建设的国营北京华北无线电器材联合厂，即718联合厂——中华人民共和国成立后建设的第一个电子工业基地。718联合厂是国家"一五"期间156重点项目之一，由周恩来总理亲自批准，工厂区由苏联、民主德国援建。当时，民主德国副总理亲自挂帅，利用全国的技术、专家和设备生产线，完成了这项工程。因为民主德国没有同等规模的工厂，所以德方组织了44个院所与工厂的权威专家成立了718联合厂工程后援小组，集全国的电子

① 高学礼. 北京798艺术区的"三个第一"[J]. 北京党史，2014(1)：55-56.

工业力量，包括技术、专家、设备生产线，完成了这项带有乌托邦理想的盛大工程。建筑的设计和施工全部由民主德国完成，因此秉承了民主德国"包豪斯"的设计风格，是中国第一个"包豪斯"风格的建筑群。[①]

当时的华北无线电器材联合厂以生产无线电零部件为主，中国第一颗原子弹的很多重要零部件的生产和制造任务就由这座工厂承担完成。但自1980年代后期开始，企业亏损严重，工人纷纷下岗，大片厂房与车间处于闲置状态，至此北京华北无线电器材联合厂完成了它的历史使命，转型为艺术区后，成为当代北京艺术的城市名片。[①]

### 6.2.4.2　相关文献和资料

（1）纪录片

2010年郑阔导演的纪录片《798站》播出，导演利用两年多的时间，先后采访了近100位艺术家和艺术界人士。在长达105分钟的时间里，讲述了处在高度变革期的798艺术区，第一次将798艺术区所蕴含的独特、先锋的精神呈现在大众面前。

此外，李红导演的央视五集纪录片《798》[②]，着重回溯了798工厂的工人生活和企业历史，并重点展现出798在转型过程中所体现出的文化气质798已不再是一个工厂编号，而成了全新而又独特的文化标志。

（2）厂志书籍

2005年，Li Jiangshu的著作 798—A Photographic Journal by Zhu Yan 出版，记录了早期798厂区停产出租始末，书中收录了大量早期艺术家工作室照片，是798艺术区早期图像记录中的重要文献。2008年，黄悦著有《北京798》，这是国内较早的专门介绍798艺术区的书籍，除了若干任务采访外，书中还收录了大量798早期真实图像资料。2010年，叶滢的著作《窑变798》出版，介绍了798从社会主义工厂到当代艺术实验场的蜕变历程，公开了对黄锐、罗伯特等早期798开拓者的访谈记录，较为全面地记录了798转型过程。

图6-2-15　798剧场内召开首届中国建筑学会工业建筑遗产学术委员会

---

① 阮晓东.798艺术区，何去何从 [J]. 新经济导刊，2013(4)：71-74.

② 央视《798》视频播放地址：http://tv.cntv.cn/video/C14864/.

## 6.3 "时尚地标"引导下的工业遗产开发与利用——751D·PARK时尚设计广场

| | | |
|---|---|---|
| 案例名称 | 751D·PARK时尚设计广场 | 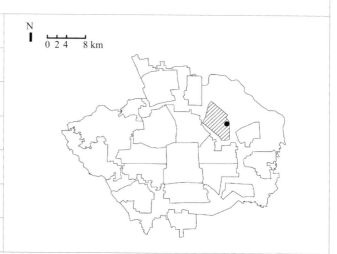 |
| 原 名 | 华北无线电器材联合厂动力分厂 | |
| 地 址 | 北京市朝阳区酒仙桥路4号 | |
| 建厂时间 | 1954年 | |
| 占地面积 | 26公顷 | |
| 建筑面积 | 87534万平方米 | |
| 产权所属 | 北京正东煤气集团 | |
| 功能置换 | 时尚设计园区 | |

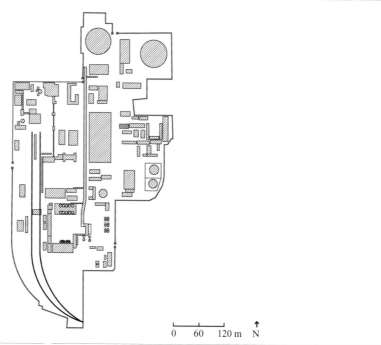

| 概 要 | 1. 751D·PARK时尚设计广场位于原东北郊酒仙桥工业区内，毗邻798厂，前身是华北无线电器材联合厂第五分厂（也称动力分厂），2007年起陆续改造并投入使用。园区完整保留了储气罐、烟囱、天车等特色工业设施。<br>2. 改造后的功能定位为以"服装、时尚设计"为主题的艺术园区，是北京市重要的时尚园区之一，吸引众多国际大牌在此举办发布会等活动，常年使用率近100%。2018年被列为北京市首批文化创意产业园区。<br>3. 2018年，751D·PARK时尚设计广场被列入国家工业遗产名单以及中国工业遗产保护名录。 |
|---|---|

图6-3-1 751D·PARK时尚设计广场实景

751D·PARK时尚设计广场位于北京市朝阳区酒仙桥路4号，前身是原华北无线电器材联合厂的动力分厂，占地面积约26公顷，北起酒仙桥北路，南至万红路，东侧毗邻电子城科技园区，西侧与798艺术区紧密相连。751D·PARK时尚设计广场以时尚设计为产业主题，集设计展示、发布与交易，产业配套与生活服务等功能于一体，旨在打造时尚设计产业交易平台。751厂历史建筑现已被列入"国家工业遗产名单"和"中国工业遗产保护名录"，并于2018年入选北京市第一批文化创意产业园区（图6-3-1）。

### 6.3.1　历史沿革

751厂始建于1954年，是北京华北无线电器材联合厂第五分厂（也称动力分厂），由民主德国援建，1954年开始土建施工，1957年10月建成投产，是我国第一家大型电子元件工厂，产品包括当时所有军需、民用品类的电子元器件，是我国电子工业自力更生发展和配套电子设备生产的先驱。1964年4月四机部撤销了北京华北无线电器材联合厂建制，将各分厂独立为部直属的706厂、707厂、718厂、797厂、798厂及751厂，后751厂成立为北京正东动力集团。751厂的煤气生产经过1980年代、1990年代两次扩建，日产重油裂解煤

气达80万立方米，为北京城市发展提供了强大的动力支撑，承担北京市三分之一的煤气供应任务。2003年，随着"煤改气"的全面推广与普及，751厂煤气生产业务正式停止（图6-3-2、图6-3-3）。

2006年，正东电子动力集团与中国服装设计师协会联合，向北京市工业局提出书面申请，申请创建"北京正东设计师广场"并得到支持，自此751厂正式走上了转型成为时尚设计园区的道路。首批改造利用项目主要是将3000平方米的工业厂房和闲置煤气罐等工业构筑物置换为服装设计工作室和时尚会馆等。

图6-3-2　751厂停产后实景

（资料来源：正东动力集团）

图6-3-3　751锅炉房改造前实景

（资料来源：正东动力集团）

## 6.3.2　遗存状况

751厂完整保存了原有工业设施设备以及各类厂房，包括制气、净化、锅炉、压送、污水处理等5个工段，计34个单位工程，总建筑面积15794平方米（表6-3-1）。1982年建成的15万立方米储气罐及加压机房，是压送工段的主要建（构）筑物，基础为沿圆周方向的钢筋混凝土箱型结构，中间为钢筋混凝土底板，由天津市市政工程设计院设计，中建一局承建。1990年代中后期又陆续加建了5000和7000立方米的油罐和缓冲气罐等（图6-3-4、图6-3-5）。

图6-3-4　751厂硫酸塔改造前实景

（资料来源：正东动力集团）

图6-3-5　储气罐改造前实景（资料来源：正东动力集团）

表6-3-1　751厂改造前后部分工业建筑遗产相关数据统计

| 改造前 | | | | 改造后 | | | |
|---|---|---|---|---|---|---|---|
| 原建筑名称 | 面积（平方米） | 结构形式 | 建筑年份 | 改造后用途 | 面积（平方米） | 结构形式 | 改造年份 |
| 新15万立方米储气罐 | 2631 | 钢 | 1982 | 97罐探客数字文化体验馆 | 2631 | 钢 | 2012 |
| 5000立方米油罐 | 1500 | 钢 | 1990 | 活的3D博物馆 | 1500 | 钢 | 2012 |
| 7000立方米缓冲气罐 | 1000 | 钢 | 1990 | 拆后留下框架 | 1000 | 钢 | 2007 |
| 100立方米中间罐 | 30 | 钢 | 1990 | 公共卫生间 | 30 | 钢 | 2012 |
| 脱硫塔 | 200 | 框架 | 2002 | 空间美学馆时尚回廊 | 3000 | 框架 | 2010 |
| 材料库 | 2347 | 框架 | 1980 | 设计师广场 | 3500 | 框架 | 2007 |
| 循环水泵房 | 4500 | 框架 | 1980 | 创意办公楼艺术彼岸等 | 4500 | 框架 | 2012 |
| 洗衣厂房 | 500 | 框架 | 1980 | 已拆除，现作为广场 | | | |
| — | | | | 新建动力广场餐饮配套区 | 950 | 框架 | 2007 |

### 6.3.3　保护与更新

　　15万立方米储气罐内部空间被改造成多媒体会场，用于时尚品牌的发布会或时装秀表演活动（图6-3-6）。两座容量为100立方米的中间罐曾是生产工段中的配套设施，单体建筑占地面积为30平方米，被改造为园区公共卫生间（图6-3-7、图6-3-8）。

图6-3-6　由储气罐改造的发布会会场

图6-3-7　中间罐空间转型利用实景

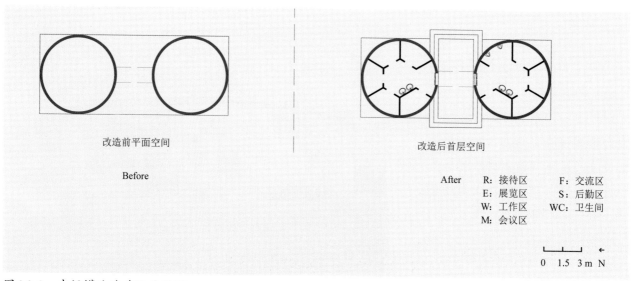

改造前平面空间

Before

改造后首层空间

After　　R: 接待区　　　　F: 交流区
　　　　E: 展览区　　　　S: 后勤区
　　　　W: 工作区　　　　WC: 卫生间
　　　　M: 会议区

0　1.5　3 m　N

图6-3-8　中间罐改造前后平面图

751D·PARK时尚设计广场是自上而下、自主开发的典型案例，其保护与再利用体现出以下几点特点：

（1）突出工业设施、设备的改造利用，自上而下地开发和策划不同主题空间。

751园区结合自身工业设施设备数量多、规模大的特色，打造了多元化的体验互动空间。特别是不同尺度广场的营造，为举办各类活动提供了与众不同的户外环境（图6-3-9）。751园区现设五大特色体验活动区：

①动力广场区，建筑面积约3000平方米，突出高炉、烟囱、天车等工业风貌，用于举办大型室外发布会、创意摄影展等，曾作为皮尔卡丹、可口可乐等知名品牌发布会场地。

②老炉区广场，建筑面积约5700平方米，突出旧式蒸汽设备工业风貌，用于举办大型时尚品牌发布会，曾作为路虎、士力架等品牌的发布会场地。

③时尚回廊，建筑面积约3000平方米，突出脱硫罐和龙门吊的工业风貌并开拓了脱硫罐内部空间，用于举办室内互动展览、论坛等（图6-3-10）。

④火车头广场，建筑面积约1500平方米，突出展示的是1970年代唐山机车厂制造的一辆蒸汽火车的车头，并利用火车厢、站台等特色空间打造小型餐饮场所（图6-3-11）。

⑤储气罐区，751储气罐包括79号罐（建筑面积约3500平方米）和97号罐（建筑面积约4000平方米）。二者容积均达到15万立方米，其中79号罐曾是北京煤气生产历史上第一座15万立方米低压湿式螺旋式大型煤气储罐。其塑造了独一无二的穹顶式空间，是751园区最具代表性的特色空间之一，常年被国内外大牌青睐，曾作为佳能、奥迪、兰博基尼、爱马仕等产品发布会或举办庆典的场地。此外，还有若干小容积储油罐被改造成创意体验空间（图6-3-12）。

图6-3-9　室外露天集会广场与设备遗存实景

图6-3-10　时尚回廊实景

图6-3-11　火车头广场实景

五大功能区体现了751园区的发展特色，与自下而上发展起来的798园区不同的是，751园区虽然启动相对较晚，但汲取了798园区发展过程中的重要经验，采用自上而下的发展方式，避免二房东、转租等现象出现；同时，由创意产业办公室全权负责园区保护、开发与利用工作，改造秩序井然、理念清晰，形成了自身独特的发展优势。

（2）密切结合首都城市职能定位，打造品牌活动助推园区向顶级设计产业园区转型。

工业遗产改造成创意产业园区并不鲜见，但751园区的成功之处在于将设计创意与国际交流紧密结合，与首都北京"国际交往中心、科技创新中心"的定位充分契合，通过打造"751国际设计节"等品牌活动，确立了其无可替代的地位，也进一步将工业遗产的保护与利用推向国际舞台。

2011年9月，751园区创办第一届"751国际设计节"，主题定为"迷你创意世博会"，大部分设计展示活动由各国驻华使馆推荐，为观众呈现了一场新

图6-3-12　由储油罐改造而成的朋克艺术展厅

鲜而有趣的博览盛会，一战成名。此后每年9月，751园区都会举办不同主题的国际设计创意活动，有来自荷兰、英国、意大利、法国、丹麦、美国、西班牙、韩国等10余个国家和地区的参展商和国际设计大师先后前来参展，参与有关创意设计的展示交易、互动体验、文化交流等活动（图6-3-13）。

（3）空间运营转向文化运营。

751园区的发展已经从早期的运营"创意空间"转向运营"创意文化"。在早期深耕"时尚

图6-3-13　751国际设计节

（资料来源：https://www.sohu.com/）

设计"产业期间，园区充分利用工业遗产的空间资源，举办各类论坛、发布会，拓展园区知名度并建立了资源通道，设立文化发展基金并逐渐培育自己的管理运营团队，逐步转型成文化创意和科技创新的国际平台；园区发展也从早期的创意空间改造，进一步转型到对创意产业的整合与培育。近年来园区举办的各类创意活动达到500余场，参与人数80余万，成为了拥有自主品牌和经营亿级以上规模文化内容的园区。

### 6.3.4 非物质文化遗产

#### 6.3.4.1 企业文化和事迹

751D·PARK时尚设计广场前身是国营751厂，始建于1954年，系国营华北无线电器材联合厂第五分厂，为电子产业提供综合能源供应及保障。热电产业和煤气产业曾是其主产业，热电产业目前仍在持续发展并不断扩大；煤气产业经过1980年代、1990年代两次扩建，日产重油裂解煤气达到80万立方米，为北京城市发展、生产生活提供了稳定的保障，曾与北京焦化厂、首钢煤气厂并列为首都三大人工煤气气源厂。[1]2000年751厂正式改制成北京正东电子动力集团有限公司。751厂几十年来一直拓展和发展能源产业，是覆盖北京电子城地区水、电、热等能源供应的大型综合性动力企业。[2]

751D·PARK的两个巨大储罐是北京市煤气生产历史上首次出现的低压湿式螺旋式大型煤气储罐，直径67米，始建于1979年。这种煤气储罐共分5节，升起后最高端可达68米，而整体的容量可达15万立方米，有"小鸟巢"之称。在北京的历史上，这样类似的大罐共有7座，现存的仅有751D·PARK时尚设计广场的这两座。[3]

#### 6.3.4.2 相关书籍资料

2014年，751D·PARK时尚设计广场组织编著了《751北京时尚设计广场》，采用中英文双语形式，以重要事件为主线，记录了2014年由751园区承办的751国际设计节、北京国际设计周等相关活动。

[1] 引自 http://www.cinn.cn/gywh/201904/t20190429_211445.html。
[2] 赵阳. 751: 工业历史与创意设计的华美乐章 [J]. 北京规划建设，2014(6)：105-109.
[3] 引自 https://baike.baidu.com/item/751D%C2%B7PARK%E5%8C%97%E4%BA%AC%E6%97%B6%E5%B0%9A%E8%AE%BE%E8%AE%A1%E5%B9%BF%E5%9C%BA/3905201?fr=aladdin。

## 6.4　"创意办公"引导下的工业遗产开发与利用——莱锦文化创意产业园

| | |
|---|---|
| 案例名称 | 莱锦文化创意产业园 |
| 原　　名 | 京棉集团二分公司 |
| 地　　址 | 北京市朝阳区八里庄东里1号 |
| 建厂时间 | 1954年 |
| 占地面积 | 14公顷 |
| 建筑面积 | 约100000平方米 |
| 产权所属 | 北京京棉纺织集团有限责任公司 |
| 功能置换 | 文化创意产业园 |

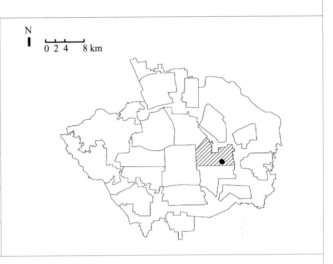

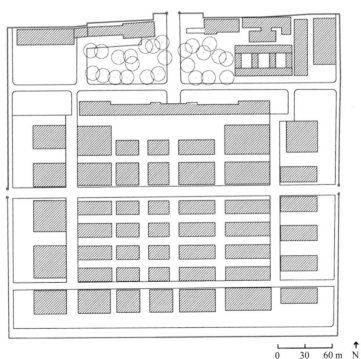

| | |
|---|---|
| 概　　要 | 1. 莱锦文化创意产业园位于原北京东郊棉纺工业区内，曾是京棉二厂所在地，1950年代建设的单层锯齿厂房及办公楼得到保留并进行了改造利用，目前是CBD重要的文化创意产业园之一，2015年被授予"北京市文化创意产业示范单位"称号，2018年挂牌北京市第一批文化创意产业园。<br>2. 改造后的功能定位为"创意企业办公"，主要用于小微创意企业办公，常年入驻率100%。 |

图6-4-1　莱锦文化创意产业园实景

莱锦创意产业园位于朝阳区八里庄东里1号，地处CBD东区门户地带，位于北京东四环慈云寺桥以东700米，距中央电视台新址仅3公里，西抵八里庄路，北接朝阳路，占地面积约13公顷，建筑面积约11万平方米。园区所在地曾是北京第二棉纺织厂，1990年代传统纺织工艺衰落，老厂区闲置。2008年京棉二厂动工改造，2011年9月正式投入运营。目前园区吸引了蓝海电视、东方风行、宣亚集团等170家企业入驻，其中90%以上为文化创意企业，余者为产业配套企业，现园区内文化类上市公司不少于5家，园区企业年产值已超过100亿元。2015年莱锦文化创意产业园被授予"北京市文化创意产业示范单位"称号，2018年被列为首批北京市级文化创意产业园（图6-4-1）。

### 6.4.1　历史沿革

北京棉纺织厂是北京市最早建设的棉纺织企业，1953—1957年，相继建成第一棉纺织厂、第二棉纺织厂和第三棉纺织厂，后期又加建了北京印染厂等相关企业，曾被称作十里堡"纺织城"，总投资1.7亿元，占地面积约136公顷，总建筑面积48.86万平方米，厂区东西长1463米，南北宽930米，自东向西一字排开，设有专用铁路运输线，分引至各个仓库区。[①]厂区由纺织工业部设计院和北京市建筑设计院共同设计，纺织工业部承建。

棉纺厂是中华人民共和国成立初期为解决民生问题而建设的大型工业项目，得到了党和国家领导人的高度重视，毛泽东主席曾亲自观看纺织一厂女工演示织布机器操作，周恩来总理曾亲自到京棉二厂车间考察调研（图6-4-2、图6-4-3）。

1990年代中后期，中国纺织业开始向纵深方向调整，相对传统的生产方式导致企业市场竞争力不断下降。按照北京工业布局的新规划，1997年京棉一厂、二厂、三厂整合为北京京棉集团，生产线迁至顺义工业区，原厂停产闲置。为了解决企业转型调整过程中的经济包袱，京棉一厂和三厂先后进行了土地协议出让，工业遗产全部拆除；京棉二厂由于曾是集团总部所在地而避开了第一次房地产开发热潮，建筑遗产得以幸存。

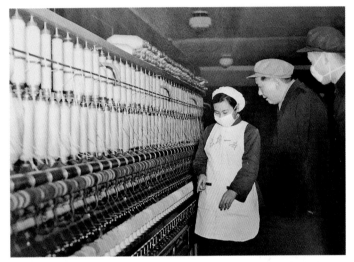

图6-4-2　京棉一厂工人为毛泽东主席演示纺织机械操作
（资料来源：《北京志·纺织志》）

图6-4-3　周恩来总理到京棉二厂车间考察
（资料来源：《北京志·纺织志》）

---

① 北京市地方志编纂委员会．北京志·工业卷·纺织工业志、工艺美术志 [M]．北京：北京出版社，2002.

### 6.4.2  遗存状况

京棉二厂占地面积14公顷，总建筑面积约10万平方米（表6-4-1），其代表性核心工业建筑遗产为1957年建成的单层锯齿形框架结构纺织车间（图6-4-4、图6-4-5），柱跨12×7.8米，建筑面积5.9万平方米，厂房四周及中间贯穿南北的有平顶附属用房，采用装配式预制框架结构，天窗采用双层钢窗，屋顶有维护结构，地面采用菱苦土，双梁与天沟板形成门形支风道。该车间由工业部纺织局设计所设计，中建一局五公司承建。[①] 此外，厂区办公楼将传统中式建筑特色与西方现代建筑风格融为一体，具有鲜明的民族特色（图6-4-6）。

表6-4-1  京棉二厂改造前后主要工业建筑遗产相关数据统计

| 改造前 | | | | 改造后 | | | |
|---|---|---|---|---|---|---|---|
| 原建筑名称 | 面积（平方米） | 结构形式 | 建筑年代 | 改造后用途 | 改造面积（平方米） | 结构形式 | 改造年份 |
| 锯齿生产厂房 | 59000 | 框架 | 1950 | 局部拆除后改造成C区办公区 | 73000 | 框架 | 2012 |
| | | | | CF01为中国数码集团北京办公区 | 1500 | | |
| | | | | CF13为RCE新城镇建设工作室 | 750 | | |
| 办公楼 | 8051 | 框架 | 1950 | B区商务配套区 | 6000 | 框架 | 2012 |
| 三万钉厂房 | 9416 | 混合 | 1970 | 拆除，新建A区办公区 | | | |

图6-4-4  纺织车间锯齿厂房天窗实景

（资料来源：京棉二厂）

①北京市地方志编纂委员会. 北京志·建筑卷·建筑工程志 [M]. 北京：北京出版社，2003.

图6-4-5　纺织车间锯齿厂房停产后内部实景
（资料来源：京棉二厂）

图6-4-6　具有民族特色的办公楼历史照片
（资料来源：京棉二厂）

2008年京棉二厂进行改造，由国棉文化创意产业发展有限公司（国资委国通公司与北京纺织控股有限责任公司共同组成）主导园区开发建设工作，2011年9月改造完成并正式开园。园区从功能上分为三个部分：一是文化创意产业交流中心和产品展示交易区，搭建政策信息服务、展示交易宣传和培训招聘服务等公共服务平台；二是被保留下的特色优秀建筑区，在保留原有建筑风格的基础上改造成为创意服务中心；三是46栋300～5000平方米独栋工作室区，是小微文化创意企业创意办公区。

### 6.4.3　保护与更新

莱锦文化创意产业园是北京CBD地区最具代表性的工业遗产之一，也是京棉集团为数不多的建筑实体遗产所在地（图6-4-7、图6-4-8），也是较早将工业遗产进行市场化开发的案例，具有探索性和先锋性。莱锦文化创意产业园的保护与再利用体现出以下几点特点：

（1）企业自持与社会资本合作运营，以市场需求为导向，紧抓客户人群。

合作运营是莱锦文化创意产业园进行开发和运营的特色方式，京棉集团与国资委共同成立北

图6-4-7　莱锦文化创意产业园改造后鸟瞰实景

（资料来源：http://guoliangjob.com/北京创意产业园1）

图6-4-8　具有民族特色的办公楼被改造成产业园办公室

京国棉文化创意产业发展有限公司，与北京宏业华泰咨询公司共同投资和管理园区。[1]莱锦文化创意产业园是北京地区最早一批将工业遗产改造成文化创意产业园区的项目，在早期探索过程中，积极引入社会资本共同开发和运营，取得了较好的效果。

合作运营一方面使产权人介入到工业建筑遗产转型目标的决策中，有助于其控制资产发展方向和利用效率；另一方面也使闲置空间资源的开发利用更接近市场需求；二者取长补短，各取所需。

（2）闹中取静、密中留疏，在高密度CBD中打造特色低密度办公环境。

莱锦文化创意产业园在寸土寸金的CBD打造了一个独一无二的低密度办公区，特别是早期租金价格与高层写字楼基本相当甚至更低，但却拥有更加舒适的办公环境，成为吸引小微创意企业聚集的重要优势。京棉二厂的改造保留了低矮的纺织车间结构（图6-4-9、图6-4-10），在充分利用锯齿空间高度的基础上，在园区内形成了"五横四纵"的内部街巷，进一步拓展了园区的公共室外空间，也为创意企业彼此之间的互动提供了必要场地（图6-4-11、图6-4-12）。

---

[1] 引自笔者对莱锦文化创意产业园（样本18）园区管委会工作人员的访谈记录。

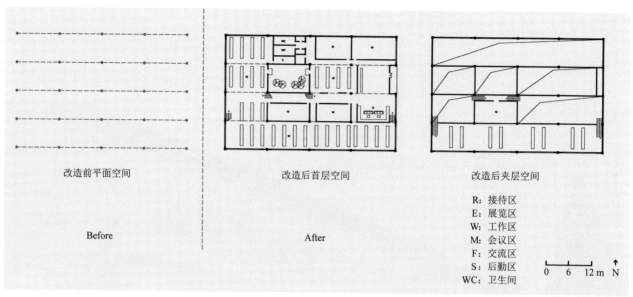

改造前平面空间　　　　　　　　改造后首层空间　　　　　　　改造后夹层空间

Before　　　　　　　　　　　　After

R：接待区
E：展览区
W：工作区
M：会议区
F：交流区
S：后勤区
WC：卫生间

0　6　12 m　N

图6-4-9　锯齿厂房建筑改造平面图

图6-4-10　锯齿厂房改造后实景

图6-4-11 锯齿厂房改造后形成的室外景观步道

图6-4-12 锯齿厂房改造后形成的室外街道

此外，园区的东、西、南三面新建了16座3～4层的独栋办公楼，以满足更大规模的创意企业办公需要（图6-4-13），包括中国国际广播电视台下属的央视创造传媒有限公司、浙江华策影视北京办事处等知名企业均在第一时间入驻园区。

（3）构建服务与协作平台，为园区的可持续发展提供动力。

莱锦文化创意产业园积极搭建多层次共享平台，如搭建公共服务平台，包括安保、基础设施的维护、交通管理等具体内容，为入驻企业提供最大程度的安全和便利。同时，通过与相关机构合作，免费为入园企业提供工商注册及迁址等服务。[1] 此外，还构建了协作机制平台，与北京其他文化创意产业园区共同承办北京时装周等大型活动，进一步提高了园区的知名度和影响力，最大限度地发挥园区整体价值。

图6-4-13 园区新建独栋办公建筑实景

① 范周，梅松. 北京市保护利用老旧厂房拓展文创空间案例评析 [M]. 北京：知识产权出版社，2018.

### 6.4.4　非物质文化遗产

#### 6.4.4.1　企业文化和重要事迹

北京莱锦文化创意产业园的所在地曾是北京第二棉纺织厂，它是当时我国规模最大的棉纺织厂，1955年建成投产，是我国第一家采用国产设备、规模最大的棉纺织厂，是中华人民共和国工业建设的缩影。1970年代，京棉二厂开发的涤棉混纺品种产量逐年递增仍供不应求。1980年代棉纺厂还需要通过实行"四班三运转"的劳动制度来保证企业生产。

1997年，随着北京产业结构调整，处于困境中的京棉一厂、二厂、三厂被组建成北京京棉纺织集团有限责任公司。围绕着是否要将京棉二厂的土地置换开发成房地产项目，企业内部持续讨论了3年左右，至2008年，京棉集团表示为实现企业转型和保护工业遗产，计划将京棉二厂改建为文化产业园。2009年2月，京棉集团与国通公司共同出资成立了北京国棉文化创意发展有限公司。国棉打造的"莱锦文化创意产业园"于2009年12月开始改造，2011年3月底全面改造完成，历时1年零4个月，同年9月正式开园。[①]

京棉二厂的中心主厂房建于1954年，是单层锯齿形厂房，由国内工程技术人员参考苏联的项目设计建造，国内同时期的其他纺织厂也基本都采用相同的设计和技术参数。厂房东西向长约300米，南北向长约200米，占地面积约5.8公顷，锯齿屋面的最高点高度为8米。[②]

#### 6.4.4.2　相关文献和资料

1994年出版的《经纬春秋——京棉一厂发展史（1954—1994）》，记录了京棉一厂自1954年建厂以来的发展建设情况，是研究计划经济时期北京棉纺集团企业早期发展过程的主要文献。

---

① 引自 https://www.sohu.com/a/232239838_160257。
② 夏天，屈萌，杨凤臣. 顺理成章地发生——莱锦创意产业园设计 [J]. 建筑学报，2012(1)：72-73.

## 6.5 "文化经营"引导下的工业遗产开发与利用——新华1949文化金融创新产业园

| 样本名称 | 新华1949文化金融创新产业园 |
| --- | --- |
| 原　　名 | 北京新华印刷厂 |
| 地　　址 | 北京市西城区车公庄大街4号 |
| 建厂时间 | 1949年 |
| 占地面积 | 4公顷 |
| 建筑面积 | 55000平方米 |
| 产权所属 | 中国文化产业发展集团 |
| 功能置换 | 文化创意产业园 |

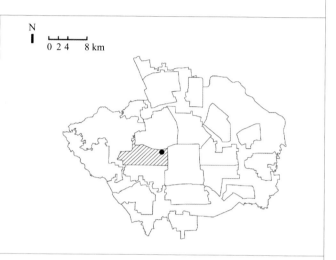

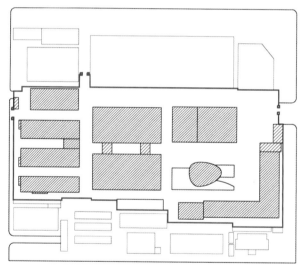

| 概　　要 | 1. 新华1949文化金融创新产业园位于西城区车公庄大街，前身是建成于1949年的北京新华印刷厂，2014年园区完成改造并正式开园，是西城区最早开发运营的工业资源型文化创意产业园。<br>2. 改造后的功能定位为文化、金融、设计、出版等相关行业聚集区，主要用于小微创意企业办公，常年入驻率100%。<br>3. 2018年，新华1949文化金融创新产业园挂牌北京市首批文化创意产业园。 |
| --- | --- |

图6-5-1　新华1949文化金融创新产业园实景

　　新华1949文化金融创新产业园（以下简称"新华1949"）位于北京西城区，占地面积4公顷，总建筑面积约5.5万平方米，其前身是组建于1949年的北京新华印刷厂。园区东临北礼士路，西为车公庄南街，北面是车公庄大街，地处金融街商务区与三里河政务区交汇地段，临近中国建设科技有限公司、北京市建筑设计研究院等设计单位，智力密集，人才优势突出。"新华1949"是西城区第一个利用工业遗址改造而成的文化产业园区，也是中国文化产业发展集团有限公司在推进产业转型升级过程中具有里程碑意义的示范园区。2018年，"新华1949"被认定为北京市首批文化创意产业园（图6-5-1）。

### 6.5.1　历史沿革

　　新华印刷厂是隶属于中国印刷集团公司的大型国有书刊印刷企业，1949年在正中书局北平印刷厂的基础上正式建立（图6-5-2），与中华人民共和国同龄，是我国印刷出版行业的骨干企业，受到党和国家各级领导关怀，1959年朱德视察该厂并题词："你们是供应人民精神食粮的工厂，希望你们为精神食粮的优质高产而努力"（图6-5-3）。新华印刷厂长期承担国家重点图书和党中央、全国人大、全国政协以及国务院的文件的印制工作，为普及科学文化知识，繁荣我国出版印刷事业作出了重大贡献，曾先后获得北京市先进企业、首都文明单位标兵等荣誉称号（图6-5-4）。

图6-5-2　新华印刷厂建厂时期历史照片
（资料来源：北京新华印刷厂）

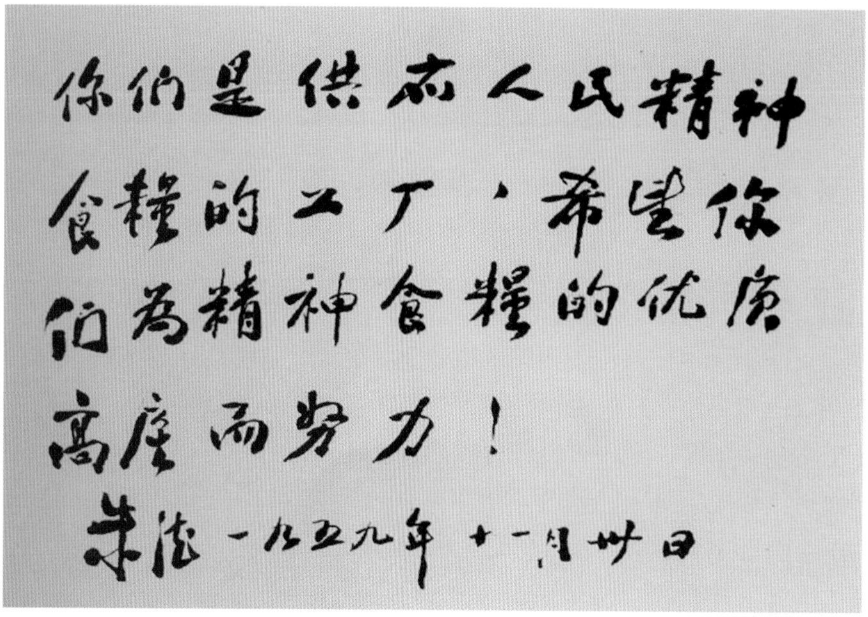

图6-5-3　朱德为新华印刷厂题词
（资料来源：北京新华印刷厂）

2005年，中国印刷集团公司着手对印刷资源进行整合重组，更新设备，优化产品结构，提升技术质量，企业驶入规模效益发展的快车道。2008年，因企业发展需要，印刷生产线迁至亦庄经济技术开发区，原厂区停产。时任总经理在考察过798艺术区、768文化创意产业园、惠通时代广场等园区后受到启发，决定利用厂区既有工业建筑遗产打造文创园区。2014年改造完成并正式开园，成为北京西城区第一个以工业风貌为特色的文化创意产业园。

### 6.5.2　遗存状况

印刷厂生产线搬迁，厂区格局、工业建筑均得到完好保存，建筑遗产主要是1950—1980年代建造的各类厂房，类型丰富，包括单层大跨度厂

图6-5-4　新华印刷厂车间内景

（资料来源：北京新华印刷厂）

房、多层框架结构厂房以及砖混结构仓库等（表6-5-1、图6-5-5）。

表6-5-1　改造前后主要工业建筑遗产数据统计

| 改造前 | | | 改造后 | | |
|---|---|---|---|---|---|
| 原建筑名称 | 结构形式 | 建成年代 | 改造后名称 | 结构形式 | 改造年份 |
| 印装大楼 | 框架 | 1990 | 北京市文化资产管理委员会 | 框架 | 2012 |
| 大字本楼 | 框架 | 1970 | 中旭建筑设计公司 | 框架 | 2012 |
| 轮转车间 | 框架 | 1950 | 北京市文化创意产业展示中心 | 框架 | 2012 |
| 骑订车间 | 框架 | 1950 | | 框架 | 2012 |
| 4号库房 | 砖混 | 1950 | 爱迪尔建筑工程设计股份有限公司 | 砖混加固 | 2011 |
| 5号库房 | 砖混 | 1950 | 西城原创音乐剧基地、开心麻花总部 | 砖混加固 | 2012 |
| 6号库房 | 砖混 | 1950 | | 砖混加固 | 2012 |
| 首批库房 | 砖混 | 1970 | 中国印刷集团公司 | 框架 | 2012 |
| 锅炉房 | 框架 | 1990 | 拆除，新建会议厅综合体 | 框架 | 2013 |

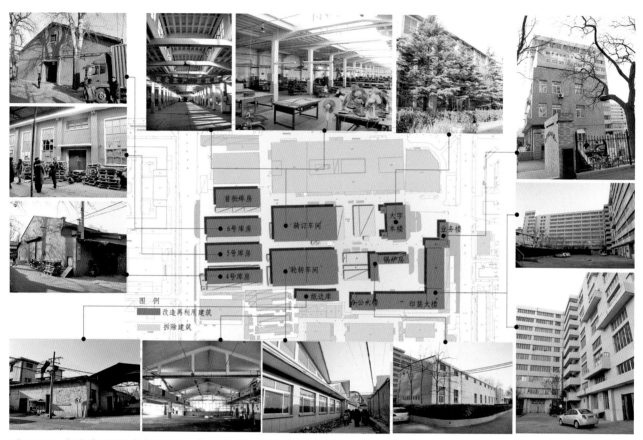

图6-5-5 新华印刷厂停产后工业建筑遗产分布及实景

厂区有3组建筑具有较高价值或突出特征：

1组：4、5、6号库房。三组仓库建成年代最早，是园区留存时间最久的工业遗产，虽历经70余年，仍保持了完好形象，建筑内部采用三角形钢木屋架，钢筋加固。现已被改造为建筑师事务所、开心麻花训练基地、咖啡厅等。

2组：轮转车间与骑订车间。轮转车间采用钢筋混凝土现浇折板屋顶结构，造型优美，较为罕见；骑订车间主体采用三跨排架结构，上凸天窗，用于通风与采光。二者在建筑设计和空间形态方面具有较高价值，现已被改造为文印博物馆。

3组：大字本楼。该建筑为三层框架结构厂房，建筑结构与样式并无明显特色，但因其曾专为中央领导人印刷大号字体书籍、报刊而具有独特的历史价值。现已被改造为建筑设计工作室。

### 6.5.3 保护与更新

艾迪尔建筑工程股份有限公司于2011年进驻园区4号库房，是园区的第一位业主。在综合考虑资金投入、时间成本以及业务收入等诸多因素后，与园区确定合同期为10年。业主与园区内其他业主彼此熟悉，偶尔也会有业务往来。由于公司所在仓库是园区第一处改造项目，因此为园区其他建筑遗产的改造提供了经验和范例（图6-5-6～图6-5-8）。

图6-5-6　4号库房改造后外观实景

图6-5-7　4号库房改造后内部实景

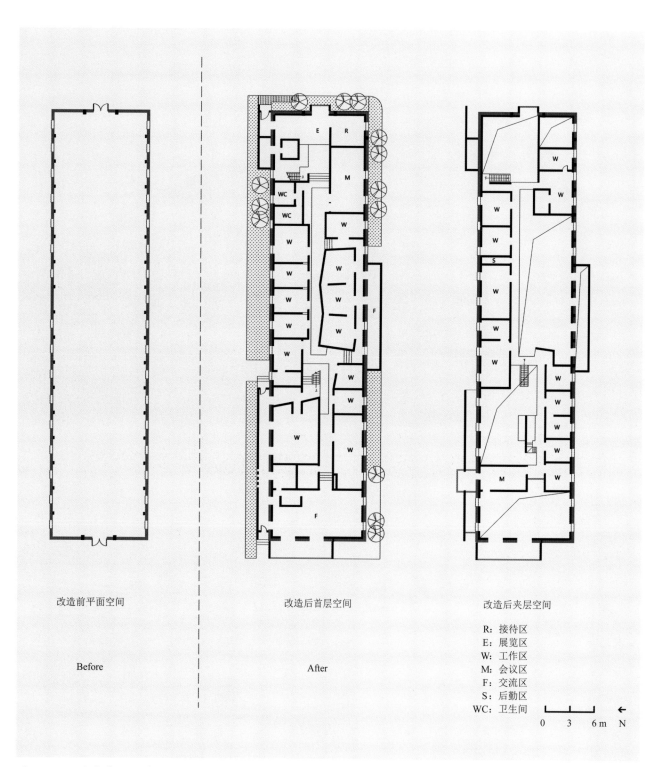

改造前平面空间　　　　　　　改造后首层空间　　　　　　改造后夹层空间

R：接待区
E：展览区
W：工作区
M：会议区
F：交流区
S：后勤区
WC：卫生间

0　　3　　6m　N

Before　　　　　　　　　　　After

图6-5-8　4号库房改造前后平面空间示意

由于"新华1949"地处西二环外，地理位置优越，便于客户到访以及开展业务交流，西城原创音乐剧基地、开心麻花总部于2012年进驻园区5号和6号库房。其中5号库房被改造成管理办公空间，6号库房被改造成一座可容纳300人的演出排练厅（图6-5-9～图6-5-12）。

图6-5-9　5号、6号库房改造后入口实景

图6-5-10　5号库房改造后外观实景

图6-5-11　5号、6号库房改造后门厅内景

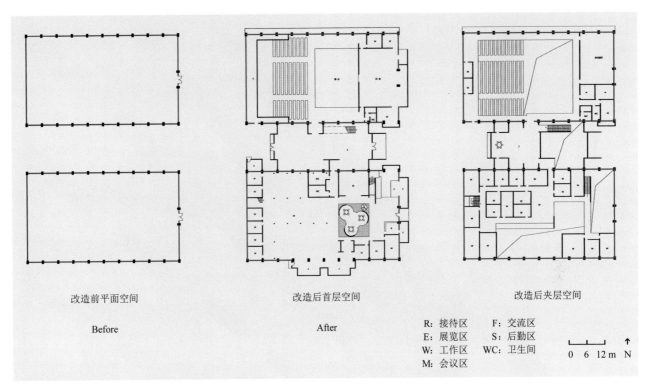

改造前平面空间　　　　　改造后首层空间　　　　　改造后夹层空间

Before　　　　　　　　　After

R：接待区　　F：交流区
E：展览区　　S：后勤区
W：工作区　　WC：卫生间
M：会议区

0　6　12 m　N

图6-5-12　5号、6号库房改造前后平面空间示意

此外，建成于1950年代的骑订车间与轮转车间被合并改造成文印集团博物馆，建成于1990年代初期的印装大楼被改造成北京市文化资产管理委员会的办公区，大字本楼被改造成建筑设计工作室等，锅炉房被拆除后建造的楼房成为园区唯一的新建筑（图6-5-13、图6-5-14、图6-5-15）。

新华1949文化金融创新产业园是企业自主开发、自持经营的改造项目，其保护与更新体现出以下几个特点。

（1）专注文化产业，充分发挥上游产业优势。

新华印刷厂隶属于中国印刷集团公司，2014年变更为国资委直管的中国文化产业发展集团有限公司。从早期的文化信息刊印传播，到今天的文创产业孵化与推介，企业又一次成为新时代文化事业的经营者和引领者。而依托于中国文化集团上游产业优势，顺利实现了产业与空间对接，为入驻企业在空间、政策、服务等多个方面提供便利。

（2）企业自持开发，积极服务首都功能需求。

作为央企下属子公司，新华印刷厂有相对充足的资源和能力选择自持开发，园区采用"3+2+1"的模式运营，形成三大增值公共服务平台（即创意设计孵化平台、文化公共服务平台、科技创新交流平台）。除文化创意产业外，还结合西城区的经济发展战略定位，积极引入金融服务业，构筑起高端品牌化园区，实现文化创意设计产业、金融产业和科技产业的三业融合。

图6-5-13　印装大楼被改造为北京市文化资产管理委员会办公区

图6-5-14 由轮转车间改造的印刷集团博物馆内景

图6-5-15 锅炉房拆除后新建的会议厅综合体

（3）打造样板工程，塑造连锁品牌。

新华1949文化金融创新产业园为新华印刷厂乃至中国印刷集团提供了转型发展的样板工程，是中国文化集团对外交流的窗口和名片，每年都有许多地方政府或企业慕名而来，通过参观考察，带来文化投资项目。中国文化集团先后在北京、上海、广州、深圳以及南京、成都等城市开发工业遗产再利用项目，如"新华1949百花文化产业园""新华1949南京文化科技园"等，现已成为文化集团的核心业务线之一。

### 6.5.4　非物质文化遗产

#### 6.5.4.1　企业文化和重要事迹

新华1949文化金融创新产业园的前身是北京新华印刷厂。新华印刷厂成立于1949年4月24日，所在地原为1938年日伪政府开办的"新民印书馆"，抗日战争胜利后国民政府将其改为"正中书局北平印刷厂"，1948年12月5日毁于大火[①]，北京和平解放后，遭遇过一次大火的正中书局迁址到礼士路西，在原有的建筑废墟上建立了北京新华印刷厂。作为国家级重点书刊印刷企业，新华印刷厂从诞生之日起，就肩负起了它的红色使命。它长期承担着国家重点图书和党中央、全国人大、全国政协以及国务院的文件的印制工作，承印了《马克思　恩格斯全集》、《列宁全集》（1～60卷）、《毛泽东选集》、《二十四史》（71册）等众多著作，[②]为传播马列主义、毛泽东思想、邓小平理论，"三个代表"重要思想、科学发展观和习近平新时代中国特色社会主义思想以及普及科学文化知识、繁荣我国的出版印刷事业作出了重大贡献。[③]

1959年11月，朱德视察该厂时为工厂题词。在建厂五十周年纪念日之时，时任党中央总书记、国家主席江泽民为新华印刷厂题词："为人民生产更多更好的精神食粮"。[④]

#### 6.5.4.2　相关资料

1999年为北京新华印刷厂建厂五十周年，《北京新华印刷厂（建厂五十周年1949—1999）》画册出版。此外，2001年出版的《北京工业志·印刷志》是北京市地方志编纂委员会编纂的地方志之一，记述了北京地区印刷业发展的历史，包括报纸印刷、纸币印刷、邮票印刷以及生产管理等印刷工作的内容，其中重点介绍了朱德1959年视察北京新华印刷厂的重要历史资料。

---

① 引自 http://www.baiven.com/baike/224/286398.html。
② 引自北京华清安地建筑设计有限公司公众号发布文章《"新华1949"——昔日北平印刷厂，今日文化金融产业园的华丽蜕变》。
③④ 引自 https://baike.baidu.com/item/%E5%8C%97%E4%BA%AC%E6%96%B0%E5%8D%8E%E5%8D%B0%E5%88%B7%E5%8E%82/9630624?fr=aladdin。

## 6.6 "产业孵化"引导下的工业遗产开发与利用——768文化创意产业园

| | |
|---|---|
| 案例名称 | 768文化创意产业园 |
| 原　　名 | 大华无线电仪器厂 |
| 地　　址 | 北京市海淀区学院路5号 |
| 建厂时间 | 1958年 |
| 占地面积 | 6.87公顷 |
| 建筑面积 | 65000平方米 |
| 产权所属 | 北京大华电子集团 |
| 功能置换 | 文化创意产业园 |

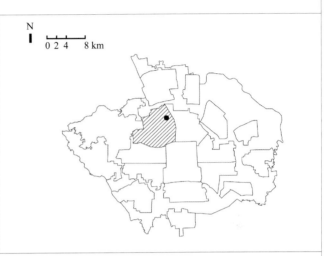

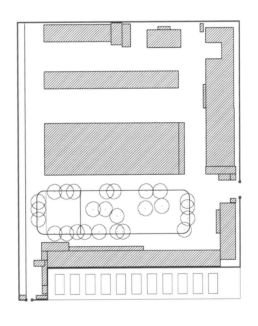

| | |
|---|---|
| 概　　要 | 1．768文化创意产业园前身是大华无线电仪器厂，于2009年正式开园，是海淀区最早的文化创意产业园区之一。园区保持了完整大院格局，植被丰富，是一座花园式、低密度园区。<br>2．改造后的功能定位为以"设计、互联网+"为主题的文化创意产业园，主要用于小微创意企业办公，常年入驻率100%。<br>3．2018年园区被认定为北京市首批文化创意产业园区，2019年768厂被列入北京市第一批历史建筑名单。 |

768文化创意产业园位于北京市海淀区学院路5号，占地面积约6.87公顷，建筑面积约6.5万平方米，园区西接清华大学、北京林业大学，东侧靠近奥运村，南侧是学院路八大院校，是北京高知人口最为密集的地区之一。园区以创意设计、科技研发、互联网+为主要业态，是中关村地区利用工业遗产打造创意产业聚集区的典范，也是中关村科学城核心建设项目之一。园区于2018年被认定为北京市首批文化创意产业园区，厂内工业

建筑于2019年被列入北京市历史建筑名单（图6-6-1）。

### 6.6.1　历史沿革

768无线电仪器厂的建立与我国电子工业的发展密切相关。为发展我国微波测量仪器工业，打破西方国家对我国微波测量仪器的禁运，1958年8月第一机械工业部十局在北京市筹建国内第一家无线电微波仪器专业厂——华北无线电仪器厂（768厂），1960年全面施工建设，1965年4月

图6-6-1　768文化创意产业园实景

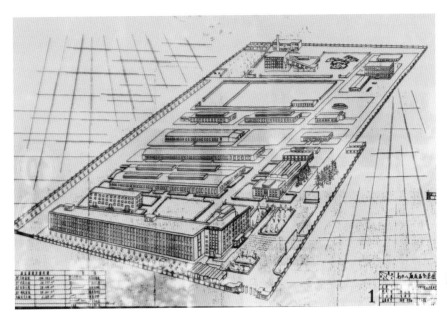

图6-6-2 1960年768厂规划设计图
（资料来源：大华768厂）

正式投产。这是我国第一家无线电微波仪器专业工厂，也是生产各种微波测量仪器的大型军工企业，是国内电子测量仪器行业的骨干企业之一，从1960年代起，从生产仿苏的波导元器件和雷达综合测试仪等产品开始，逐步探索出一条自行设计和生产的发展道路。1984年4月，时任电子工业部部长的江泽民到厂视察指导工作，同年9月3日该厂参加我国试验通信卫星发射相关工作，后获电子工业部授予的"一星高挂，万里传声"锦旗。

1990年代后期，768厂成功研制了信号源、捷变频综合测试仪等高技术产品，逐渐发展为多门类产品的电子企业。进入21世纪初期，企业升级调整，生产线外迁，原有厂区停产，先后有多家开发商提出购买园区所在地进行商业地产开发。但由于临近2008年北京奥运会，北京城为保障空气质量而限制部分工程建设活动，768厂的商业地产项目就此搁置，后来全球金融危机导致合作方资金链断裂，商业开发计划彻底停止。受到798艺术区的启发，大华无线电集团决定将闲置厂房出租，改造成小微企业办公区。同时，得益于邻近清华大学、中国农业大学、北京林业大学等高等院校，一些建筑、景观和工业设计等小规模创业

图6-6-3 768厂建厂初期历史照片
（资料来源：大华768厂）

251

团队依附于高校周边，768厂的区位显示出巨大的优势。

2009年11月，768厂完成第一批招租并正式开园，定名"768文化创意产业园"，以"工业设计、建筑设计、景观设计、互联网+"等设计创意产业为主，为小微创意企业提供良好的就业空间和孵化环境。园区周边知名学府林立、科研院所聚集，是知识创新、科研研发、创意设计的理想聚集地。目前768园区有入驻企业130余家，产业集聚效应明显，园区品牌效应也日益显现。

## 6.6.2 遗存状况

768园区占地面积6.8公顷，建筑面积近6.5万平方米，建筑密度32%，园区核心建筑遗产为框架结构实验楼、单层大跨度排架结构厂房，还有防空洞及地面绿化等遗存（表6-6-1）。其中框架式结构的实验楼共4层，是利用人民大会堂的剩余建筑材料修建而成，具有鲜明的民族风格，具有较高的艺术价值（图6-6-4）。而园区B、C、D、E等独栋单层大跨度厂房均为钢筋混凝土排架结构（图6-6-5、图6-6-6）

表6-6-1 768园区主要工业遗产一览表

| 编号 | 工业遗产 | 结构形式 | 建筑年代 | 改造后名称 | 改造年份 |
|---|---|---|---|---|---|
| A | 办公实验楼 | 框架 | 1950 | 清华大学建筑设计研究院 生态规划绿色建筑设计研究院 | 2012 |
| | | | | 知乎互联网公司 | 2015 |
| | | | | 奕品干锅鸭头店 | 2010 |
| B | 2号工具车间及材料库房 | 排架 | 1960 | 北京祥宇建筑设计咨询有限公司 | 2012 |
| | | | | 北京摩拜科技有限公司 | 2015 |
| | | | | 上造影视文化有限公司 | 2012 |
| C | 微波车间及物资处 | 排架 | 1970 | 北京鱼果动画设计有限责任公司 | 2010 |
| | | | | 北京启迪德润能源科技公司 | 2010 |
| | | | | 北京巧天图文设计制作有限公司 | 2010 |
| D | 加工车间 | 排架 | 1970 | 阿普贝斯（北京）建筑景观设计公司 | 2009 |
| | | | | 北京精彩世纪印刷科技有限公司 | 2013 |
| E | 北京锐意电子有限公司 | 排架 | 1980 | 清华大学建筑设计研究院 生态规划与绿色建筑设计研究所 | 2013 |

图6-6-4　办公实验楼改造前实景

图6-6-5　B栋厂房改造前实景

图6-6-6　C栋厂房改造前实景

### 6.6.3　保护与更新

768园区的改造是在不断探索中完成的。在保证总体园区环境风貌、氛围以及公共环境品质的基础上，通过第一批租户对房屋建筑的自主改造和利用，实现园区的自主更新。园区管委会负责工业遗产的整体管控和改造实施，在"空间构件不得继续进行拆除"的前提下，赋予租户一定的改造自主权，使改造后的空间更符合其使用需求（图6-6-7、图6-6-8）。

从空间布局来看，768园区保留了"三横两纵"的工厂大院样式，比起高密度高层写字楼，这里更加开阔和舒适，可使业主获得更好的环境感受。园区A与B栋建筑之间保留了历史树林，其地下曾是人防空间，地面上覆盖大量古树，是园区重要的室外景观区。古树群部分空地用作篮球场，为园区提供休闲、体育活动场地（图6-6-9）。

阿普贝斯（北京）建筑景观设计公司2010年入驻园区D座厂房，是768园区第一批业主，建筑面

图6-6-7　C厂房改造后实景

图6-6-8　D厂房改造后实景

积约500平方米。改造中利用钢框架增设夹层，保证原有厂房的排架结构不受破坏，楼下2跨，楼上4跨。原本楼上为2跨，2015年随着公司规模的扩大，在征得邻居同意后，将相邻2跨的二层租下扩建（图6-6-10）。与此同时，建筑师对屋顶进行了适度改造，增设天窗，并利用厂区良好的植被设计了微型雨水花园，实现景观水源自平衡，产生了良好的生态示范效应（图6-6-11、图6-6-12）。

图6-6-9　768古树景观区室外篮球场

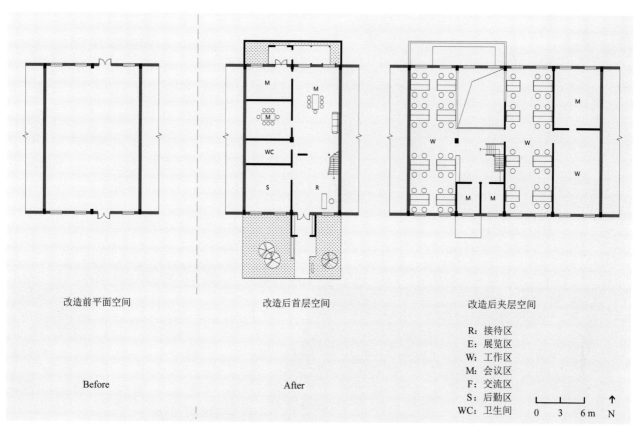

改造前平面空间 改造后首层空间 改造后夹层空间

R: 接待区
E: 展览区
W: 工作区
M: 会议区
F: 交流区
S: 后勤区
WC: 卫生间

Before After 0 3 6m N

图6-6-10 A公司所在D座厂房建筑改造前后空间序列变化

图6-6-11 阿普贝斯雨水花园流程
示范图

图6-6-12　阿普贝斯雨水花园改造后实景

768园区是企业自持、自下而上、渐进式改造的典型案例，其保护与再利用过程体现出以下几个特点。

（1）突出的工业园区风貌，打造"工厂大院"式低密度的生态环境。

768园区重视工业风貌保存，要求园区内租户的建筑改造集中在厂房内部，建筑立面、风貌、细部等方面均须保持原状。另外，工业建筑遗产的利用以"单元"的方式对外出租，建筑内部通过夹层方式改造，在提高空间利用效率的同时，努力保证营造低密度的外部空间环境。

（2）把控园区整体风貌，允许业主二次改造。

园区建筑遗产的改造主要通过"化整为零"的方式，对大跨度厂房进行内部空间划分，同时，允许业主对空间进行二次改造和适度装修。二次加工并非随意改造，而是要遵守严格规定。园区管委会设立工程部和改造办公室统一监管，对园区整体格局、风貌、安全性等问题给出统一要求，如改造不得破坏建筑主体结构，改造范围仅限于建筑物本身，不得侵占公共空间等，不得加建封闭式建（构）筑物，不得随意扩大原有承重墙或门窗尺寸、位置，不得在窗户外侧加装防护栏影响外立面等。

（3）企业自持发展，紧密围绕高精尖产业发展，孵化效果显著。

768园区由大华无线电仪器厂自持物业，是较早探索国有企业自主开发运营的园区之一，也是中关村地区唯一利用工业遗产打造的文化创意产业园区，充分整合了区位优势和智力资源优势，为青年人才创新创业提供了孵化平台，取得了良好的社会效益和经济效益。园区目前进驻的注册企业（公司）数量为150多家，长期入驻率为100%，合同周期为3年。园区入驻的业态也随着产业结构调整而不断变化，一些设计类公司由于无法承担日益增长的租金而相继离开，取而代之的是互联网创意企业，如知乎（2015年进驻）、摩拜（2015年进驻）等（表6-6-2）。

表6-6-2　768园区产业分布与代表性企业

| 产业业态 | 代表企业 |
| --- | --- |
| 互联网+ | 知乎、摩拜单车、春雨医生、达达辛巴达 |
| 人工智能 | 彩云科技、海志科技 |
| 创意设计 | 阿普贝斯景观、清华大学建筑设计院分院、鱼果动画设计、长青树文化发展公司 |
| 生态科技 | 三孚莱石油科技、天行若木生物科技、达实德润环境科技 |

### 6.6.4　非物质文化遗产

#### 6.6.4.1　企业文化和重要事迹

768文化创意产业园的前身是北京大华无线电仪器厂，即原国营第768厂，是中华人民共和国成立初期的156重点项目之一，由苏联设计师设计，始建于1950年代[1]，于1965年4月全面竣工，被命名为国营大华无线电仪器厂（军工番号768）。1980年代更名为北京大华无线电仪器厂。[2] 768厂是我国第一家无线电微波仪器专业工厂，是生产各种微波测量仪器的大型军工企业，是国内电子测量仪器行业的骨干企业之一，为我国国防事业及国民经济建设作出了重要贡献。[3]

1990年代中后期，国有企业改革转产，大量生产厂家外迁，军工生产日渐收缩。在此背景下，大华公司于21世纪初响应首都产业升级及功能疏解的要求，逐步将传统测试测量仪器产业迁址清河。外迁后的厂区重新布局定位。经过摸索调整、调研分析，大华公司决定利用现有资源走持有型物业发展道路，在原有工业基地上建创意园区，盘活存量资源，谋求可持续发展。

#### 6.6.4.2　相关资料

1998年出版的《北京大华无线电仪器厂厂史1958.8—1998.8》，记录了768厂自1958年建厂以来的发展历程，包括厂区建厂规模、企业建制、历任领导、重要事件等。《北京工业志·电子志》中对768厂的行业地位、发展情况等亦有介绍。

---

① 引自 http://www.768dcp.com/intro/2.html。
② 引自"文创前沿"公众号。
③ 引自 http://www.768dcp.com/intro/2.html。

## 6.7 "工业旅游"引导下的工业遗产保护与利用——龙徽1910文化创意产业园

| | | |
|---|---|---|
| 案例名称 | 龙徽1910文化创意产业园 | 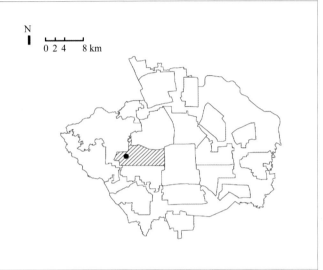 |
| 原　　名 | 北京龙徽葡萄酒有限公司 | |
| 地　　址 | 北京市海淀区玉泉路2号 | |
| 建厂时间 | 1910年 | |
| 占地面积 | 4.7公顷 | |
| 建筑面积 | 50000平方米 | |
| 产权所属 | 北京龙徽酿酒有限公司 | |
| 功能置换 | 工业旅游<br>工业主题博物馆<br>文化创意产业园 | |

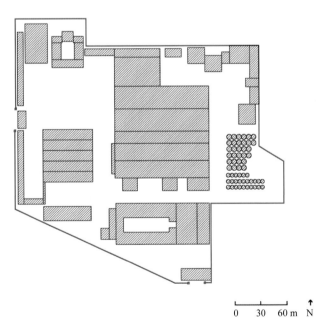

| | |
|---|---|
| 概　　要 | 1. 龙徽1910文化创意产业园位于海淀区玉泉路2号，占地面积4.7公顷。单层酿酒车间与地下酒窖被改造成博物馆，发酵车间被改造成酿酒大师艺术馆，其他被改造成葡萄酒交易大厅等。<br>　2. 改造后的功能定位为以葡萄酒文化特色为主题的工业旅游目的地、以葡萄酒艺术产业为主体的文化创意产业综合园区。<br>　3. 园区目前是国家3A级景区，2007年被授予"全国工业旅游示范基地"称号。 |

龙徽1910文化创意产业园位于海淀区玉泉路2号，南临阜石路，西抵玉泉路，其前身是北京龙徽葡萄酒厂生产区。2006年由企业投资，利用1950年代厂房和拥有百年历史的地下酒窖，改造建成龙徽葡萄酒博物馆，成为北京市第一家也是目前唯一一家专门展示北京葡萄酒百年文化及历史发展的博物馆。2018年5月，园区内其他5000余平方米的工业厂房完成改造，成为集美术馆、博物馆、商业中心于一体的文化商业综合体，包括四个主题内容：龙徽葡萄酒博物馆、酿酒大师艺术馆、北京国际酒类交易所、艺术空间。北京龙徽葡萄酒博物馆目前是全国工业旅游示范点、国家3A级景区，被北京市教委授予"北京市青少年校外教育实践基地"，先后与北京工商大学、中国人民大学商学院等建立了战略合作伙伴关系，2010年被北京市政府授予"北京市先进集体"荣誉称号（图6-7-1）。

图6-7-1　龙徽葡萄酒博物馆实景

### 6.7.1 历史沿革

龙徽葡萄酒厂的历史最早可以追溯到1910年，当时法国天主教圣母文学会修士在颐和园北门外黑山扈教堂附近建立葡萄园，并将酒窖设于马尾沟教堂（今北京市委党校所在地）山字楼的地下室内，生产用于教会弥撒、祭祀和教徒饮用的红、白葡萄酒，创立"上义洋酒厂"，由法国人里格拉担任酿酒师，年产量为5～6吨。到清末民初时，这里已经成为北京地区十分知名的葡萄酒园（图6-7-2）。

1946年，上义洋酒厂正式注册为"北京上义洋酒厂"，产品商标正式注册为"楼头牌"（即黑山扈教堂的山花形象），并正式向外出售葡萄酒。1953年，"上义洋酒厂"更名为"北京上义酿酒厂"，1956年公私合营改制，与北京张蔚酿酒厂合并，由中国人任玉玺担任厂长，法国天主教会退出了对酒厂的控制和管理。随后因城市建设需要，位于马尾沟的酒厂于1959年11月搬迁至玉泉路2号，占地面积15.2公顷，并由苏联专家协助建成了11米深的地下酒窖，按照欧洲模式在周

图6-7-2 上义洋酒厂历史照片
（资料来源：龙徽葡萄酒博物馆）

图6-7-3 北京葡萄酒厂历史照片
（资料来源：龙徽葡萄酒博物馆）

围栽种了6种从法国引进的欧洲名种葡萄，并更名为"北京葡萄酒厂"（图6-7-3）。这是我国第一个五年计划期间，苏联援建的"156项目"中唯一一个食品类项目。此后，葡萄酒厂先后创建了"夜光杯""中国红"等知名品牌。

1987年北京葡萄酒厂与法国保乐力加集团合资成立"北京龙徽酿酒有限公司"，选取中国特色葡萄品种，采用法国先进酿酒技术，生产了"龙徽"牌第一瓶葡萄酒，其标志为五龙印章，并正式载入中国葡萄酒名录。在龙徽品牌葡萄酒诞生的第二年，"龙徽"就在法国获得了首个葡萄酒金奖，此后在世界各地的葡萄酒比赛中荣获60多个奖项。2001年，中法双方签订了股权转让协议，中方购买了法方在北京龙徽酿酒有限公司的股权，"龙徽"自此成为国有控股内资企业。

### 6.7.2 遗存状况

园区占地面积约4.7公顷，建筑面积约5万平方米，保留有酒窖、罐装车间、原酒车间、成品仓库、办公楼等（表6-7-1）。其中建成于1959年的酿酒车间及地下酒窖由苏联专家援建，酒窖为砖

石结构，酿酒车间为单层框架结构，钢木屋架，天窗采光。原酒车间建于1979年，采用框架结构，钢筋混凝土人型屋架，天窗采光（图6-7-4、图6-7-5），结构质量基本完好，但建筑立面均有不同程度的破损。

表6-7-1　龙徽葡萄酒厂建筑遗产一览表

| 编号 | 工业遗产 | 结构形式 | 建成年份 | 建筑面积（平方米） | 改造后功能 | 改造年份 |
|---|---|---|---|---|---|---|
| A | 酿酒车间及酒窖 | 框架 | 1959 | 1831 | 葡萄酒博物馆 | 2006 |
| B | 罐装车间 | 框架 | 1979 | 1944 | 龙徽葡萄酒有限公司办公区 | 2016 |
| C | 原酒车间 | 框架 | 1979 | 7800 | 酿酒大师艺术馆MIBA | 2016 |
| D | 成品仓库 | 框架 | 1979 | 900 | | |
| E | 办公楼 | 砖混 | 1979 | 485 | 鸿运写字楼 | 2016 |
| F | 储酒罐 | 金属壳体 | 1979 | — | — | — |

图6-7-4　原酒车间改造前历史照片
（资料来源：龙徽葡萄酒厂）

**图6-7-5　原酒车间改造前内部实景**

（资料来源：龙徽葡萄酒厂）

**图6-7-6　罐装车间改造前实景**

（资料来源：龙徽葡萄酒厂）

### 6.7.3 保护与更新

龙徽葡萄酒博物馆利用的是1950年代后期建成的单层多跨度酿酒厂房，改造后增添了明清风格的中式建筑装饰（图6-7-7），分为地上展厅、地下酒窖、红酒文化餐厅和国际酒廊四大部分。地上部分主要是起源厅、葡萄酒老工艺展示厅、企业发展厅、产品厅、影视厅、公共知识厅和个性化制作互动厅等，地下部分则是龙徽的地下酒窖、酒池和储酒长廊（图6-7-8、图6-7-9）。

另一处由原酒车间和成品仓库改造而成的

"酿酒大师艺术馆MIBA"是园区中规模最大的室内展陈活动空间（图6-7-10），由中国台湾设计师邵唯晏及其团队竹工凡木设计研究室完成改造。历经近四个月的改造，艺术馆于2016年6月正式开馆，建筑面积达到1700平方米。建筑改造不仅保留了原有的建筑结构形式和空间特征，而且充分利用了旧有发酵罐进行改造设计，切割组合后形成了独具酒文化特色的池座（图6-7-11、图6-7-12），可以举办小型聚会、下午茶会、品鉴会等。

图6-7-7 龙徽葡萄酒博物馆改造后外观

图6-7-8　博物馆地下酒窖内廊实景

图6-7-9　酒窖内部藏酒空间与历史长廊

图6-7-10　酿酒大师艺术馆实景

图6-7-11　由发酵罐改造而成的艺术馆池座

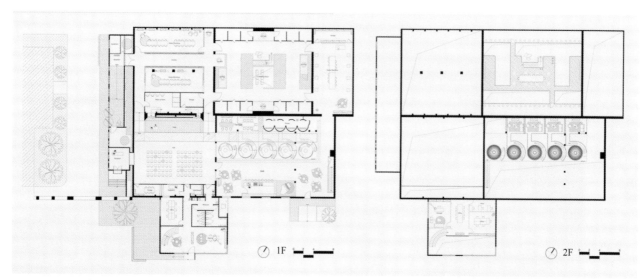

图6-7-12　酿酒大师艺术馆改造后平面图
（资料来源：www.archdaliy.com）

在建筑一层的公共开放空间是一个面积近300平方米的发布厅，主要用于秀场、发布会会场、小剧场等；视频走廊在原夯土墙上打造了18块相接的大屏幕，展示视觉艺术；多功能视觉体验区面积175平方米，可作摄影棚或影视展展区；此外，车间原有的夹层操作台空间被巧妙改造成夹层会议区和休闲简餐空间（图6-7-13、图6-7-14）。

图6-7-13　由夹层空间改造而成的餐厅

图6-7-14　一层视觉展廊与夹层空间改造后实景

龙徽1910文化创意产业园拥有北京地区唯一一家以葡萄酒为主题的工业遗产博物馆，同时也继续开拓了以"酒文化"为核心的创意产业园区，从单一的博物馆展示，逐渐走向更加丰富、全面的文创产业聚集地，是利用闲置工业遗产打造特色工业旅游示范点的典范之作。其保护与更新过程主要体现出以下几点特点：

（1）发展特色工业文化旅游项目，深耕葡萄酒文化品牌。

自2006年龙徽公司创办了北京首家葡萄酒博物馆以来，十几年里先后接待中外游客30多万人次，为普及葡萄酒文化知识和国际交往作出了积极贡献。2018年5月，素有酒界"奥斯卡"之称的第25届布鲁塞尔国际葡萄酒大赛（Concours Mondial de Bruxelles，简称CMB）在北京海淀开幕。此次大赛是亚洲首秀，规模盛况空前。北京龙徽1910文化创意园作为大赛的重要分会场之一，吸引了大奖赛创始人路易·哈弗等知名人物的到来，为吸引海内外葡萄酒文化爱好者提供了独具魅力的场所，更为拓展和提高园区知名度奠定了基础。它不仅是企业推广葡萄酒文化、传播葡萄酒知识的场所，也为北京市民增加了一个休闲旅游的文化场所。

（2）引入社会资本共同运营，延续葡萄酒企业文脉。

在企业调整转型中，龙徽公司将生产线转移至河北怀来工业区，随即在老厂区成立了"北京龙徽国际酒文化创意产业有限公司"，并联合北京鸿运置业股份有限公司共同打造葡萄酒文化创意产业，形成了具有自身企业特色的创意文化品牌，将葡萄酒生产区旧址改造成集葡萄酒展览展示、酒文化艺术馆、酒品交易场所为一体的综合型特色文化旅游园区。

（3）创建"线上+线下"全渠道经营模式，打造互联网与实地场景相结合的特色文化地标。

园区除一座公益性博物馆外，还在酿酒大师艺术馆积极打造"用户驱动+圈层垂直服务"的双引擎发展理念，创建"国际酿酒大师艺术馆MIBA"官方程序，为人们提供互联网可视化的场景，并将场地预约、活动举办、特色展览等信息在互联网终端予以公开，将带有互联网基因的线下实际场景转化为线上流量。通过数据行为的分析，将不同需求的人群进行归类，从而推送更加精准的信息。

### 6.7.4　非物质文化遗产

#### 6.7.4.1　企业品牌文化和重要事迹

龙徽1910文化创意产业园的前身是北京龙徽葡萄酒厂。1910年，法国天主教会的修士沈蕴璞和酿酒师法国人里格拉创建教会酿酒厂，1946年正式注册北京第一家专业生产销售葡萄酒的酒厂"上义洋酒厂"。1959年，北京市政府将上义洋厂改为"北京葡萄酒厂"，并注册了"中华"品牌[①]。中华品牌的首支葡萄酒诞生于1950年，是为款待越南前领导人胡志明酿造，并在周恩来总理的关怀下命名为"中国红"。从诞生之日起，便连续成为中华人民共和国成立10、20、30、40周年庆典用酒以及天安门活动长期用酒。作为商务部认定的国内葡萄酒中首批中华老字号，中华葡萄酒成为中华人民共和国第一支国宴用酒，周恩来总理出访亚非14国时也曾携带此酒。该厂产出

① 刘春梅. 百年巨变看龙徽 [J]. 中国酒，2010(4)：27.

的"桂花陈""莲花白"和"中国红"均为世界或国内首创的新产品，其中"桂花陈"是北京葡萄酒厂于1959年发掘古代宫廷秘方所创制的，以其独特的工艺及口感被称为"中国的马提尼"。1987年，北京葡萄酒厂与法国保乐力加集团合资成立"北京龙徽酿酒有限公司"。1988年，由中国特选葡萄，璧合法国先进酿酒技术，该公司生产了第一瓶葡萄酒，时值中国农历龙年，故为"龙徽"。"龙"是中华民族的图腾，代表中国；"徽"是历史权威的象征，代表高贵的品质。[①]

龙徽见证了中国葡萄酒的百年历史，见证了中华人民共和国的发展历程。龙徽作为拥有自有品牌、自主知识产权、自主创新的企业，拥有龙徽、中华、夜光杯三大葡萄酒品牌。[②]

园区中的酿酒大师艺术馆前身是一座厂房，这座厂房是1956年由苏联援建的。在当时苏联援建的"156项目"中，这是唯一一个食品类项目，

并且由周恩来总理亲自督建。整体厂房为经典俄式建筑，所有铸铁件全部来自德国。[③]

#### 6.7.4.2　相关资料

（1）纪录片

《这里是北京》第2016-09-23期《美酒飘香话"龙徽"》[④]，介绍了早在100余年前北京第一瓶葡萄酒诞生的过程，讲述了明朝西方传教士将葡萄种植、葡萄酒酿制工艺带入中国的历史以及国人如何选择合适土壤种植葡萄酿酒的过程，是国内较早介绍葡萄酒在我国起源、演变的纪录片，并展示了龙徽葡萄酒厂在百余年的发展历程中所取得的辉煌成就。

（2）厂志书籍

2012年，由许庆元著的《北京龙徽葡萄酒博物馆》，图文并茂地介绍了龙徽葡萄酒博物馆的馆藏，并强调了其作为北京珍贵工业遗产的重要身份，将中国近现代葡萄酒的百年历史娓娓道来。

---

①② 龙徽葡萄酒 [J]. 时代经贸，2015(16)：80-87.
③ 引自"海淀故事"公众号文章《龙徽文化创意产业园：一座百年酒厂的前世今生》。
④《这里是北京——美酒飘香话"龙徽"》网络播放地址：https://item.btime.com/377sfoktcf49bu90ap71uskuqjp。

## 6.8 "主题科普"引导下的工业遗产保护与利用——北京自来水博物馆及历史建筑旧址

| | |
|---|---|
| 样本名称 | 北京自来水博物馆及历史建筑旧址 |
| 原 名 | 京师自来水股份有限公司 |
| 地 址 | 北京市东城区香河园街3号 |
| 建厂时间 | 1908年 |
| 占地面积 | 3公顷 |
| 建筑面积 | 约10000平方米 |
| 产权所属 | 北京自来水集团 |
| 功能置换 | 科普博物馆<br>工业旅游区 |

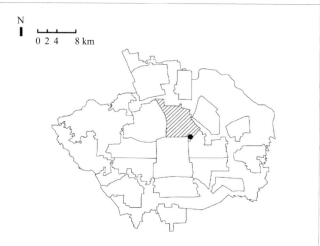

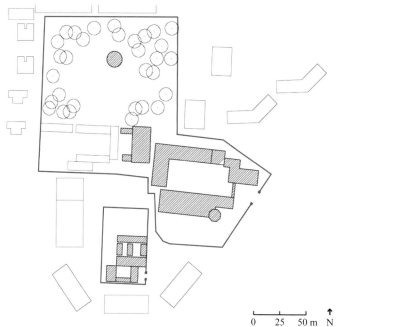

| | |
|---|---|
| 概 要 | 1. 北京自来水博物馆位于东城区东直门香河园小区3号,占地面积3公顷。博物馆区包括博物馆新馆和历史建筑遗址区两部分,保留着建成于1910年的来水亭、蒸汽机房车间等。<br>2. 2000年蒸汽机房改造为以宣传自来水产业文化与技术的工业主题博物馆,是我国第一座以水供给为主题的技术博物馆,2015年新馆建成。<br>3. 来水亭、聚水井、蒸汽机房等工业建筑及设施于2007年被列入北京市优秀近现代建筑保护名录,自来水博物馆现为北京市爱国主义教育基地。 |

图6-8-1　新建的博物馆与复建的自来水厂大门

北京自来水博物馆及历史建筑位于东城区香河园街3号，前身是始建于1908年的京师自来水股份有限公司。自来水博物馆是由北京市自来水集团出资兴办的企业博物馆，利用蒸汽机房改造而来，最早在2000年开馆，2009年进行了改扩建工程。目前博物馆区分为新馆、清末自来水厂旧址两大展区，馆区占地面积约3公顷。清末自来水厂旧址包括建成于1908年的来水亭、蒸汽机房、更楼等八座建筑，是将中西方建筑特色完美融合的近代工业建筑群，2006年被列入"北京市优秀近现代历史建筑保护名录"，2010年被列为北京市级文物保护单位（图6-8-1）。

### 6.8.1 历史沿革

1908年4月，清朝时任农工商部大臣溥延、熙彦、杨士琦等联合向朝廷奏请在京师兴办自来水业，不到十日即获得慈禧太后批准[1]，按照"官督商办"模式筹办京师自来水股份有限公司，由周学熙总理此事（图6-8-2）。

1910年2月，经过近两年的艰辛努力，北京市第一座水厂——京师自来水股份有限公司在东直门附近建成，占地面积6.3公顷，日供水能力1.87万立方米，水厂所用蒸汽机、闸门和管材等均从德国进口，取用水量充沛、水质较好、距离城区较近的孙河地表水作为水源。同年3月，水厂正式向北京城区供水（图6-8-3）。1939年水厂建设了电机房，改用电机，自此公司结束了蒸汽机时代，进入电气时代。

中华人民共和国成立后，正值百废待兴之际，党和政府把自来水供应视为关乎民生的重要大事，将自来水厂收归国有，并正式定名为"北

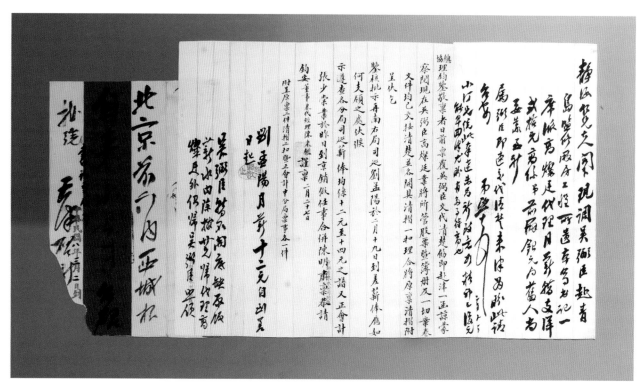

图6-8-2　兴办京师自来水业的奏章文件
（资料来源：北京自来水博物馆）

---

[1] 朝廷在如此短时间内即批准了自来水厂的兴办，与清朝落后的用水条件密切相关。清光绪十四年（1888年），紫禁城外贞度门曾发生火灾，起火后扑救不力，烧了整整两天，当时为光绪皇帝结婚大典准备的各种服饰和礼仪用品全部被烧光，火情接连不断，却只能依靠井水灭火，效率极低。因此这份请建自来水公司的奏折，让慈禧太后眼前一亮，即刻批准。

图6-8-3 1910年自来水厂建成后
历史照片
（资料来源：北京自来水博物馆）

京市自来水公司"，自来水厂从此步入跨越式发
展。除为保障民生供应作出了卓越贡献，自来水
厂还曾完成一项极具历史意义的任务：制作开
国大典国旗杆。国旗杆由自来水厂的四节水管
焊接而成，底部直径10英寸（25.4厘米），顶
端直径2.5英寸（6.35厘米），高22.5米，是中
华人民共和国第一根旗杆，现收藏于国家博物馆
（图6-8-4）。

2000年在北京市自来水集团主导下，原蒸汽
机房被改造成北京市自来水博物馆，这是全国第
一座自来水主题博物馆，通过大量珍贵的文物、
图片及场景复原，展现了一个多世纪以来北京自
来水事业的光辉历程。2016年蒸汽机房东侧新建
了一座仿民国建筑风格博物馆，原蒸汽机房进行
了保护性修缮。2017年，北京自来水厂及其历史
建筑群被列入第一批中国工业遗产名录。

图6-8-4 收藏于国家博物馆的开国大典旗杆
（资料来源：中国国家博物馆）

### 6.8.2　遗存状况

自来水厂办公旧址是一座传统二进制四合院，占地面积约2700平方米，曾是水厂办公用房与化验室，现存房屋30间（图6-8-5）。外观采用中国传统民居建筑风格，以砖雕纹饰、油漆彩画作装饰，大门等局部造型则为西式巴洛克建筑风格，是中西合璧的建筑遗产，2012年进行了文物修缮保护（图6-8-6、图6-8-7）。现部分房间辟为展室，陈列了300余枚北京自来水公司百余年历史中使用过的印章等。

除办公旧址外，历史建筑遗产还包括水塔、来水亭、蒸汽机房及烟囱等。水塔由德国人设

图6-8-5　自来水厂大门及办公室旧址实景

计，铸铁制造，塔高54米，塔身分为6层，呈六面形，塔顶部挂有一圈风铃，塔下部镶有盘龙，犹如一件优美的工艺品，成为当时东直门一带地标建筑。水塔在北京解放前夕，曾一度被用作瞭望站。但遗憾的是，1957年水塔被拆除，未能保存至今（图6-8-8）。

来水亭建于1908年，与水塔、蒸汽机房是同一年代的

图6-8-7　自来水厂大门修缮后实景照片

图6-8-6　自来水厂大门历史照片

（资料来源：北京自来水博物馆）

图6-8-8　水塔历史照片

（资料来源：北京自来水博物馆）

建筑，用于接收孙河取水厂处理后的水源，经沉淀消毒后送入清水池。这座建筑由天津德商瑞记洋行设计，外观以西式风格为主，施工则运用中国传统工艺糯米灌浆、磨砖对缝，是中西合璧的精美建筑杰作（图6-8-9）。聚水井还曾帮助北京度过了1938年旱灾。蒸汽机房建成于1910年，为自来水供应提供动力，2000年改造成自来水博物馆，2015年新馆建成后，蒸汽机房临时关闭并进入保护修缮阶段（图6-8-10）。

图6-8-9　来水亭实景
（资料来源：http://dzmfuwu.bjdch.gov.cn/
Information/infoshow.aspx?id=167&typeId=18）

图6-8-10　自来水厂蒸汽机房修缮后实景

### 6.8.3 保护与更新

北京自来水博物馆及历史建筑保护区占地面积约3公顷，包括博物馆新馆区以及清末自来水厂旧址两个主要部分。其中博物馆以新建馆区为主，历史建筑遗址区则以保护为主（表6-8-1、图6-8-11）。

博物馆作为主题科普的重要场所，为展示北京自来水业、水文化等内容起到了关键作用。博物馆共分两层，第一层是科普馆（图6-8-12），用于介绍水的起源、北京自来水的制水工艺，以及如何科学用水；第二层是通史馆，讲述北京自来水业的诞生与发展历史，使人们铭记工业遗产（图6-8-13）。

表6-8-1　京师自来水股份有限公司建筑遗产一览表

| 工业建筑遗产 | 建成年份 | 功能置换 | 建筑面积（平方米） |
| --- | --- | --- | --- |
| 办公旧址 | 1910 | 博物馆展区（临时关闭，保护修缮） | 约600 |
| 蒸汽机房及其附属用房 | 1910 | 自来水博物馆（临时关闭，保护修缮） | 约1500 |
| 来水亭、聚水井、更房等 | 1908 | 临时关闭，保护修缮 | 不详 |

图6-8-11　北京自来水博物馆全景模型

（资料来源：北京自来水博物馆）

图6-8-12　博物馆一层科普馆内景

图6-8-13　博物馆二层通史馆内景

此外，水源井、盾构管道、聚水井、更楼等早期历史遗产经过修缮后得到了精心保存，一部分退役的输水机械设备、以景观小品的形式散布于博物馆场地环境中，在东直门现代化的整体气氛中独树一帜，彰显了东直门地区工业大发展时期的历史印记。

北京自来水博物馆是北京现存唯一的近代工业建筑遗产博物馆，1910 年代的历史建筑基本完整保存，为后人了解、学习水资源文化提供了生动的场所，其保护与更新过程体现出以下几点特点。

（1）突出行业特色，普及科技知识。

北京自来水博物馆是行业特色博物馆之一，也是为数不多的直接利用厂区旧址建造博物馆的案例之一，现已成为青少年爱国主义教育基地，为普及科学知识、宣传工业文化与工业文明提供了平台。作为与市民生活密切相关的供水企业，北京自来水集团出资兴建非营利性博物馆，将供水业与科学知识结合，为市民普及科学与技术知识，反映出企业高度的社会责任感；同时，对其历史建筑遗产进行了妥善修缮与管理，更体现出企业对自身文化的重视和极高的历史使命感。

（2）闹市中偏安一隅，打造工业风貌微型景观。

今天的东直门地区是繁华的商业都市圈，也是北京最时尚的片区之一。北京自来水厂作为百年历史的供水企业，在新的历史时期搬迁到远郊区县，但旧址并未完全拆除，反而在高楼林立的环境中保留了自己的特色，在闹市中偏安一隅，静静地展示百年水厂风貌。退役后的供水管道、阀门等特色设施设备被放置于开放绿地中，形成了别具特色的工业风貌休憩空间（图6-8-14、图6-8-15）。

图6-8-14　退役的复式水表用于博物馆室外展品

图6-8-15　退役的制水管道用作景观小品

图6-8-16　使馆一号住宅区景观设计与自来水厂办公旧址实景

（资料来源：林章义摄）

（3）新老建筑相得益彰，分区管理。

由于北京自来水厂是北京近现代工业建筑中为数不多得以较好保存的案例，因此，新建博物馆承担了更多宣传与展示的功能，普通参观游览区主要集中在新馆区，而历史建筑区则由专门的团队进行维护和管理，可进行预约参观，以减少客流对历史建筑的影响。同时，场地南侧"使馆一号"住宅小区在场地景观设计中十分注意对水厂历史建筑的保护和呼应，采用低矮、简洁、谦虚的语言处理场地景观，使新建住宅与历史建筑遥相呼应，隔空对话（图6-8-16）。

### 6.8.4　非物质文化遗产

#### 6.8.4.1　企业历史和重要事迹

北京自来水厂得以兴建缘起于火灾。清光绪十四年（1888年），紫禁城外贞度门发生火灾，起火后扑救不力，烧了整整两天。那几年，京城的火情接连不断，只能依靠井水灭火，效率极低。清光绪三十四年（1908年）慈禧向袁世凯询问防火良策，袁世凯答曰："以自来水对。"自此，农工商部大臣上奏"请办京师自来水一事"，慈禧批准按照"官督商办"的模式筹办京师自来水股份有限公司。由周学熙掌舵的京师自来水公司终于得以落成。而自来水公司的成立，不仅是北京地区自来水事业发展的蓝图上浓墨重彩的一笔，还有另外一个重要的意义——它是我国最早的股份制企业之一。[1]1910年2月，经过近

两年的艰辛努力，北京市第一座水厂——东直门水厂建成，日供水能力1.87万立方米，水厂所用的蒸汽机、闸门和管材等均从德国进口。水厂取用了水量充沛、水质较好、距离城区较近的孙河地表水作为水源。1910年3月，东直门水厂正式向北京城区供水。[2]

在1949年，当时的北平自来水股份有限公司接受了一项光荣任务——制作开国大典用的国旗旗杆。由于北京刚刚解放，一切百废待兴，不得不用水管来制作国旗旗杆。当年参加这项工作的五名工人夜以继日，选用了4根直径不同的自来水管，一节一节地套起来，最后焊接成长度为22.5米的旗杆，前后用了十几天的时间。[3]

公司创办初期的主要供水方式有三种：第一种是集中供水，就是在街旁巷内安装公用水龙头，由水夫看管。第二种是针对无力挑水的居民，雇佣水夫送水。第三种是大户人家为了使用方便，把自来水管直接引入家中，安装专用水表计量。[4]

水厂建筑中至今完好保存的建筑有外形雍容的绿顶圆亭，称为"来水亭"，建成于1910年，用于接收孙河取水厂处理后的水，沉淀消毒后送入清水池。这座建筑是由天津德商瑞记洋行设计的，具有巴洛克风格。同时在建造时运用了中国传统建筑手法即糯米汁灌浆、磨砖对缝，是一座中西合璧的精美建筑。另一座外形宽大貌似西方

---

① 引自 https://baike.baidu.com/item/%E5%8C%97%E4%BA%AC%E8%87%AA%E6%9D%A5%E6%B0%B4%E5%8D%9A%E7%89%A9%E9%A6%86/3890090?fr=aladdin。
②③④ 引自 https://baijiahao.baidu.com/s?id=1601080167882880447&wfr=spider&for=pc。

教堂的建筑，即当时水厂的蒸汽机房，同样建于1910年，建筑高12米，面积600多平方米，装有卧式双动活塞往复式蒸汽机两台，驱动两台水泵。[①]

### 6.8.4.2　相关文献和资料

（1）纪录片

纪录片选集《北京博物馆巡礼（十）中国海关博物馆——北京自来水博物馆》[②]，不仅介绍了北京自来水博物馆的前世今生，而且对博物馆的重要展陈进行了详细解读，是工业遗产面向大众的重要科普节目。此外，2016年北京电视台播出系列节目《这里是北京》，其中《馆长说：北京自来水博物馆[③]》以馆长讲述的方式再次对自来水博物馆进行了详细解读。

（2）厂志书籍

1986年北京市档案馆等编著《北京自来水公司档案史料》，记录了北京自来水厂的自建厂历来的重要历史档案，除水厂信息外，还对企业人员、公司营收等内容进行了较为详尽的记录。

---

① 谓知. 北京第一座自来水厂——东直门水厂 [N]. 中国文物报，2012-10-05(008).
②《北京博物馆巡礼（十）》网络播放地址：https://v-wb.youku.com/v_show/id_XNDEwMzE0Mjk1Mg==.html.
③《这里是北京——馆长说北京自来水博物馆》网络播放地址：https://video.tudou.com/v/XMjQ0NzkzNTQxMg==.html?_fr=oldtd.

## 6.9 "城市公园"引导下的工业遗产保护与利用——京张铁路遗址公园（启动区）

| 案例名称 | 京张铁路遗址公园 |
|---|---|
| 原　　名 | 京张铁路五道口平交路口 |
| 地　　址 | 北京市海淀区五道口 |
| 建厂时间 | 1909年 |
| 占地面积 | 启动区约1.7公顷 |
| 建筑面积 | — |
| 产权所属 | 海淀区北京市铁路局 |
| 功能置换 | 城市公园 |

| 概　要 | 1. 京张铁路遗址公园（启动区）位于海淀区五道口平交路口与北四环铁路桥之间，前身是建成于1909年的中国第一条自主设计建造的铁路线。遗址公园启动区占地面积约1.7公顷，包括铁路记忆广场、轨道花园以及展望花园三大主题。<br>2. 改造后的功能定位为集铁路遗址、文化休闲、开放广场等功能于一体的铁路主题遗址公园。 |
|---|---|

京张铁路遗址公园位于海淀区五道口附近，北至原京张铁路平交道口五道口，南至北四环铁路桥，全长约800米，其前身是建成于1909年的京张铁路线清华园段。遗址公园分为铁路记忆广场、轨道花境以及展望花园三个部分，由北京林业大学、北京交通大学、清华同衡规划设计院等科研院所共同完成概念规划设计，是目前北京城区最长、规模最大的铁路遗址公园（图6-9-1）。

遗址公园未来将向北延伸至后厂村路，全长将超过13公里，建成集遗址、文体、商业于一体，纵贯南北、横连东西的京张铁路遗址公园。届时，京张高铁线、拆分的地铁13号线以及京张铁路遗址公园平行而置，共同带动沿线地区的更新与复兴。2013年，京张铁路南口段至八达岭段被列为第七批全国重点文物保护单位。2018年，京张铁路被列入第一批中国工业遗产名录。

图6-9-1 京张铁路遗址公园实景

### 6.9.1 历史沿革

京张铁路是中国近代自主修建的第一条铁路，始建于1905年，历时4年正式建成通车（图6-9-2），是著名爱国工程师詹天佑主持修建、未使用外国资金及人员的第一条中国铁路。京张铁路连接北京丰台区，途经八达岭、居庸关、沙城、宣化等地最终抵达河北张家口。工程花费白银近700万两，平均每公里造价不足35万两，在当时全国各条铁路线中造价最低。京张铁路途经延庆山区，修建难度极大，詹天佑创造出"人形道岔"线路，巧妙解决了青龙桥段山地铁路的爬坡安全问题（图6-9-3），"人形道岔"于2013年被列为第七批全国重点文物保护单位。

图6-9-2　京张铁路开通典礼时南口站历史照片
（资料来源：《京张铁路》）

图6-9-3　京张铁路青龙桥段人字形铁路历史照片
（资料来源：《京张铁路》）

### 6.9.2　遗存状况

京张铁路起点位于北京丰台区，终点位于河北张家口，全长201.2公里，其中北京段80.2公里，设有丰台、广安门、西直门、清华园、南口、东园、居庸关、青龙桥、康庄等车站。广安门至西直门段在1960年代因修建地铁而被拆除，旧清华园站因清华大学扩建而东移数百米。目前保存较好的沿线车站有西直门站（北京北站）、青龙桥车站（人字形铁轨所在地）（图6-9-4、图6-9-5），其他站房均有不同程度损毁。居庸关火车站以南东侧约 500 米保留有居庸关火车站旧址，但站房上詹天佑亲笔手书"居庸关车站"匾额在"文革"时被"为人民服务"覆盖。京张铁路共开凿了五贵头、石佛寺、居庸关、八达岭四座隧道，穿越长城的居庸关、八达岭两座隧道目前仍在使用。

图6-9-4　仍在使用的南口段至八达岭段人字形铁轨实景

为了促进京津冀协同发展以及保障北京2022年冬奥会客流运输，京张铁路正改建为京张高铁线，设计时速350公里，新建高铁线市区段入地，

图6-9-5　翻修后的青龙桥站房与詹天佑塑像

图6-9-6　京张铁路五道口段拆除前实景照片

减少平交道口。2014年7月京张铁路张家口站——张家口南站停止客运服务，2016年11月清华园站停止客运服务，位于海淀区铁路平交道口——五道口铁轨被拆除（图6-9-6）。2019年9月，京张铁路遗址公园五道口启动区改造完成正式向公众开放。

### 6.9.3　保护与更新

京张铁路遗址公园五道口启动区全线长近800米，面积为1.7公顷。区块从成府路地铁13号线五道口站一直贯通至北四环铁道桥，总体分为三个部分：铁路记忆广场、轨道花镜以及展望花园。全线共有四个景观节点，分别为时光隧道、历史长廊、枕木花园以及西山远眺（图6-9-7）。

图6-9-7　京张铁路遗址公园分区平面示意图

（资料来源：《新京报》http://www.bjnews.com.cn/news/2019/09/15/626208.html）

（1）时光隧道

时光隧道是京张铁路遗址公园启动区第一处公共空间，由一组竹条编制的拱廊空间标识公园入口。竹廊下设置了三条由枕木制成的长椅，供来往行人休息。竹廊每根主骨架均装有微型夜灯，方便人们在夜晚活动（图6-9-8）。树池侧边镌刻京张铁路的历史信息，地面铺设印有14个车站铭牌的条形枕石（图6-9-9、图6-9-10）。

图6-9-8　遗址公园"时光隧道"竹廊实景
（资料来源：扈亚宁摄）

图6-9-9　遗址公园树池侧边镌刻京张铁路历史信息

图6-9-10　时光隧道地面铺设印有站名的条石

（2）历史长廊

历史长廊是启动区第二个景观节点，由三组竹结构建筑错落地排列成约40米长的廊道（图6-9-11）。竹廊内部的侧壁上布置了记录京张铁路建造历程的影像资料，人们在这里观展时可以了解京张铁路的建造历史，感受我国早期铁路人面对困难时独立自主、坚韧不拔的爱国精神（图6-9-12）。

图6-9-11　由竹建筑形成的40米廊道空间
（来源：扈亚宁摄）

图6-9-12　竹建筑立面悬挂京张铁路
历史照片
（来源：扈亚宁摄）

图6-9-13　遗址公园枕木花园实景

（3）枕木花园

枕木花园保留了京张铁路部分铁轨、枕木以及栏杆，铁轨沿线两侧种植了30余种植物，形成微型生态系统，吸引蝴蝶、蜜蜂翩翩起舞。枕木花园定期举办植物认知、通识教育以及创意种植等活动，为市民提供了科普认知、休憩放松的场地（图6-9-13、图6-9-14）。

（4）西山远眺

西山远眺是启动区最后一个景观节点，位于北四环铁路桥段上，此处设置了观赏性植物以及枕木长椅。此处的视野极其开阔，既可俯瞰四环车流，又可眺望西山晚霞，是启动区景观视廊的高潮和点睛之笔（图6-9-15）。

图6-9-14　遗址公园保留的京张铁路铁轨实物
（资料来源：扈亚宁摄）

图6-9-15　铁路遗址公园西山远眺实景

京张铁路遗址公园五道口启动区是北京第一个基于铁路遗址打造的工业遗产公园，未来将逐渐从启动区拓展至京张铁路市区段全线，其保护与更新具有极大的示范作用，并体现出以下几点特点：

（1）北京首个基于"1+1+N"制度的工业遗产保护利用项目。

京张铁路遗址公园是北京探索实施"街道责任规划师与高校合伙人1+1+N制度"落地的重要成果之一，这也是国内较早实施街道规划师责任制度的案例。街道规划师制度为城市街道微观空间规划与整治提供了专业指导和技术服务。具体而言，即由规划师团队全程参与街巷环境整治提升方案设计及其后续实施工作，通过专业指导和实施监督，对设计方案与规划实施进行专业技术支持和效果把控，力求避免"千街一面"。在这一模式下，街道管理者与街道居民可以积极参与到项目设计与讨论中，有助于在项目实施过程中创造出真正满足当地居民需求的使用空间，而遗产保护理念也借此过程而得到普及。

（2）打造集科普与互动为一体的景观公园。

启动区两侧种类丰富的植被，成功修复了遗址公园沿线的生态环境。启动区花丛中设置了植物标识牌，供游客了解植物基本知识，实现亲子互动教育。历史长廊里张贴了市民提供的关于京张铁路建造历程的影像资料，公众可以在长廊中一边行走一边感受京张铁路的百年历史，感受铁路遗产的历史价值、文化价值和社会价值。步行路两旁设有的结合"互联网+"技术的公众信息反馈平台，使得体验过程更加智能。

（3）构建材料循环利用的雨水花园微环境。

废弃碎石和观赏植物共同构建了铁路遗址的生态雨水花园系统。原有铁路场地混凝土地面被细碎卵石取代，有助于积水渗透和收集。收集后的雨水流入两侧的植被土壤中，用于花草灌溉，从而实现微环境的自给自足。景观植物的搭配也别具匠心，确保花园一年四季都有生机。此外，启动区多数公共休闲设施（铁轨、枕木、长椅）均为从铁路上更换下来或原址保留的铁路材料，这些遗产见证了京张铁路的文化历史，使历史传承"言之有物"。

### 6.9.4　非物质文化遗产

#### 6.9.4.1　企业历史和重要事迹

京张铁路是中国近代第一条自筹资金、由中国人设计并施工完成的干线铁路，是西方铁路技术移植中国的典型案例，在中国铁路工程史中具有重要意义。在修建过程中，路线测量和勘定技术有所创新，在八达岭青龙桥附近采用了"人"字形路线。部分传统技术也得到了运用和创新。詹天佑在国内首次采用拉克洛炸药开凿隧道，此种炸药爆炸力强但性能稳定，之前只用于开发煤矿。在修建桥梁墩台时，为节省水泥，詹天佑在混凝土里掺以片石。片石为京张铁路开厂生产，属于詹天佑"开源节流"的重要举措之一。除此之外，还首次引进了自动挂钩，建造了特色鲜明的车站站房。[①]

为了便于划分不同区段，按照当前的行政区划，京张铁路可划分为北京城区段、昌平段、延庆段及河北段四个部分，北京城区段是指从历史

---

① 段海龙. 工业遗产视野下的京张铁路 [J]. 工程研究：跨学科视野中的工程，2017，9(3)：262-269.

起点——丰台柳村至海淀清河的铁路，历史上全长约21公里，现存9.3公里，建有广安门车站、西直门车站、清华园车站和清河车站四座车站。①

京张铁路是毛泽东主席进京时途径的火车线路，清华园站被毛泽东主席称为"进京赶考"第一站。②

### 6.9.4.2　相关资料

（1）纪录片

2010年，央视推出系列纪录片《百年京张路》③，讲述了一百年前我国铁路建设的开端与艰辛探索，回顾了京张铁路百年流变的兴衰变迁，并重点讲述詹天佑在修建京张铁路时所面临的困局，以及作为中国最早的一批官派留学生，在耶鲁大学学习铁路工程技术的詹天佑回国之后被派往船政局当船员的原因，为人们了解中国铁路事业起步的艰辛曲折历史提供了翔实的影像资料。

（2）厂志书籍

1905年出版的《京张路工撮影》主要记录的是中国自主设计和修建的第一条铁路——京张铁路沿线各站点、主要路段实景以及通车典礼的情况，为清末民初著名的摄影师谭锦棠拍摄，由上海同生照相馆制作，分为上下两卷，共183张照片。《京张路工撮影》已入选《中国档案文献遗产名录》，对中国铁路的发展史的研究有极大的参考价值。

1909年京张铁路建成后，詹天佑根据工程施工路段的施工报告写成《京张铁路工程纪略》，提及："本路工程始终出力各员为：正工程司颜君德庆、陈君西林、俞君人凤、翟君兆麟，工程司柴君俊畴、张君鸿诰、苏君以昭、张君俊波，余繁不及备载。"对我国工程师在铁路建设中的独立自主以及发明创造等进行了详细记录，这是研究京张铁路的重要文献资料，具有极高的科学技术价值。

2017年，王嵬的著作《我的京张铁路——开通首段》出版，通过十余年的田野考察、沿线老职工与居民口述历史、同机位新旧图片对比、老资料及图片的手绘复原、全线文物普查等方法，展现了京张铁路丰台—南口段的变迁、历史遗存、文物现状。

---

① 朱强，李雄. 京张铁路北京城区段的百年回顾与反思 [J]. 北京规划建设，2017(4)：91-94.
② 孙媛，赵一霖. 京张铁路遗址的保护与更新研究 [J]. 当代建筑，2020(4)：32-36.
③《百年京张路》网络播放地址：http://tv.cctv.com/2013/07/03/VIDA1372838855526137.shtml.

# 第 **7** 章

方兴未艾：
北京工业遗产保护的思考
与展望

北京作为工业城市的历史是短暂的，与上海、重庆或东北地区等传统工业城市相比，北京工业建筑遗产的数量相对较少，规模也相对较小，特别是一些早期近代工业遗产已不复存在。但北京在工业遗产保护与再利用方面走在了全国前列，无论是工业遗产的学术研究，还是厂房改造的工程实践，北京都取得了较大成就，因此有必要对十余年的发展经验与不足之处作简要回顾。

## 7.1　北京工业遗产保护与再利用学术研究

从2010年《北京倡议》提出"抢救式保护"，到2017年《北京城市总体规划》中明确提出"工业遗产保护"，北京的工业遗产保护与再利用经历了繁荣发展的十年，在广度和深度上都积累了一定的经验，尤其在"史学""价值""改造"以及"土地"等方面进行了卓有成效的探索。

### 7.1.1　围绕"史学"的研究

史学研究主要集中在工业"发展史"以及工业"技术史（援建史）"两个方面。

发展史研究旨在对北京近现代工业发展的源起、发展以及演变历史进行深入梳理，包括：①工业历史断代研究。围绕北京近现代工业历史发展起源，曾有祝寿慈先生的"四段式"分期以及刘伯英、李匡等"1+4段"等多种见解。前者以中国近现代史为断代依据，将工业发展划分为国民经济恢复时期（1950—1952年）、"文革"前的工业发展时期（1953—1965年）、"文革"时期工业发展（1966—1976年）、以及"文革"后的工业发展时期（1976年后）；后者则以北京工业化进程和总体规划变革为断代依据，综合考虑了当前工业遗产保护再利用的基本

事实，其中"1"指现代工业的孕育和萌芽时期（1860—1949年），"4"指北京现代工业发展的四个重要时期，即现代工业产生和计划经济时期（1949—1966年）、工业建设放缓和"文革"时期（1966—1976年）、传统工业升级和转型调整时期（1977—2005年）以及后工业化与工业遗产保护利用时期（2006年至今）。②工业区发展与演变研究。包括对工业布局、规模以及历时性演变分析，对北京工业企业的分布、工业用地调整进行分析和评价，并对798厂、首钢、焦化厂等典型个案的历史变迁、土地更新、遗产价值等内容进行全面阐述等。

技术史、工业援建史的研究多见于历史、党史、档案以及社会学研究等文献中。中华人民共和国成立初期，国家的工业化建设得到苏联、民主德国等社会主义国家援建，据不完全统计，在1950年代苏联援建的"156项目"中有5项涉及北京。进入1970年代，国家实施"四三方案"，即投资43亿元从日本、德国等工业发达的国家引进生产线和专门技术，建造了燕山石化等大型化工企业。对"156项目"的全面研究以及对"四三方案"的回顾梳理，进一步丰富和完善了北京工业发展进程的史料，使工业技术史的研究更加全面和立体。此外，对工业建筑规划、设计与建造技术传播的历史研究亦有所突破，例如，刘伯英、韦拉等人追溯了世界上最早的现代工业建筑设计原型——美国福特汽车厂流水线生产车间，其设计者美国建筑师阿尔伯特·卡恩被称为"现代工厂设计之父"，他不仅影响了格罗皮乌斯等人的设计理念，而且对苏联工厂规划、工业建筑设计作出过巨大贡献，进而间接影响了中国早期现代工业建筑设计与规划。

### 7.1.2 围绕"价值"的研究

"价值"研究主要体现在两个方面：对工业遗产进行普查和调研，对价值指标和评估体系的建立进行探讨。

普查与调研是工业遗产价值研究的基础性工作，学者们围绕如何调查、如何记录等内容进行了有益的尝试，成果包括调研方法和普查内容。①调研方法方面，在借鉴英国AIA工业考古方法的基础上，刘伯英、李匡等编制了"中国工业建筑遗产调查索引"，曾以北京新华印刷厂为案例进行了完整的尝试，并由此提出企业自查以及专业普查两个方面的调研方法；②普查内容方面，完成了对工业建筑形式、结构、材料以及做法的梳理，涵盖了工业建筑从设计到建造的多方面信息采集，为调查工作的全面展开提供了参考依据。

价值评价标准与评估体系是认定工业建筑遗产价值的核心环节，"依据、分值以及标准"是学者集中关注的内容，从历史价值、社会价值、艺术价值、文化价值以及经济价值5个方面探讨工业遗产价值是当前学者们的普遍共识。其中清华大学刘伯英教授和天津大学徐苏斌教授对北京、天津地区工业遗产进行了深入研究，分别确定了百分制评价体系和本体价值体系，成为当前国内工业遗产进行价值评定的主要依据之一。此外，2009年5月，由北京市工业促进局、北京市规划委员会、北京市文物局共同制定的《北京市工业遗产保护与再利用工作导则》颁布实施，其中对北京地区工业遗产价值的评估方法进行了规定，并对列入北京市工业遗产保护与再利用名录的条件进行了细分说明。

### 7.1.3 围绕"方法"的研究

"方法"是指工业建筑遗产保护与再利用中具体实施方式的研究，"如何保、如何留、如何用"是其重要的研究内容。对"方法"的研究主要包括对保护与利用"整体框架"的研究，以及对建筑遗产"改造方式"的研究。

对保护与利用"整体框架"的研究旨在保护工业遗产，尝试以更加全面、客观和慎重的姿态面对工业遗产。以首钢和北京焦化厂为依托，清华大学刘伯英、李匡团队提出了"分级利用"的方法，将北京工业遗产按照价值高低分为"文物保护单位""优秀近现代历史建筑""工业遗产"以及"一般性工业资源"四个层级进行分类处置，并根据遗存现状的具体情况，提出划分"单体保护"和"片区保护"两个层次。

对"改造方式"的研究，则主要是对工业遗产（遗存）改造设计手段、效果以及使用后评估进行研究。除首钢、798厂等极具代表性的大型工业遗产外，北京城区尚存大量的工业建筑遗产，这些工业遗产作为"一般性工业资源"而被广泛开发和利用，成为建筑师施展创作才华的舞台。以北京中心城地区为例，百余处具有一定规模的腾退厂区被改造成为创意园区或艺术区，其中不乏颇具创意的改造案例，在此不再赘述。

### 7.1.4 围绕"土地"的研究

工业用地研究是实现合理、合法地对工业遗产进行保护与再利用的前提条件和关键因素。工业建筑遗产的保护与再利用与工业用地更新调整紧密相关，其中包括对土地转性、土地收益、土地开发强度等一系列问题的研究。北京市规划设计研究院与清华大学建筑学院合作，共同编制了《北京中心城（01—18片区）工业用地整体利用研究》，主要围绕北京市工业结构调整面临的实际问题与机遇，特别是对20年来北京工业用地搬迁改造的历程进行理性反思，探讨北京工业用地调整、更新、改造、利用与发展的思路。

北京中心城区的工业用地逐年减少，在长达二十余年的"退二进三"过程中，持续增长的土地价格使较低效率的工业土地在中心城几乎没有生存空间，处于城市中心区的腾退工业企业，在没有改变土地性质的情况下转变成新型创意产业，虽然实现了产业转型与升级，但从土地利用的合理性层面上来讲仍然有许多尚未解决的问题。如何在土地制度上创造新的可能，从土地的顶层设计层面给予更多的可能性，是"土地"研究中的关键，同时也是一个难题，目前涉及工业用地更新、转性与再开发的研究仍显薄弱。

## 7.2　北京工业遗产保护与再利用工作经验

与国内其他城市相比，北京工业遗产保护与再利用工作具有自身鲜明的特色，概括起来是"两率先、一结合、一突出"：率先完成工业存量资源普查与文化创意产业园区认定，保护利用与首都职能紧密结合，突出"临时性使用"的实施策略。

### 7.2.1　率先启动资源普查与价值评价

2008年北京奥运会临近期间，市区内大型工业企业加速关停腾退，位于长安街西沿线的首钢总公司开始压缩产能并步入停产程序。2005年，北京市规委组织了首钢工业区改造规划初步研究，提出首钢工业区的未来产业发展方向是高新技术产业与文化休闲娱乐产业相结合，产业类型的重点是文化创意、新型休闲娱乐、会展服务、观光博览、高新技术研发等，而通过对首钢地区现状土地和建筑资源进行初步摸底后，提出了首钢工业区初步用地规划方案，划定了高新技术产

业区、工业主题公园区、公共活动中心区、会展博览文化区等8个功能区，并要求对首钢工业区土地进行土壤修复和治理，保护石景山自然景观以及首钢凉水池、高炉、大跨度厂房等工业景观。2006年北京市规划委员会委托北京市工业促进局、清华大学、北京市规划院以及首钢总公司等有关单位和部门，对首钢资源现状、国内外老工业区相关案例经验、产业发展方向、土壤及地下水污染治理、永定河生态治理等相关专题展开系统性研究。这是北京乃至全国范围内第一个系统地、有规模地对工业遗产展开科学调查与研究的项目，具有突出的示范意义。

以此次调查为契机，北京市工业促进局与清华大学刘伯英教授团队联合展开了对北京100余处城区工业企业的资源现状调查，涵盖了北京绝大多数国有工业企业以及部分民营企业，包括电子、纺织、机械、钢铁、化学、印刷、制药、食品以及轻工业等众多门类，涉及中心城地区888.53公顷工业用地以及443.59万平方米工业建筑，梳理出30余项具有突出价值的工业遗产，这是全国第一项针对城市工业企业空间资源的全面调查，也是北京市第一项针对城市工业用地现状的研究成果。

2010年，中国建筑学会工业建筑遗产学术委员会在清华大学成立，标志着以"工业建筑遗产"为主要对象的学术组织正式成立，首届工业建筑遗产学术研讨会通过了"关于中国工业遗产保护的《北京倡议》——抢救工业遗产"，是对2006年《无锡建议》和《关于保护工业遗产的通知》的拓展和再诠释，对日后北京开展工业遗产的保护、再利用的研究具有里程碑意义。

### 7.2.2　率先完成工业资源型文创园区评定

北京是全国最早开展文化创意产业培育以及

文创园区认定工作的城市之一。北京文化创意产业的认定工作最早可追溯到2006年，由北京市发改委出台《北京市文化创意产业集聚区认定和管理办法》，首次提出"文化创意产业聚集区"概念：指聚集了一定数量的文化创意企业，具有一定规模，具备创意研发能力，并具有专门的服务机构和公共服务平台，能够提供相应的基础设施保障和公共服务的区域。从此，北京的文化创意产业聚集区经历了从无到有、从小到大的发展历程。2006年认定了第一批10处文化创意产业聚集区，其中798艺术区作为第一个利用工业资源改造而来的文化创意产业聚集区被列入名录。2007—2013年，北京市先后又认定了4批文化创意产业聚集区，累计达30处。

此后，北京市各区分别公布本区"文化创意产业聚集区"名单，如海淀区2010年12月公布了首批7家文化创意产业聚集区，并于2013年公布了第二批5家文化创意产业聚集区，其中利用北京电视机厂改造而来的"中关村数字电视产业园"位列其中。2017年，北京文创产业实现增加值3908.8亿元，占全市生产总值比重达14%；文化企业超过25.4万家，规模以上法人单位实现收入1.6万亿元，文创产业成为首都经济发展的重要引擎。

2018年6月20日，北京市召开新闻发布会，正式发布《北京市文化创意产业园区认定及规范管理办法》（以下简称《管理办法》）和《关于加快市级文化创意产业示范园区建设发展的意见》（以下简称《意见》），并启动首批北京市文化创意产业园区认定工作。其中，《管理办法》明确了文创园区的认定标准、认定程序、管理和考核机制等内容，申报园区除需要有较完整的建设和发展规划，以及较完善的公共服务体系外，还

需要满足"双七十"要求：园区入驻率达70%以上、文创法人单位数占已入驻法人单位总数的比例达70%以上。而《意见》中再次提出鼓励示范园区建设运营管理机构参与老旧厂房保护利用，将现有老旧厂房、特色工业遗址等存量设施资源改造为文化创意产业园区，建设分园。

2019年1月25日，北京市正式公布33家首批北京市文化创意产业园区名单，其中逾半数是利用工业遗产改造而来，包括751D·PARK北京时尚设计广场、768创意产业园、798艺术区等。工业遗产资源已经成为北京工业创意产业发展的新场所、新动力。

### 7.2.3　资源利用紧密结合城市新职能

北京作为国家首都，其城市发展受政策影响巨大。首都职能的不断变化，要求北京的产业需求、城市空间、功能布局等都要进行适应性调整。从中华人民共和国成立初期大规模建造"工业城市"，到今天的"四个中心城市"，工业一直为北京城的经济发展提供最忠实的服务。自1990年代以来，北京的工业开始为实现首都发展转型而进行大规模的腾退疏解，这一过程包含两个重要历史节点：其一是1990年代中期开始的北京中央商务区（CBD）的建设；其二是2008年前夕因筹办北京奥运会而进行的工业腾退。

1990年代初期，北京修订新一轮城市总体规划，正式提出要建立中央商务区（CBD），以满足首都作为政治中心、经济文化与文化中心的定位，并与大国首都的身份相适应。CBD核心区最终选址于原北京东郊工业区，地处大北窑桥东北角，占地面积约30公顷，搬迁或拆除了区域内42家工业企业，达到CBD总面积的63%。从1990年代末到21世纪初期，企业通过政府补贴、土地

置换等方式外迁到远郊工业园区，北京第一机床厂、北京汽车制造厂、北京金属结构厂、京棉集团等传统工业企业相继搬离，为CBD建设腾退出大量土地。

临近2008年北京奥运会，为了创造良好的大气环境，北京再次启动了传统工业企业的大规模关停或搬迁，这是全市范围内的大规模腾退。首钢、焦化厂等大型工业企业在这一时期陆续关、停、转，有效减少了北京地区的污染排放，实现了生态环境的高质量保护。

工业用地的腾退和转型，为增量发展时代的北京作出了重要贡献，而进入减量发展、存量更新的今天，工业遗产更成为北京发展中弥足珍贵的资源，正得到更多的重视。2017年底，北京颁布《关于保护利用老旧厂房拓展文化空间的指导意见》，明确引导工业建筑遗产转化为新型文化产业空间，而同年颁布的《北京城市总体规划（2017—2035）》，则将工业遗产保护与再利用纳入城市发展的整体战略层面，工业遗产成为新时代服务首都城市发展的又一重要载体，成为首都城市发展的"储备性资源"。例如，首钢西十筒仓改造后成为2022年冬奥会组委会的办公地点，冷却塔、冷却池等遗存设施与新建的冬奥场馆遥相呼应，成为具有浓郁工业风貌特色的开放空间；798艺术区为使其自身的发展与首都"国际交往中心"的定位相契合，正逐渐转型成为"国际艺术文化使馆区"。

### 7.2.4 功能置换突出"临时性使用"

与一般性开发项目相比，工业建筑遗产再利用的复杂性更大，参与主体和不确定因素更多，涉及用地性质变更、产权归属、经济利益等诸多问题；而与其他类型项目相比，工业遗产

（遗存）再利用则往往缺少法律支撑和专项资金支持的双重保障。因此，在尚未明确最终转型方向的"过渡期"内，多数工业建筑遗产的所有权人——国有企业单位往往选择以"临时性使用"的方式处理闲置工业遗产，在一定程度上兼顾了使用效率和经济效益的平衡。

当前，北京工业遗产经过改造后临时性利用的周期一般为2～3年（注：该数据指转租开发利用的合同周期），在2008年之前这一数据为5～8年。现行"高周转、短周期"的原因，一方面是受限于《关于规范国有企业房屋出租管理工作的意见》（京国资发〔2012〕34号）中"闲置房屋出租一般不超过5年"的相关规定，另一方面也与当下北京城区土地价值逐年攀升密不可分。"短周期"造成租金上涨过快、换手率较高，因此建筑的使用人群和使用功能不断变化，这从某种程度来说加剧了工业建筑遗产被"过度开发"的现象，容易造成工业遗产再利用走向"房地产化"。

## 7.3 北京工业遗产保护与再利用管理建议

北京地区工业遗产保护与再利用工作取得了较大成就，但在实际操作层面中仍存在一定不足，如何科学、合理管控工业遗产，以实现可持续性发展是当前面临的突出问题。本书建议从遗产认知、分类保护、制度完善、土地完善以及市场参与等角度，不断完善工业遗产保护工作。

### 7.3.1 借鉴国外遗产保护经验，拓展工业遗产价值认知

要从建设全国文化中心的首都城市功能定位、完善北京历史文化名城整体保护体系和工业遗产的多元复合价值三个层面，落实北京新总规要求，更加关注城市文化的可持续发展和以人为

本的情感文化关怀。开展多种方式的公众参与、宣传教育活动，通过多种渠道凝聚共识，使社会从多视角认识工业遗产保护和再利用的意义与价值。搜集并整理国内外工业遗产保护与利用的优秀案例，学习其可供借鉴的经验和做法。用先进的理念和方法，构建完整的遗产案例类型体系，包括实施环境、成本构成和运作模式。在关注遗产本体更新利用的同时，重视遗产生成的本底环境。创新现有的工业遗产利用模式，探讨多种形式的保护性利用途径。

我们想要在工业遗产的保护与创造性转化上做到更好，恐怕还有很长的路要走。面对工业遗产，我们不能完全站在经济利润的角度思考问题，不应当将有规模的旧工业区变成新的开发区，或者将旧工厂区千篇一律地改造成文化创意产业园，这样就背离了对众多工业遗产进行保护的初衷。798艺术区的现象和经验是不能全部复制的，它之所以能完美利用工业遗产，是因为它的建筑呈现了独特的建筑美学价值和实用性，稍加改造就有艺术空间的氛围；而其他旧工业区厂房大多是适应重工业需求建造的，空间高大，甚至可以安放铁轨及吊车，而且外形和内里的机器联系在一起才有价值，才是工业的地标，才符合文物保护的要求。

## 7.3.2　开展工业遗产定期评估，制定分类保护措施指南

在现有名录和专项保护规划基础上，重点筛选补充位于规划集中建设区范围以外的工业遗产，动态完善保护名录。根据工业遗产对城市发展影响的重要程度进行评估分级，主要分为对城市发展产生重要影响的（如首钢）、对地区发展有重要影响的（如门头沟大台煤矿）和对街区或社区有重要影响的（如新华1949）工业遗产。根据保护利用的重点要素进行评估分类，对于以保留整体风貌与空间格局为主（如焦化厂）和以保留代表性建筑组团、建（构）筑物、机器设备为主（如北京胶印厂77文创园）的工业遗产，划定保护对象的具体范围，明确保护利用措施。

应根据工业遗产的性质和价值分类，制定相应的保护措施和指导意见。对于具有较高历史文化价值，或是展现生产工艺重要环节、工业风貌特征显著的工业遗产，应进行原址原貌保留。对具有较高的遗产价值，并具备较高的再利用价值的设施或设备，可适当修缮后原址整体保留，但应尽可能与原功能相协调。对于具有一定的工业文化及再利用价值，但与更新建设存在较大矛盾的工业建（构）筑物和设备工业遗产，属于不可移动的，可以结合实施方案进行局部建（构）筑物保留；属于可移动的，可整体或部分就近迁移，使其成为开放空间或建筑的一部分。

## 7.3.3　完善保护专题规划制度，出台针对性政策和办法

在对工业遗产所在地块或厂区更新改造时，应开展包含关于工业资源和工业遗产保护利用的专项研究。如对厂区价值进行综合分析，明确有典型意义和价值的保护内容，研究保护利用措施，并纳入法定控制性详细规划。对已列入工业遗产名录的厂区和建筑所在地内的其他建（构）筑物及其设备等均应采取"预保护制度"，不得擅自拆除。针对工业遗产权属或使用的单位和个人，要明确修缮维护的主体责任。工业遗产地块内建筑的保护利用，要在尊重现状、满足保护要求和符合规划导向基础上，针对建筑退让、相邻间距、绿地率、建筑密度、道路交通、停车配

建等规定性要求，研究制定相应的措施办法。应充分考虑工业遗产的特殊性，支持存量空间再利用。

在工业遗产的保护利用过程中，可通过设立第三方监管机构，负责政府与国有企业之间在土地收益上的平衡问题。工业遗产保护和再利用，使工业用地的土地性质不再纯粹，在闲置工业用地上展开民用项目，已成为当前北京乃至全国范围内的通行做法。但由于土地性质没有变更，政府管理部门无法从工业遗址地的转型开发过程中获得土地的增值收益，降低了财政收入的可能性，也造成了政府相关管理部门的积极性不高。因此，工业遗产的开发利用，一方面应赋予企业较大的自主权，另一方面政府管理部门也有权利从土地租金中获得一定比例的收益，使政府和国有企业均能享受土地增值带来的实际收益，也有利于管理部门更好地开展服务工作。

### 7.3.4 制定灵活土地和产权政策，鼓励市场参与、多方共赢

到目前为止，我国尚未有一部法律法规对工业厂房或企业办公楼能否进行产权切割进行明确规定。因此，现实中工业遗产保护与开发，通常只能以"租赁"方式存在。由于工业遗产的开发需要投入一定成本，经济、社会和文化等方面的收益往往需要较长时间才能看到效果，因此，现实中"长租"需求十分旺盛，有些甚至通过变相长期租赁，实现"出售"之目的。这种"合情但不合法"的局面，需要通过相关法律法规给予解决。

工业遗产的开发，应允许产权适度切割，甚至应鼓励引入民营机构管理和运营工业遗产（国有资产）项目。例如，工业遗产地的产权可以采用有条件的切割出让给民营机构，由其负责遗址地内相关工业遗产的保护与利用工作。赋予民营机构较大的自主权，使其积极参与到国有资产保护的具体行动中，并允许遗产保护工作适度盈利。政府管理部门可以通过招标的方式，选择合适的民营机构开展工业遗产保护工作，一方面既可降低国有企业在遗产保护中的经济成本，同时又可使遗产保护工作更加积极和富有效率。与此同时，可以依托高校、科研院所、企业和学术团体，组织有关专家、学者共同推进遗产保护技术与再利用模式的创新性探索，充分调动社会各界积极性，形成合力，推动北京工业遗产保护工作深入开展。

工业遗产保护与再利用要明确目标，避免"产业园遍地"的情况，对于寸土寸金的北京，发展文化创意产业既是城市发展的必然选择，同时也裹挟了太多的商业目的，掌控空间资源的产权人和获得代理权的经营人，往往共同作为一个潜在的利益团队，在具体实践中不断固化自身利益，致使工业建筑遗产转型的目标始终指向经济利益。因此，从城市多样性角度来看，工业建筑遗产的保护应该多元化、差异化。

随着城市更新的不断深入，工业遗产的保护与再利用亦将迎来"2.0时代"，其价值、目标、方法和策略都将持续处在动态变化中，只有科学、合理、全面地认知工业遗产价值、明确工业遗产特色，平衡多方利益诉求，才能实现工业遗产的可持续发展，为处于存量更新时代的首都北京贡献工业遗产的一分力量。

# 附录 |
# 北京工业遗产名录

　　此名录统计了全国重点文物保护单位名录（前八批）、北京市重点文物保护单位（前八批）、工信部公布的"国家工业遗产名单"（前两批）、中国科学技术协会与中国城市规划学会认定的"中国工业遗产保护名录"（前三批）、国资委公布的"中央企业工业文化遗产名录"，以及"北京优秀近现代建筑保护名录"（第一批）、"中国20世纪建筑遗产"项目、"北京市历史建筑名单"（前三批）的相关内容。数据统计截止时间为2019年12月。

## 1. 工程与科学技术遗产（13项）

| 序号 | 遗产名称 | 地址 | 始建时间 | 保存或改造利用状况 | 照片 | 简介 | 身份认定 |
|---|---|---|---|---|---|---|---|
| 1 | 大运河遗址（含京内11处遗址地） | 通州区、朝阳区、海淀区、东城区、西城区等 | 公元前486年 | 景观公园 | | 大运河北京段全长82公里，横跨昌平、海淀、西城、东城、朝阳、通州六区，沿线文物等级高、分布密集，类型丰富，既是明清北京城连接西北部园林的纽带，也是古代中国连接南北方的大动脉 | 世界物质文化遗产（2014），全国重点文物保护单位（第六批） |
| 2 | 琉璃河大桥 | 房山区琉璃河京石公路 | 1539年 | 景观公园 | | 琉璃河大桥于1546年建成，是房山区最大的石拱桥，其规模仅次于卢沟桥。全长165.5米，宽10.3米，高8余米，共11孔，中孔最大。桥全部用巨大的石块砌筑，桥上建有实心栏板和望柱。琉璃河大桥是北京地区保存较为完整的古代石桥之一 | 全国重点文物保护单位（第七批） |
| 3 | 卢沟桥 | 丰台区永定河 | 1189年 | 景观公园 | | 卢沟桥建于1189年，15世纪明正统年间重修，17世纪清康熙年间重建，是北京最古老的一座大石桥，石栏雕狮数百，神态各异。1985年卢沟桥正式退役，1991年卢沟桥实现封闭管理，是北京市现存的最古老的石造联拱桥 | 北京市重点文物保护单位（第一批） |
| 4 | 广济桥 | 清河镇 | 1416年 | 景观公园 | | 广济桥（清河大桥）位于清河镇，为北京市第三批市级文物保护单位。广济桥是明代石桥，是明代皇帝谒陵和通往塞北的交通要道。1982年决定迁建于小月河保护 | 北京市重点文物保护单位（第三批） |
| 5 | 万宁桥 | 地安门外什刹海附近 | 1285年 | 景观公园 | | 万宁桥位于北京城南北中轴线的北部，始建于元代，最初为木构，后改为石筑，是元代大都城内通惠河上游的重要通水孔道，是研究元代北京漕运的实物 | 北京市重点文物保护单位（第三批） |

续上表

| 序号 | 遗产名称 | 地　址 | 始建时间 | 保存或改造利用状况 | 照　片 | 简　介 | 身份认定 |
|---|---|---|---|---|---|---|---|
| 6 | 朝宗桥 | 昌平区沙河镇北 | 1448年 | 景观公园 | | 朝宗桥又名沙河北大桥，明代为京师通往明陵的大石桥。全长130米。七孔联拱实心栏板。桥北有明万历四年（1576年）所立"朝宗桥"碑一块 | 北京市重点文物保护单位（第三批） |
| 7 | 禄米仓 | 东城区禄米仓胡同 | 1561年 | 博物馆 | | 禄米仓是明清时期储存京官俸米的粮仓，也是现存古建筑中的一座类型特殊的建筑，现保存仓廒三座 | 北京市重点文物保护单位（第三批） |
| 8 | 北新仓 | 东城区北新仓胡同甲16号 | 1693年 | 封闭占用 | | 北新仓始建于清康熙三十二年（1693年），是北京地区重要的漕运粮仓。与海运仓形成南北两进院落，民国时期北新仓改为陆军被服厂仓库。目前北新仓仅存仓廒7座 | 北京市重点文物保护单位（第三批） |
| 9 | 古观象台 | 东城区建国门立交桥西南角 | 1442年 | 博物馆 | | 北京古观象台是明清时期的皇家天文台，也是世界上古老的天文台之一。古观象台仪器配套齐全，台体和附属建筑完整。院内陈列着浑仪、简仪、正方案、日晷、月晷、星晷、圭表、玲珑仪等天文观测仪器以及中国古代天文学家铜像和天文画像石等 | 全国重点文物保护单位（第二批） |
| 10 | 北京大学地质学馆旧址 | 东城区沙滩北街15号 | 1935年 | 办公科研 | | 北京大学地质学馆由著名建筑学家梁思成、林徽因设计。建筑平面为曲尺形，地上南翼三层、东翼二层，砖混结构，灰砖清水墙面，入口立面左上方女儿墙局部做旗杆处理。整座建筑平面、立面均为不对称形式，体形随功能要求变化，建筑造型明快简洁 | 全国重点文物保护单位（第七批） |

续上表

| 序号 | 遗产名称 | 地 址 | 始建时间 | 保存或改造利用状况 | 照 片 | 简 介 | 身份认定 |
|------|----------|-------|----------|--------------------|-------|------|----------|
| 11 | 北京水准原点旧址 | 西城区府右街 | 1915年 | 封闭保护 | | 北京水准原点始建于1915年。由花岗岩石砌筑，平面为正方形单层建筑，仿古希腊神庙式造型，是北京乃至华北地区唯一一处建筑历史最悠久的水准点。对于科研、工交、文化、军事、地震、水文考察都具重要的意义和价值 | 北京市重点文物保护单位（第五批） |
| 12 | 中国地质调查所旧址 | 兵马司九号 | 1913年 | 封闭保护 | | 中国地质调查所旧址为1913年成立的地质研究所和地质调查所合并后的办公研究场所。现存建筑包括南楼（图书馆楼）、西楼（办公楼）和北楼（沁园燃料研究室楼）。地质调查所是我国早期的地质科学研究机构，是中国近代科学体制化的重要标志 | 北京市重点文物保护单位（第八批） |
| 13 | 北京天文馆 | 西城区西直门外大街138号 | 1955年 | 原貌使用 | | 北京天文馆始建于1955年，1957年建成开放，是中国国内地唯一一座以向公众宣传天文学知识为主旨的大型专业化科普场馆。随着天文新馆的落成以及老馆的重新开放，天文馆已成为北京一处独特的新景观 | 北京优秀近现代建筑保护名录、中国20世纪建筑遗产项目 |

## 2. 传统手工业遗产项目（5项）

| 序号 | 遗产名称 | 地 址 | 建成时间 | 保存或改造利用状况 | 照 片 | 简 介 | 身份认定 |
|---|---|---|---|---|---|---|---|
| 1 | 谦祥益旧址 | 西城区前门大栅栏地区 | 1910年 | 修缮后使用 | | 谦祥益旧址位于西城区大栅栏街，建于清朝末年，为地上二层砖木结构建筑，现仍为谦祥益绸布店使用 | 北京市重点文物保护单位 |
| 2 | 瑞蚨祥旧址 | 西城前门大栅栏地区 | 1893年 | 修缮后使用 | | 瑞蚨祥始建于1893年，1900年被焚后重建，二层砖造，木屋架，店前有洋式铁皮顶草棚，立面壁柱装饰，两边为半圆看面墙，墙上雕花鸟图案，现保存完好 | 北京市重点文物保护单位 |
| 3 | 祥义号绸布店旧址 | 西城前门大栅栏地区 | 1896年 | 修缮后使用 | | 祥义号位于西城区前门大栅栏街1号，为北京市第五批市级文物保护单位。建筑两面地上两层，木结构，立面用铁栏做铁花装饰，上盖铁雨棚，雨棚下挂铁花眉子，做工精细，现保存完好 | 北京市重点文物保护单位 |
| 4 | 全聚德烤鸭门店旧址 | 东城区前门大街30号 | 1901年 | 修缮后使用 | | 全聚德烤鸭门店旧址门面建于民国时期，三开间，青砖砌筑，中间设券门，两侧设券窗，门窗砖刻匾额。店堂改建后，原状迁建子餐厅内。全聚德烤鸭店门面是清末民初商业铺面具有代表性的实物资料 | 北京市重点文物保护单位 |
| 5 | 清工部琉璃窑厂办事公所 | 门头沟区龙泉镇琉璃渠村 | 清光绪年间 | 博物馆 | | 清工部琉璃窑厂办事公所为清代工部设立的督造机构。清乾隆年间，皇家琉璃窑场迁到此村。该公所为工部督造官之公署宅第，坐北朝南，两进院落，占地面积约850平方米，为北京传统宅院形式 | 北京市重点文物保护单位 |

## 3. 近现代工业遗产项目（48项）

| 序号 | 遗产名称 | 地址 | 建成时间 | 保存或改造利用状况 | 照片 | 简　介 | 身份认定 |
|---|---|---|---|---|---|---|---|
| 1 | 北京印钞厂 | 西城区白纸坊23号 | 1908年 | 封闭保护 | | 北京印钞厂始建于1908年，是中国印钞造币总公司所属大型骨干企业、中国现代化的印钞基地之一 | 全国重点文物保护单位（第六批）、中国工业遗产保护名录 |
| 2 | 京张铁路南口段至八达岭段 | 昌平区南口至延庆区八达岭 | 1905年 | 博物馆 | | 京张铁路1909年建成通车。其近现代工业遗产包括南口火车站房、南口机车车辆厂、人字形铁路、青龙桥车站站房及职工宿舍和监工处、詹天佑墓及铜像等。南口火车站站房位于北京市昌平区，建于1906年。南口机车车辆厂位于南口火车站附近，建于1906年。人字形铁路位于青龙桥车站附近。青龙桥车站站房位于八达岭长城脚下，青龙桥车站西为职工宿舍和监工处。詹天佑铜像位于青龙桥车站南侧，铜像后山坡上有詹天佑墓 | 全国重点文物保护单位（第七批） |
| 3 | 海军中央无线电台 | 朝阳区双桥街9号院 | 1923年 | 封闭保护 | | 海军中央无线电台又称四九一电台，始建于1918年，1923年竣工，占地面积近20公顷，现存主机房及办公楼配套用房8座建筑。旧址建筑由日本建筑师设计，风格上融合了北欧乡村别墅风格和亚洲东方建筑元素 | 北京市重点文物保护单位（第六批） |
| 4 | 原子能"一堆一器" | 房山区 | 1956年 | 封闭保护 | — | 从原子能"一堆一器"诞生了中国第一座重水反应堆和第一台回旋加速器。现存遗产主要包含反应堆主厂房、堆积混凝土屏蔽体、主控室、回旋加速器厂房等 | 全国重点文物保护单位（第八批） |
| 5 | 北京火车站 | 北京市东城区毛家湾胡同甲13号 | 1959年 | 原貌使用 | | 北京站位于北京市东城区，始建于1901年，原址位于正阳门东侧，曾沿用前门站、北平站、兴城站等站名，于1949年9月30日改名"北京站" | 全国重点文物保护单位（第八批） |

续上表

| 序号 | 遗产名称 | 地 址 | 建成时间 | 保存或改造利用状况 | 照 片 | 简 介 | 身份认定 |
|---|---|---|---|---|---|---|---|
| 6 | 西直门火车站 | 西城区西直门 | 1906年 | 封闭保护 | | 西直门站是詹天佑主持修建京张铁路时所建、现留存站房、站台、机车库及员工宿舍等，是现存京张铁路站场设施中唯一保存较好的一处。其中站房（现北京西北站候车厅）建筑为西方古典风格，是研究中国近代铁路发展史和建筑史重要的实物例证 | 北京市重点文物保护单位（第五批） |
| 7 | 天利煤厂旧址 | 门头沟区三家店中街 | 1879年 | 杂院使用尚无保护 | | 天利煤厂旧址建于清咸丰年间，占地面积约0.35公顷，有房舍73间，大门114个。院落主体建筑、格局保存完好，有精美的砖雕。清道光年间为煤厂，是京西重要的煤炭集散地，也是反映门头沟煤业发展的重要实物遗存 | 北京市重点文物保护单位（第六批） |
| 8 | 正阳门火车站 | 东城区前门大街东侧 | 1903年 | 博物馆 | | 正阳门火车站始建于1903年，直至1958年一直是北京最大的火车站。建筑为欧式风格，现存建筑基本完整，是中国铁路早期车站建筑的代表之作 | 北京市重点文物保护单位（第六批） |
| 9 | 京华印书局 | 西城区虎坊桥北口 | 1905年 | 封闭保护底层他用 | | 京华印书局俗称"船楼"，采用当时先进的工作空间，主要功能是印刷厂厂房。建筑为钢筋混凝土梁柱结构，以获得大跨度的造型及处理还受到古典主义的影响，但已很大程度地展示现代建筑的主要特征 | 北京市重点文物保护单位（第七批） |
| 10 | 大清邮政总局旧址 | 东城区崇内大街小报房胡同7号 | 1905年 | 封闭保护 | | 大清邮政局成立于1897年，原设于总税务司署内，1905年迁至此处，1907年迁至东长安街，1911年清邮政部接管邮政事务并成立大清邮政总局。旧址坐东朝西，平房五间，后曾改建，1996年进行修复。旧址建筑为研究近代邮政事业发展提供了实物资料 | 北京市重点文物保护单位（第八批） |

续上表

| 序号 | 遗产名称 | 地址 | 建成时间 | 保存或改造利用状况 | 照片 | 简介 | 身份认定 |
|---|---|---|---|---|---|---|---|
| 11 | 北平电话北局旧址 | 东城区东皇城根大街14号 | 1930年 | 办公管理 | | 北平电话北局始建于1930年代，由当时的北平市政府和日本电信机构共同出资成立。北局机房楼外观仿中国传统建筑形式，主要建筑和原机器设备保存基本完好，是目前北京保存最早、最完整的电信行业建筑 | 北京市重点文物保护单位（第八批） |
| 12 | 北京自来水厂 | 东城区香河园路3号 | 1908年 | 博物馆 | | 北京自来水厂原名"京师自来水公司"，现存大门、汽机房、水厂烟囱、清水池、来水亭、给水亭。北京自来水厂办公用房等，建筑保存完好。北京自来水厂是北京最早的自来水厂，也是近代完全自主投资筹建的公用设施，在北京市政工程建设发展史上占有重要地位 | 北京市重点文物保护单位（第一批） |
| 13 | 北京电报大楼 | 西城区西长安街11号 | 1958年 | 办公管理 | | 北京电报大楼是中国第一座最新式电报通信的总枢纽。1956年4月21日北京电报大楼动工兴建，1958年10月1日北京电报大楼正式投入生产 | 北京优秀近现代建筑保护名录 |
| 14 | 中央广播大厦 | 西城区复兴门附近 | 1959年 | 办公管理 | | 中央广播大厦建筑面积为6.8万多平方米，中央广播大厦的建成促进了我国广播事业的发展 | 北京优秀近现代建筑保护名录、中国20世纪建筑遗产项目（第三批） |
| 15 | 北京长途电话大楼 | 西城区复兴门内大街97号 | 1975年 | 办公管理 | | 北京长途电话大楼位于西长安街复兴门立交桥边，于1975年投入使用。大楼高94.17米，是当年北京的标志性建筑 | 北京优秀近现代建筑保护名录、中国20世纪建筑遗产项目（第三批） |

续上表

| 序号 | 遗产名称 | 地 址 | 建成时间 | 保存或改造利用状况 | 照 片 | 简 介 | 身份认定 |
|---|---|---|---|---|---|---|---|
| 16 | 北京铁路局基建工程队职工住宅 | 海淀区清华园 | 1910年 | 杂院使用尚无保护 | | 此处原为平绥铁路清华园站，该火车站荒废多年，现为居民住房 | 北京优秀近现代建筑保护名录 |
| 17 | 798厂现代建筑群 | 北京朝阳区酒仙桥街道 | 1957年 | 艺术园区 | | 798厂是1950年代初由苏联援建的重点工业项目，整个厂区规划有序，建筑风格简练朴实，巨大的铸瓷结构和明亮的天窗为其他建筑少见。2002年，一批艺术家和文化机构进驻这里，开始利用LOFT生活方式，成规模地租用和改造空置厂房，逐渐发展形成一个具有国际化色彩的SOHO式艺术新区 | 北京优秀近现代建筑保护名录 |
| 18 | 北京焦化厂焦炉及煤塔 | 北京市朝阳区化工路 | 1959年 | 景观公园 | | 1958年为了解决燃料结构单一、环境污染严重，能源浪费巨大这三大难题，北京开始兴建焦化厂。焦化厂的运营结束了北京没有煤气的历史，是北京最重要的化学工业企业之一 | 北京优秀近现代建筑保护名录 |
| 19 | 首都钢铁公司 | 石景山区 | 1919年 | 产业园区办公园区遗产公园 | | 首都钢铁公司前身为石景山钢铁厂，1966年改称首都钢铁公司 | 北京优秀近现代建筑保护名录，中国20世纪建筑遗产项目（第二批） |
| 20 | 北京第二热电厂 | 西城区西便门莲花池东路 | 1980年 | 创意园区 | | 北京第二热电厂于1980年全部建成，厂区内高达180米的大烟囱也成为了当时北京城市工业文明的标志性建筑。2009年8月5日，热电厂燃油发电机组正式关停，厂区内部分厂房开始闲置。如今变身天宁一号文化创意产业园 | 北京市历史建筑名单 |

| 序号 | 遗产名称 | 地　址 | 建成时间 | 保存或改造利用状况 | 照　片 | 简　介 | 身份认定 |
|---|---|---|---|---|---|---|---|
| 21 | 北京电子管厂 | 朝阳区酒仙桥路10号 | 1956年 | 办公研发 | | 1956年北京电子管厂开工，是"一五"计划期间由苏联援建的"156项目"之一。北京电子管厂当年隶属军委总参通信部电信工业局。主要遗产有京东方科技集团股份有限公司B1、B2、B3以及B36号楼，101厂、102厂厂房 | 北京市历史建筑名单 |
| 22 | 北京有线电厂 | 朝阳区酒仙桥路14号 | 1957年 | 办公研发 | | 北京有线电厂（国营第七三八厂）是国家"一五"计划中"156项目"之一。在苏联援助下，1957年9月建成投产。738厂的建成，掀开了我国通信工业发展的新篇章。主要遗产为北京兆维电子（集团）有限责任公司办公楼 | 北京市历史建筑名单 |
| 23 | 北京大华无线电仪器厂 | 海淀区中关村科技园区学院路 | 1958年 | 产业园区 | | 北京大华无线电仪器厂（国营第七六八厂）于1958年建厂，是我国最早建成的微波测量仪器专业大型军工骨干企业。北京大华无线电仪器厂占地面积19公顷。主要遗产：768创意产业园A、B、C、D、H座 | 北京市历史建筑名单 |
| 24 | 龙徽葡萄酒厂历史建筑群 | 海淀区玉泉路2号 | 1910年 | 博物馆 | | 龙徽葡萄酒厂前身是1910年建成的上义洋酒厂，其与超过70年历史、超过7000平方米的地下酒窖，将工业生产和工业文化创意产业进行有机结合，建成了北京龙徽葡萄酒博物馆。龙徽葡萄酒厂历史建筑群主要遗产有龙徽葡萄酒厂第一、第二生产厂房及地下室 | 北京市历史建筑名单 |

续上表

| 序号 | 遗产名称 | 地 址 | 建成时间 | 保存或改造利用状况 | 照 片 | 简 介 | 身份认定 |
|---|---|---|---|---|---|---|---|
| 25 | 北京天坛生物制品公司历史建筑群 | 朝阳区朝阳路三间房南里4号院 | 1919年 | 办公研发 | — | 北京天坛生物制品公司起源于1919年中央防疫处(由北洋政府建立，后改名为北京天坛生物，是全国第一家研究和生产疫苗和血液制品的单位)，1998年上市。北京天坛生物制品公司历史建筑群主要遗产：北京天坛生物制品股份有限公司实验办公室、食堂、图书馆、细菌研究室、检验与原料制备车间、血源研究室、中丹1号与2号宿舍楼以及中丹教学及实验楼 | 北京市历史建筑名单 |
| 26 | 北京丝绸厂历史建筑群 | 安宁庄东路18号光华创业园 | 1958年 | 产业园区 | — | 北京丝绸厂历史建筑群主要遗产：光华创业园1、2号厂房，光华创业园办公楼以及光华创业园礼堂 | 北京市历史建筑名单 |
| 27 | 北京青云航空仪器厂历史建筑群 | 北三环西路43号 | 1958年 | 产业园区 | — | 北京青云航空仪器厂历史建筑群主要遗产：北京青云航空仪表有限公司1、2、3、4号厂房 | 北京市历史建筑名单 |
| 28 | 首钢通用机械厂历史建筑 | 丰台区卢沟桥街道张仪村路首钢二通产业园 | 1958年 | 产业园区 | | 首钢通用机电公司历史建筑群主要包括：北京首钢机电公司重型机器分装车间、北京首钢机电公司重型机器分厂北热处理车间、北京首钢机电公司重型机器分厂水压车间、北京首钢机电公司重型机器分厂砂车间以及北京首钢机电公司重型机器分厂史馆 | 北京市历史建筑名单 |
| 29 | 大台车站站房 | 门头沟区大台街道大台车站 | 1939年 | 停产待转 | | 大台站是京门铁路线上一个三等车站，隶属于中国铁路北京局集团有限公司石景山车务段，主要担负着京西煤炭外运任务 | 北京市历史建筑名单 |

续上表

| 序号 | 遗产名称 | 地址 | 建成时间 | 保存或改造利用状况 | 照片 | 简介 | 身份认定 |
|---|---|---|---|---|---|---|---|
| 30 | 大台煤矿建筑群 | 门头沟区 | 1954年 | 停产待转 | | 大台煤矿是门头沟最后的煤矿，于2020年9月停产，是门头沟关停采煤史的终结。2020年大台煤矿宣告结束。近千年的采煤史宣告结束，标志着北京建筑群主要遗产：卸煤栈桥、铁路专线、装卸天棚以及职工休息站、矿建生产用房、办公楼以及职工宿舍 | 北京市历史建筑名单 |
| 31 | 木城涧煤矿及车站建筑群 | 门头沟区 | 1939年 | 停产待转 | | 木城涧煤矿曾经是京西最大的煤矿，井田面积63.2平方公里，2018年1月正式停产煤矿。主要遗产：木城涧车站以及木城涧煤矿 | 北京市历史建筑名单 |
| 32 | 王平煤矿建筑群 | 门头沟沟区王平镇 | 1960年 | 停产待转 | | 王平村煤矿东临永定河，西依九龙山系，古时也是西山大路上的重要驿站，被称为"京师通衢之所"，是"京西八大矿"之一。建筑群主要遗产：大门、天桥、工会办公楼、宣传班调度室、采掘工人澡堂、煤矿生产线以及煤矿生产附属用房 | 北京市历史建筑名单 |
| 33 | 北京鑫山矿业有限公司建筑群 | 房山区周口店采石场 | 1940年 | 正常生产 | | 北京鑫山矿业有限公司建筑群位于房山区周口店采石场，建筑群主要遗产：采石生产线、配电站、抗战时期的炮楼以及影壁 | 北京市历史建筑名单 |
| 34 | 永定河七号桥 | 门头沟雁翅镇珠窝湖景区 | 1966年 | 原貌使用 | | 永定河七号桥位于中国丰沙（丰台至沙城）铁路下行线珠窝和沿永定河城间跨越永定河的铁路桥。于1960年2月开工，中途停工数年，1966年6月竣工，是当时亚洲最大的钢筋混凝土拱桥 | 北京市历史建筑名单 |
| 35 | 坨清线坨里站站建筑群 | 房山区青龙湖镇坨头路 | 不详 | 闲置停用 | | 坨清线总长26公里，其中前山站台至坨里火车站台10公里。清港沟16公里，前山站台至坨里站台。坨清线于1911年5月竣工并投入运营。坨清线坨里站建筑群主要遗产有坨里站卸煤构筑物以及坨里站站房 | 北京市历史建筑名单 |

续上表

| 序号 | 遗产名称 | 地 址 | 建成时间 | 保存或改造利用状况 | 照 片 | 简 介 | 身份认定 |
|------|----------|-------|----------|--------------------|-------|--------|----------|
| 36 | 长辛店火车站 | 北京市丰台区长辛店镇 | 1899年 | 闲置停用 | | 长辛店火车站是一个京广线上的铁路车站，位于北京市丰台区长辛店镇，目前为三等站 | 北京市历史建筑名单 |
| 37 | 珠窝村京西电厂 | 门头沟区珠窝村 | 1975年 | 停产待转 | | 珠窝村京西电厂位于北京市门头沟区珠窝村东侧，被900米以上的高山环抱。京西发电厂选厂工作始于1966年，建筑施工准备于1969年开始场地平整并进行施工，1970年6月正式开工，于1975年建成发电 | 北京市历史建筑名单 |
| 38 | 下马岭水电站 | 门头沟区 | 1966年 | 原貌使用 | | 下马岭水电站地处北京市门头沟区，拦河坝为珠窝大坝，位于永定河官厅山峡中段。官厅水库下游约40公里的珠窝村附近。下马岭水电站工程于1958年7月开工，1960年12月下闸蓄水，1962年2月投产发电，1962年至1966年12月进行提高防洪标准扩建，1966年12月竣工 | 北京市历史建筑名单 |
| 39 | 国家新闻出版广电总局广播五六四台 | 房山区交道西大街50号 | 不详 | 不详 | — | 国家新闻出版广电总局五六四台主要遗产：国家新闻出版广电总局五六四台1、2、3、4、5号专家公寓，单身公寓以及信号发射中心 | 北京市历史建筑名单 |
| 40 | 北京明珠琉璃有限公司 | 门头沟区琉璃渠大街2号 | 1267年 | 停产待转 | | 北京明珠琉璃有限公司始建于1267年元代建都之初。主要遗产：原料准备车间、食堂、接待区、生产加工车间、烧制窑洞、生产办公车间以及琉璃上色加工车间 | 北京市历史建筑名单 |
| 41 | 首都机场航站楼群 | 顺义区 | 1958年 | 原貌使用 | | 2017年12月2日，首都国际机场航站楼群入选"第二批中国20世纪建筑遗产" | 中国20世纪建筑遗产项目（第二批） |

续上表

| 序号 | 遗产名称 | 地址 | 建成时间 | 保存或改造利用状况 | 照片 | 简介 | 身份认定 |
|------|----------|------|----------|-------------------|------|------|----------|
| 42 | 北京正东动力集团751厂 | 朝阳区酒仙桥路4号 | 1954年 | 产业园区 | | 国营751厂建于1954年，2008年改制为北京正东电子动力集团有限公司，在保留鲜明的工业资源特色基础上，先后对相关场地进行了基础改造。主要遗产：1#15万立方米煤气储罐、脱硫塔、火车专运线、动力管廊、裂解炉及附属工艺区域等 | 国家工业遗产名单 |
| 43 | 北京卫星制造厂 | 海淀区中关村高科技园区 | 1958年 | 原貌使用 | | 北京卫星制造厂隶属于中国空间技术研究院，企业创建于1958年9月1日。北京卫星制造厂主要遗产：一号、四号厂房、坐标镗床、坐标铣床、万能工具铣床、东方红一号卫星诞生地纪念碑 | 国家工业遗产名单 |
| 44 | 北京珐琅厂 | 东城区安乐林路10号 | 1956年 | 产业园区 | | 北京珐琅厂始建于1956年，是国际级非物质文化遗产保护传承基地，主要遗产：原职工食堂、制地机、镙丝机、手摇梭子机、滚床、烧活大炉、冲压蓝等机械设备，反映不同时期景泰蓝生产工序（制胎、点蓝、烧活）的工具以及公私合营原始登记资料、珐琅厂老艺人作品拓片等历史档案等 | 国家工业遗产名单 |
| 45 | 二七机车厂 | 丰台区长辛店 | 1897年 | 产业园区 | | 二七机车厂始建于1897年，现为中国北方铁路车辆工业集团公司成员，是中国铁路机车调车辆最大生产基地，工厂占地面积为104.3公顷。2018年11月入选第一批中国工业遗产保护名录 | 中国工业遗产保护名录 |
| 46 | 京汉铁路 | 卢沟桥、郑州至汉口 | 1906年 | 原貌使用 | | 京汉铁路是甲午中日战争后清政府准备自主修筑的第一条铁路。1898年底，从南北两端同时开工，1906年4月1日全线竣工通车，全长1214公里 | 中国工业遗产保护名录 |

续上表

| 序号 | 遗产名称 | 地　址 | 建成时间 | 保存或改造利用状况 | 照　片 | 简　介 | 身份认定 |
|------|----------|--------|----------|--------------------|--------|--------|----------|
| 47 | 中国核工业"开业之石" | 中国核工业北京地质研究院 | 1955年 | 封闭保护 | — | 中国核工业"开业之石"是我国于1954年在广西壮族自治区发现的铀矿石。它不仅见证了中央领导人对发展我国原子能事业的战略决策，同时也见证了我国核工业的起步与发展。2018年6月28日，中国核工业的"开业之石"被列为国务院国资委首批发布的核工业行业12项工业文化遗产之一 | 中央企业工业文化遗产名录 |
| 48 | 北京国际电台中央发信台 | 北京市朝阳区 | 1951年 | 不详 | | 北京国际电台中央发信台始建于1951年6月9日，建设初期占地面积约2.5公顷 | 中央企业工业文化遗产名录 |

# 附录 II

# 北京工业遗产保护与再利用大事记

| 时间 | 大 事 记 |
|---|---|
| 1992 | 位于海淀区西北三环附近的原"北京手表二厂"被北京东安集团收购,改造成"双安商场",是北京较早对工业厂房进行非工业化功能改造的案例,至今仍在使用 |
| 1995 | 位于朝阳区酒仙桥地区的中央美术学院教师隋建国租用华北无线电器材联合厂仓库并将其改造为雕塑车间,开启了闲置厂房临时性租用时代 |
| 2001 | 位于朝阳区东四环外原"京棉三厂"被远洋地产集团收购,其纺纱车间被改造成"远洋艺术中心",后于2004年拆除,成为北京市第一个由地产开发商主导的工业建筑遗产保留并改造利用项目 |
| | 位于东城区前门附近的"京奉铁路正阳门车站"被列为2001年北京市重点文物保护单位 |
| 2002 | 位于朝阳区酒仙桥地区的798工厂的回民食堂被美国人罗伯特租下,改造成书店和画廊"东八时区",开启了798厂房转型为艺术家聚集区的时代 |
| 2003 | 798艺术区被美国《时代周刊》评为全球最具有文化标志性的22个城市艺术中心之一 |
| 2005 | 时任市委书记刘淇提出北京要大力发展文化创意产业,由此奠定了文创产业在北京乃至全国的迅速兴起 |
| 2006 | 北京华清安地建筑事务所有限公司开展了北京地区工业企业资源调查,这是全国范围内第一次以工业遗产保护为目的的工业资源调查工作 |
| | 京杭大运河被列为全国重点文物保护单位,并于2014年登录于世界文化遗产名录,成为北京地区第一个也是目前唯一一个登录于世界物质文化遗产的近代工业遗产 |
| | 北京市发改委出台《北京市文化创意产业集聚区认定和管理办法》,798艺术区被列入北京市首批文化创意产业园区 |
| 2007 | 751厂正式转型为751D·PARK时尚设计广场,北京市委及工促局相关领导主持揭牌仪式 |
| | 北京市工业促进局发布《北京市保护利用工业资源发展文化创意产业指导意见》 |
| | 北京市举办中国北京国际文化创意产业博览会(简称"文博会")以及由北京市工促局组织的"工业旅游——伴您走进2008",并首次开展"工业旅游"推介活动 |
| | 北京优秀近现代建筑保护名录(第一批)颁布,798厂、双合盛啤酒厂等被列入名录 |

续上表

| 时间 | 大　事　记 |
|---|---|
| 2008 | 北京市工业促进局和旅游局发布《北京市关于推进工业旅游发展的指导意见》 |
| 2009 | 北京市工业促进局发布《北京市工业遗产保护与再利用工作导则》（京工促发〔2009〕32号） |
| | 北京市质量技术监督局发布《北京市工业旅游区（点）服务质量要求及分类的地方标准》 |
| 2010 | 中国建筑学会工业建筑遗产委员会在清华大学成立，通过《北京倡议》，成为我国第一个研究工业遗产保护与再利用的高水平学术团体 |
| 2013 | 中国历史文化名城委员会在北京成立工业遗产学部 |
| | 石景山热电厂被列为北京市石景山区不可移动文物 |
| | 京张铁路南口段至八达岭段被列入第七批全国重点文物保护单位 |
| 2014 | 中国文物学会工业遗产学部在北京成立 |
| | 清河制呢厂办公楼被列为北京市海淀区文物保护单位 |
| | 琉璃河水泥厂被列入北京市房山区文物普查登记项目 |
| 2016 | 首钢西十筒仓完成改造并投入使用，北京冬奥组委率先进驻5、6号仓 |
| 2018 | 中国科协公布第一批"中国工业遗产保护名录"，首都钢铁公司（现为首钢工业遗址公园）、京张铁路（含西直门火车站、詹天佑纪念馆等）、二七机车厂、北京焦化厂、京师自来水公司东直门水厂（北京自来水博物馆）、中国海军中央无线电台（491电台）、北京印钞厂（541厂）、718联合厂（华北无线电器材联合厂、798艺术区）等8处近现代工业遗址地被列入其中 |
| | 北京市人民政府宣传部、市文资办、市文促中心共同颁布《关于保护利用老旧厂房拓展文化空间的指导意见》 |
| | 国家工信部公布第二批"国家工业遗产名单"，国营738厂（原北京有线电器材厂）、国营751厂（原北京正东动力集团）、北京卫星制造厂、原子能"一堆一器"等4处现代工业遗址地被列入其中 |
| | 国务院国资委发布了"中央企业工业文化遗产（核工业）名录"，中国核工业"开业之石"、原子能"一堆一器"等两项工业遗产被列入名录 |
| 2019 | 中国科协公布第二批"中国工业遗产保护名录"，关内外铁路（京奉铁路）、京汉铁路被列入其中 |
| | 北京火车站房被列入第八批全国重点文物保护单位 |
| | 北京珐琅厂、北京度支部印刷局被列入第三批国家工业遗产名单 |
| | 北京市规划与国土资源管理委员会公布429处北京市第一批历史建筑名单，北京第二热电厂、北京电子管厂历史建筑群、北京有线电总厂历史建筑、北京长途电话大楼、北京电报大楼、中央广播大厦等6处工业建筑遗迹被列入名单 |

# 附录 III

# 北京现代工业发展历史上的"第一"

| 时间 | 大 事 记 |
|---|---|
| 1950.01 | 苏联第一批专家进驻中国,率先到京西煤矿公司并在城子井下指导工作 |
| 1950.07 | 北京美术印刷厂印制出我国第一本大型画报《人民画报》 |
| 1950.12 | 二七机车厂制造出我国第一台45吨轨道起重机 |
| 1951.01 | 中华人民共和国第一个重点通信建设工程——北京国际电台中央收信台建成 |
| 1953.01 | 盲人李钉仿照铅字排版方法,译印出我国第一本盲文图书《谁是最可爱的人》 |
| 1952.05 | 北京电子管厂（774厂）筹备并破土建设,这是苏联援建"156项目"中在北京地区的第一个工程 |
| 1954.04 | 建成我国规模最大的现代度量衡厂——中央度量衡厂 |
| 1954.06 | 北京人民机械厂成功试制我国第一台30吨塔式起重机 |
| 1954.12 | 北京染料厂成功试制酞菁燃料中间体,并合成耐晒翠蓝GL,这是国内首个合成的染料 |
| 1955.12 | 官厅水库第一台1万千瓦水力发电组（3号机）开始发电,是全国第一个自行设计、制造和施工的水电站 |
| 1956.04 | 石景山钢铁厂1号高炉热风炉温度达到1000度,创造全国最高纪录,被命名为"青年高炉" |
| 1956.12 | 北京广播器材厂成功研制出我国第一台120千瓦的短波广播发射机,并投入运行,这是我国首次使用大型短波发射机对外广播 |
| 1956.12 | 北京乐器厂生产出口大立式钢琴4台,这是我国第一批出口的西洋乐器 |
| 1957.09 | 北京有线电厂成功研制步进式电话交换机,成为我国第一家生产自动电话交换机的企业 |
| 1957.10 | 华北无线电器材联合厂、北京电子管厂等先后在酒仙桥地区建成,该地区成为我国第一个既有生产、又有科研的群体式"电子城" |
| 1957.12 | 北京公私合营广播器材厂生产的"牡丹"牌电子管收音机成为第一个国内出口的收音机产品 |
| 1957.12 | 京门医疗器械厂成功试制我国第一台30瓦的超声波治疗机 |
| 1958.03 | 北京广播器材厂、北京广播技术研究所、清华大学共同研制出我国第一套黑白电视广播设备（包括电视发射机、电视中心、电视摄像机等） |

续上表

| 时间 | 大 事 记 |
|---|---|
| 1958.06 | 北京有线电厂研制出我国第一代电子管计算机 |
| 1958.09 | 石景山钢铁公司炼出第一炉钢,结束有铁无钢的历史 |
| 1958.09 | 二七机车厂成功试制我国第一辆内燃机车 |
| 1958.09 | 北京汽车厂成功试制第一辆"北京牌"高级敞篷轿车 |
| 1958.12 | 北京医疗器械厂成功试制"北京牌"半封闭式电冰箱,成为我国首家电冰箱生产企业 |
| 1958.12 | 北京市木材厂成功建成我国第一条平压刨花板生产线 |
| 1958.12 | 北京市光学仪器厂成功研制第一套真空泵和电离真空计,奠定真空工业基础,并成功研制了我国第一套转速2万转/分的高速离心机 |
| 1959.01 | 石景山钢铁公司建成400/250轧机,结束了有钢无材的历史 |
| 1959.01 | 北京电子仪器厂成功试制真空管电压表、失真度测量器、电阻误差分选仪等,这是我国早期生产的一批电子测量仪器产品 |
| 1959.03 | 国营永定机械厂完成5872样车试制,这是我国自行设计制造的第一辆履带式装甲运输车 |
| 1959.05 | 北京邮票厂试生产出我国第一套影写版邮票"五四运动四十周年" |
| 1959.08 | 二七机车厂制造出我国第一台以焊代铆的全焊结构的X50型货运列车 |
| 1959.09 | 北京乐器厂自行设计制造出一台15英尺的三角钢琴,属国内一流,并送至人民大会堂 |
| 1959.09 | 北京有线电厂和中国科学院计算技术研究所联合研制出每秒运算1万次的快速通用电子数字计算机,为我国第一颗原子弹研制中的科学计算提供了保障 |
| 1959.09 | 北京广播器材厂成功试制1000千瓦的中波广播发射机,这是我国第一台全部采用国产元件、自行设计制造的中波广播发射机 |
| 1959.10 | 苏联援建并制造的第一台10万千瓦高温高压汽轮发电机组在北京热电厂投产发电 |
| 1960.04 | 北京特殊钢厂成功试制国内首款且具有国际水平的极细钢丝(直径0.001~0.005毫米) |
| 1960.06 | 北京第一机床厂自行设计出我国首个X5210圆工作台铣床和X212型龙门铣床 |
| 1960.09 | 北京热电厂五号机组成功投产,这是我国第一台超高压高温供热机组 |
| 1960.10 | 北京电子管厂承担中国为朝鲜援建电子管厂(代号3874工程)项目 |
| 1960.12 | 北京市矽酸盐制品厂建成,是我国第一个以石灰、砂为主要原材料,采用蒸压养护工艺生产非黏土砖的厂家 |
| 1960.12 | 北京日用化学二厂建成,是我国第一个也是当时规模最大的合成洗涤剂生产基地 |

续上表

| 时间 | 大 事 记 |
|---|---|
| 1960.03 | 北京无线电厂成功试制DMJ-16A型电子模拟计算机，是我国第一台通过正式鉴定的电子模拟计算机 |
| 1961.07 | 宣武灯具厂生产的灯具第一次出口国外，得到蒙古国采购方好评 |
| 1961.12 | 北京第一机床厂自行设计出我国第一台X210型大型龙门铣床 |
| 1961.12 | 北京起重机厂自行设计且成功研制出我国第一台5吨液压汽车起重机和10吨汽车起重机 |
| 1962.01 | 石景山钢铁厂将可拆式3吨侧吹转炉改造成氧气顶吹炉，为我国第一座30吨氧气顶吹转炉在石景山钢铁厂的投产提供了经验 |
| 1962.11 | 北京起重机厂成功造出我国第一台15吨轮胎起重机和25吨电传动轮胎起重机 |
| 1962.11 | 北京第一通用机械厂成功试制我国第一台C2V-5/200膜式压缩机，北京第二通用机械厂成功试制我国第一台MCBL420型精度半自动万能外圆磨床 |
| 1963.09 | 北京人民机器厂成功试制我国第一台J2201型对开双色胶印机 |
| 1963.09 | 北京齿轮厂生产的"跃进牌"汽车齿轮，在全国质量评比中获得第一名 |
| 1963.12 | 北京水暖器材一厂成功试制6201、6202型面盆配件、净身盆配件，这是我国第一代自行设计的卫生洁具配件 |
| 1963.12 | 北京无线电仪器厂成功研制我国第一台声频晶体三极管测试仪 |
| 1964.03 | 北京钟表厂生产的"双铃闹钟"在春季广交会上首次打入国际市场，出口2.2万只 |
| 1964.05 | 北京广内合金厂在冶金部钢铁总院和北京电子管厂的支持下，生产出我国第一根钨铼丝 |
| 1964.09 | 北京起重机厂成功试制了我国第一台8吨液压传动汽车起重机、16吨传动轮胎起重机以及40柱塞泵 |
| 1964.10 | 北京汽车制造厂成功试制北京212型越野吉普车，这是我国第一代轻型军用越野车，开创了一代经典 |
| 1964.12 | 石景山钢铁厂第一座30吨氧气顶吹转炉投产 |
| 1964.12 | 北京第一机床厂成功研制出国内第一台XK5032型数控立式升降台铣床 |
| 1965.01 | 北京乐器总厂研究试制出我国第一代钟琴，共3台，其中2台赠予印度尼西亚时任总统苏加诺 |
| 1965.06 | 华北金属结构厂和北京起重机厂分别承担了我国第一颗原子弹试验台和原子弹掩体实验钢结构工程的研制以及配套设备的生产 |
| 1965.09 | 北京维尼纶厂引进了我国的第一套维尼纶生产全套设备，该设备从日本进口 |
| 1965.11 | 北京无线电器件厂研究所与清华大学合作，试制出我国第一块DTL单门集成电路 |
| 1965.12 | 北京无线电厂一厂成功研制中型模拟电子计算机，这是我国第一台专用模拟电子计算机 |
| 1966.01 | 二七机车厂自行设计并成功试制出我国第一辆60吨桥梁车，共生产50辆，并援助越南30辆 |
| 1966.10 | 北京建成我国第一家加气混凝土厂，也是建材系统第一次引进国外技术与设备 |

续上表

| 时间 | 大 事 记 |
|---|---|
| 1967.02 | 石景山发电厂高井电站3号机组投产，这是我国第一台10万千瓦机组 |
| 1967.07 | 北京汽车制造厂将30辆BJ212轻型越野车无偿提供给马里，这是北京汽车工业第一次整车出口外援 |
| 1967.12 | 北京拉锁厂生产出我国第一件防水、防气国防军用拉锁 |
| 1967.12 | 北京第一机床厂成功研制XK503A数控立式升降台铣床，同期成功研制出我国第一台铝锭平面铣床，刀盘直径23 000毫米 |
| 1969.06 | 二七机车厂成功研制第一辆12440型柴油机样机 |
| 1969.09 | 北京造纸五厂在我国第一次成功试制字型纸板 |
| 1969.09 | 北京东方红医疗器械厂成功试制我国第一台双床双旋转阳极管300米100千伏X线诊断机 |
| 1969.09 | 北京地铁1号线建成通车，这是我国第一条地下铁道线 |
| 1969.12 | 北京第一通用机械厂成功试制出我国第一台1000个大气压超高压膜式压缩机 |
| 1969.12 | 北京起重机厂成功试制我国第一台40吨轮胎起重机 |
| 1970.05 | 北京玻璃总厂成功设计和制造了我国第一台大型单晶炉，可以生产出大面积硅材料 |
| 1970.05 | 北京加气混凝土厂与北京建材科学研究所成功研制出我国第一种"酚醛—沥青—水泥防腐剂"并正式投产，填补了我国在轻质建筑材料防腐技术方面的空白 |
| 1970.07 | 北京铁矿重建投产，这是我国第一座采用无介质干磨干选工艺的选矿厂 |
| 1970.09 | 二七机车厂成功试制我国第一台6000马力液力传动内燃机车，最高时速达到65公里 |
| 1970.09 | 首钢试验厂成功试制并投产第一台立弯式连续铸锭机组 |
| 1971.05 | 北京广播器材厂成功研制我国第一部大功率超长波发射器 |
| 1972.04 | 北京无线电二厂成功研制我国第一台全晶体管化XT-1型电视图像信号发生器 |
| 1972.12 | 北京窦店砖瓦厂成功制造我国第一台液压传动码坯机 |
| 1973.12 | 北京合页厂成功研制我国第一个钢制散热器 |
| 1974.01 | 人民日报印刷厂用胶印轮转机印刷出我国第一张彩色《人民日报》 |
| 1974.01 | 胜利化工厂催化剂车间建成我国第一套自主研究设计的以氨为还原剂、利用选择性催化还原法消除氮的生产装置 |
| 1974.09 | 石景山发电厂高井电站应用国产电子计算机，对国产第一台10万千瓦机组进行全面封闭环调节和部分自动控制试运成功 |
| 1974.09 | 北京灯泡厂成功研制世界第三代光源高压钠灯 |
| 1974.12 | 北京半导体器件三厂建成国内第一条晶体管塑封生产线 |

续上表

| 时间 | 大 事 记 |
|---|---|
| 1974.12 | 北京第二机床厂与天津电气传动设计研究所成功合作研制出我国第一台JHK6380型卧式加工中心 |
| 1974.12 | 北京人民机器厂成功试制我国第一台卷筒纸双面4色胶印机 |
| 1974.12 | 北京造纸试验厂试制出涂塑壁纸，填补了我国造纸工业的一项空白 |
| 1975.03 | 北京化工机械厂成功试制出我国第一台30平方米金属阳极电解槽 |
| 1975.07 | 石景山发电厂京西电站建成20万千瓦汽轮发电机组的厂用电系统，这是我国第一家大型发电机组厂用电系统全套采用晶体管保护的发电厂 |
| 1975.12 | 北京第一机床厂成功研制我国第一台XK4860型五坐标螺旋桨铣床 |
| 1975.12 | 北京第二机床厂成功研制我国第一台ZCS1000型三坐标测量机 |
| 1975.12 | 北京手表厂生产的"北京牌"手表在全国质量评比中获得第一名 |
| 1977.06 | 北京玻璃研究所成功研制出具有国内先进水平的光学玻璃纤维 |
| 1977.12 | 北京化工二厂从联邦德国引进氧氯化装置开车，成为国内第一家以石油乙烯法生产聚乙烯的厂家，此次引进是"四三方案"工业引进计划的落地项目之一 |
| 1978.06 | 北京石油化工总厂成功试制耐高温高压的具有国内先进水平的缠绕垫片 |
| 1978.10 | 北京第二机床厂自行设计并成功研制出国防尖端技术产品CH001-1D104-5精密倾斜回转台 |
| 1978.10 | 北京市机电研究院与北京第二机床厂组成联合技术攻关小组，成功研制我国第一台5吨工频无芯短线保温前炉 |
| 1979.10 | 北京无线电厂生产的牡丹6410型三级便携式收音机等产品在全国收音机评比中获得一等奖 |
| 1979.11 | 东郊葡萄酒厂生产的"中国红"葡萄酒被评为"全国名酒" |
| 1979.12 | 北京卷烟厂引进英国、美国卷烟接包生产线的设备，生产了国际知名品牌产品555香烟，迈出了国内烟草行业与外商合作的第一步 |
| 1979.12 | 北京无线电仪器厂成功研制了我国第一套晶体管Ft、Kp计量标准装置 |
| 1979.12 | 北京市组织"北京市家用电器赴日本考察团"，考察日本东京、大阪等地，与松下、东芝、三洋、胜利等公司接触，首次开展了民用电器行业的贸易洽谈与技术引进 |
| 1980.01 | 北京无线电仪器厂与中国科学院半导体所联合成功研制出我国第一台集成电路中小规模动态参数测试系统 |
| 1980.05 | 燕山石化厂生产的乙二醇在全国产品评比中获得第一名 |
| 1980.12 | 北京医用射线机厂成功研制我国第一台1250毫安、150千瓦大型X线机组 |
| 1980.12 | 北京电视机厂从日本松下引进年产15万台的彩色电视机生产线，产品质量达到同时期国外先进水平 |

| 时间 | 大 事 记 |
|---|---|
| 1980.12 | 北京无线电技术研究所的DS-14和DYJ-2型数字电压表在全国评比中获得第一名 |
| 1981.02 | 北京特殊钢厂从瑞典引进的一套全新4架连续活套线精轧机和一套旧棒材轧机于1984年7月投产,这是我国第一套带有线材控制冷却的设备 |
| 1981.04 | 琉璃河水泥厂制成四嘴固定水泥包装机自动插袋机,是我国第一台用于生产的自动插袋机 |
| 1981.05 | 北京化工厂开发研制出MOS级高纯试剂22个品种,成为国内首创,供国内重点半导体元件厂使用 |
| 1981.05 | 北京无线电仪器厂成功研制出我国第一台QT-16高精度图示仪 |
| 1981.09 | 燕山石化厂生产的乙二醇获得国家产品金奖 |
| 1981.12 | 北京第一机床厂成功研制我国第一台四坐标数控龙门架移动铣床 |
| 1982.03 | 北京化工二厂聚氯乙烯真空汽提装置投产,为国内同类企业的第一家 |
| 1982.05 | 首都钢铁公司与美国科伯斯有限公司签署协议书转让顶燃式热风炉专业技术,这是钢铁技术专利首次向国外转移 |
| 1982.12 | 北京东风电视机厂引进日本三洋公司31厘米黑白电视机并基本实现国产化,国产零部件占全部零部件总数的93%以上 |
| 1982.11 | 北京面粉二厂引进日本油炸方便面生产线,这属国内首创,其天坛牌油炸方便面多次被评为优质产品 |
| 1982.12 | 北京计算机厂生产的DJS-140电子计算机获得国防科委重大改造成果一等奖 |
| 1983.05 | 北京汽车制造厂与美国汽车公司正式签署合同合资经营北京吉普机车有限公司 |
| 1983.09 | 北京手扶拖拉机厂成功研制国内第一台高频设备可控硅调压装置 |
| 1983.10 | 北京小提琴厂生产的小提琴在德国举办的国际高级提琴制作比赛中获得金奖 |
| 1983.12 | 北京半导体器件厂为国家"银河"亿次计算机配套生产了十几万块电阻网络 |
| 1983.12 | 北京东风无线电厂设计生产的SL-401型台式立体声收录机获得全国新产品金奖 |
| 1983.12 | 北京计算机二厂与日本三洋公司合作生产CKK111计算机年产达到百万台,50%以上返销国外 |
| 1984.01 | 北京矿务局化工厂成功研制出我国第一台TNT气动自动配料机,并投入使用 |
| 1984.01 | 北京电视设备厂成功研制出我国通信卫星电话监控系统,并用于同步实验卫星发射工程 |
| 1984.04 | 北京焦化厂大修改造,是北京化工工业历史上最大的一项技术改造 |
| 1985.01 | 首钢设计的4号高炉改造性大修工程获得环保治理工程金奖 |
| 1986.04 | 北京橡胶二厂成功研制出国内首创产品——煤矿井下难燃传输带,质量达到国际先进水平 |
| 1986.07 | 北京人民机器总厂成功研制出我国第一台四色平板胶印机 |

续上表

| 时间 | 大 事 记 |
|---|---|
| 1986.07 | 北京冶金设备制造厂和北京西郊乳品厂联合研制出我国第一条牛奶洗瓶、灌装全套机械化生产线，并投入使用 |
| 1986.12 | 北京卷烟厂引进联邦德国高速卷连接设备，生产出安全系列香烟，其制作方法第一次在国外获准专利 |
| 1987.08 | 首钢第二炼钢厂出钢，该厂是国内钢铁工业发展史上第一家由企业用自有资金引进廉价二手设备，与外国合作制造部分新设备和首钢自行配套补充、设计、施工与建设的现代化大型炼钢厂 |
| 1987.12 | 北京塑料二厂从联邦德国贝斯托夫公司引进巨型PVC膜片生产线，设备达到了1980年代国际一流水平 |
| 1987.12 | 北京电视机厂的"牡丹牌"电视机在全国黑白电视评比中获得一等奖 |
| 1988.07 | 北京第一机床厂与德国科宝公司合作生产了我国第一台20-10FP500NC超重型数控龙门镗铣床，达到了1980年代中期的国际先进水平 |
| 1989.10 | 北京乙烯项目正式抽检，这是中华人民共和国成立以来北京地区最大的工业项目 |
| 1990.02 | 北京内燃机总厂成功研制我国第一台492-100Q型汽油发动机 |
| 1990.03 | 北京化工研究院百吨级聚苯氧基树脂（PPO）生产装置投产，成为我国第一家生产达到百吨级规模的化工企业 |
| 1990.04 | 北京铜材厂和北京东升热处理工业炉公司共同研制出我国第一台精密铜带光亮退火强循环罩式炉 |
| 1991.04 | 首钢制造的天安门广场新旗杆落成，并于同年5月1日使用 |
| 1991.06 | 首钢自行设计、制造的我国第一台30/5吨环形桥式起重机动负荷试车一次成功 |
| 1991.07 | 首钢大学与首钢炼钢厂共同研制的我国第一台全液压开口机试车成功 |
| 1991.09 | 首钢自行设计、建造、安装的我国第一台真空液压3000吨打砖机投产 |
| 1992.06 | 北京重型电机厂制造出我国第一台5.5万千瓦双轴双缸汽轮发电机，并在上海崇明电厂并网发电 |
| 1992.09 | 北京二环路全线通车，这是我国第一条全立交、控制出入的城市快速环路 |
| 1992.12 | 中日合资四通松下电器有限公司成立，这是当时我国最大的照明电器企业 |
| 1993.06 | 首钢新3号高炉建成投产，采用了国内外29项先进技术，包括当时国内最大、最先进的可编机联网控制系统等 |
| 1993.06 | 北京金地超硬材料股份有限公司成立，这是当时我国最大的人造金刚石企业 |
| 1993.07 | 首钢重机公司通用机械厂成功研制出国家重点工程攻关项目3200吨胶囊硫化机，填补了我国大型和巨型轮胎胶囊生产的空白 |
| 1993.08 | 二七机车厂设计制造出我国第一列SQI型双层平车运输小轿车专列 |
| 1993.11 | 二七机车厂设计制造的我国80辆集装线专用平车第一次出口孟加拉等国 |

续上表

| 时间 | 大 事 记 |
|------|---------|
| 1993.12 | 中瑞（士）合资企业北京汽巴—嘉基制药有限公司正式开工生产，这是当时具有国际先进水平的制药企业 |
| 1994.01 | 北京生物制品研究所建成我国第一个乙肝疫苗生产车间 |
| 1994.01 | 北京旅行车股份有限公司生产的首批北京五十铃BJ-BE中型旅游车下线，这是我国汽车行业第一款引进生产的高档中型客车 |
| 1994.02 | 北京赛特恩电子有限公司成立，由北京汽车调节器厂、华营内燃机配件厂和美国赛特恩电子工程公司及美国中国现代化研究院组成，总投资285万美元，这是我国汽车电子零部件行业与外企合资的首家企业 |
| 1994.08 | 北京南口机车车辆机械厂成功试制50套197730货车轴承流出组装线，填补了我国铁路工厂生产重载货车轴承的空白 |
| 1994.08 | 北京亦庄经济开发区成为北京地区第一个被国务院正式批准的国家级开发区 |
| 1994.10 | 北京电子城有限公司成立，这是酒仙桥地区多个国营电子仪器厂的首次大规模整体改制 |
| 1995.05 | 北京普莱克斯实用气体有限公司正式开工投产，由北京化工集团北京氧气厂与美国普莱克斯实用气体公司合资兴建，是当时我国最大的工业企业和医用、电子及特殊气体生产供应基地之一 |
| 1995.11 | 北京第一机床厂在美国芝加哥荣获美国制造工程师协会授予的"工业领先奖"，标志着中国企业应用计算机集成制造系统技术已经步入国际领先行列；同年12月，北京第一机床厂获得联合国工业发展组织（UNDO）的"工业发展奖" |
| 1996.05 | 北京"同仁堂"在英国伦敦开店营业，这是国内传统药企首次进入欧洲市场 |
| 1996.07 | 首钢第二炼钢厂1号连铸机竣工投产，这是我国最大的连铸坯生产厂家 |
| 1996.12 | 北京市地毯毛纺厂研制出"粘合型胸绒衬"，填补了国内制造高档服装辅料的空白 |
| 1997.04 | 燕京啤酒厂成为全国第一大啤酒生产企业，其品牌被认定为"驰名商标" |
| 1997.05 | 北京百花彩印有限公司成为我国第一家取得ISO9002认证证书的印刷企业 |
| 1998.05 | 燕山石化炼油厂的60万吨/年的连续整叠式反应器投入使用，这是我国第一台自行制造的重整反应器 |
| 1998.06 | 燕山石化炼油厂200万吨重油催化裂化装置一次开车成功，是当时我国重油加工能力最大、工艺最先进的生产线 |
| 1998.11 | 燕山石化炼油厂顺利投产了我国第一套按全减压渣油设计的催化裂化装置，达到了国际催化裂化的先进水平 |
| 1998.12 | 燕山石化地毯厂织出我国第一块纯羊毛地毯，填补了国内机织羊毛单幅地毯的空白 |
| 1999.12 | 燕山石化的全国第一套丁基橡胶生产装置生产出合格产品 |
| 2000.01 | 燕山石化2台10万立方米原油储罐建成，是我国第一个实现主材国产率达到100%的大型油罐 |

续上表

| 时间 | 大　事　记 |
|------|------------|
| 2000.11 | 首钢第三炼钢厂2号转炉炉龄达到17 130炉，达到我国行业领先水平 |
| 2001.04 | 北京第一机床厂整体迁出，原厂址被SOHO中国公司收购，成为北京市东郊工业区第一家外迁的工业企业 |
| 2002.10 | 神州数码（中国）有限公司制造出第一台完全拥有自主知识产权的网络计算机——神州数码PC |
| 2003.01 | 京东方科技集团股份有限公司以3.8亿美元的价格收购韩国现代显示技术株式会社的TFT-LCD（薄膜晶体管液晶显示器件）业务，这是当时中国金额最大的一宗高科技产业海外收购 |
| 2003.08 | 中关村科技园区版权保护中心成立，成为我国第一个"科技园区版权保护示范机构" |
| 2004.09 | 中芯国际（北京）公司在北京经济技术开发区建成投产，拥有我国第一条12英寸芯片生产线，也是世界上第一家建有污水回收处理系统的集成电路厂 |
| 2005.02 | 首钢炼铁厂4号高炉一代炉龄每立方米容积产铁量达到10 000.80吨，创造了国内同类型高炉的最新纪录 |

# 附录Ⅳ
# 北京现代工业发展相关政策一览表

| 时间 | 政策文件 | 发布者 | 要 点 |
|---|---|---|---|
| 1949 | 《关于苏联政府专家对本市市政工作的建议向政府的报告》 | 北京市政府 | 首次提出"变消费城市为生产城市"的建议 |
| | 《市委关于北平市目前中心工作的决定》 | 中共北平市委 | 首都工作重心是恢复、改造和发展生产；城市建设重点是为中央服务，为生产服务，为劳动人民服务 |
| | 《北京市将来发展计划的意见》 | 苏联专家巴兰尼科夫 | 北京不仅是文化科学艺术的城市，也应当是一个大工业城市 |
| 1953 | 《关于改建与扩建北京市规划草案》 | 国家计委、北京市委 | 北京要建设强大工业基地 |
| 1954 | 《北京市第一期（1954—1957年）城市建设计划要点》 | 北京市委 | 避免市区规模盲目扩张，城市建设需遵循城市总体规划 |
| | 北京市第一届人民代表大会第一次会议发言 | 市长彭真 | 北京已经从消费城市转向生产城市，首都必须是经济中心和现代化的工业城市 |
| 1955 | 《关于北京市对资本主义工业、手工业社会主义改造报告以及今后的初步规划（草案）》 | — | 资本主义工商业收归国有或公私合营，建立国有的工业企业制度 |
| 1957 | 《北京城市规划初步方案》 | 国务院 | 北京要发展"大工业"，建设现代工业基地 |
| 1958 | 《近期城市建设纲要（草案）》《北京工业十年发展规划》 | 北京市计委、北京市委工业基本建设委员会 | 利用10年时间把北京建设成为现代化工业基地 |
| | 《北京城市规划初步方案》《关于北京工业建设问题的报告》 | 北京市委向中央汇报 | 迅速建成现代化的工业基地和科学技术中心，苦战3年、大干5年，把首都建成一个现代化的工业基地，在工业发展上控制市区，发展远郊区 |

续上表

| 时间 | 政策文件 | 发布者 | 要　点 |
|---|---|---|---|
| 1959 | 《关于当前日用工业品生产中的问题报告》 | 北京市委 | 工业发展将重点发展日用小商品产业 |
| 1961 | 《关于贯彻执行中央关于当前工业问题的指示的若干措施》 | 北京市委 | 调整、巩固、充实、提高工业生产 |
| 1972 | 关于《北京市建设总体规划方案》的批复 | 国务院 | 建设现代工业首都 |
| 1982 | 《北京城市建设总体规划方案》 | 国务院 | 不再提"工业城市"，近郊调整配套，远郊积极发展，治理"工业三废" |
| 1992 | 《北京市总体规划（1992—2010）》 | 国务院 | 首都是政治中心和文化中心，全面进行产业结构调整和布局，大力发展高新技术产业与第三产业，土地有偿使用等 |
| 1994 | 关于设立北京经济技术开发区的批复 | 国务院 | 建立北京地区第一个远郊工业园区（大兴亦庄） |
| | 关于《北京电子城方案》的批复 | 北京市政府 | 加快对东郊酒仙桥老工业基地的改造，建立北京电子城 |
| 1995 | 《北京市实施污染扰民企业搬迁办法》 | 北京市政府 | 企业转让原厂址所获得的污染扰民搬迁建设费（转让费、出让金、搬迁补偿费）作为政府专项资金存入指定银行专户储存款专用，全额用于建设新厂、优化第二产业。整体搬出或部分搬迁企业，其建筑规模可在原建筑规模的基础上增加20%的土建面积 |
| 1996 | 国务院关于环境保护若干问题的决定 | 国务院 | 关停30余处污染严重的小企业 |
| 1997 | 《北京市国有工业企业三年改革调整方案》 | 北京市经委 | 实施企业改革、改组、改造与加强管理紧密结合，加快采用先进技术改造工业企业，促进产业升级，实现产品更新换代 |

续上表

| 时间 | 政策文件 | 发布者 | 要 点 |
|------|----------|--------|-------|
| 1999 | 《北京市推进污染扰民企业搬迁加快产业结构调整实施办法》 | 北京市经济委员会、北京市计划委员会、北京市城乡规划委员会、北京市市政管理委员会、北京市财政局、北京市地方税务局 | 退二进三，产业结构调整，发展新型科技创新产业 |
| | 《北京市工业布局调整计划》 | 北京市经济委员会 | 城市中心区工业企业向郊区县转移 |
| 2000 | 《北京市三四环内工业企业搬迁实施方案》 | 北京市政府 | 计划用5年左右的时间，使规划市中心区内的工业用地比例降至7%，基本解决工业企业污染扰民问题 |
| 2001 | 《北京市"十五"期间工业发展规划》 | | 国有企业实行改制 |
| 2002 | 《北京奥运行动规划》 | 北京市奥组委 | 防治工业污染，重点加强冶金、化工、电力、水泥等行业生产污染控制；加大市区企业搬迁调整力度，2008年之前完成东南郊化工区和四环路内200家左右污染企业的调整搬迁，首钢完成减产200万吨钢和结构调整目标，全面完成四环路以内污染企业的搬迁或淘汰任务，发展各类知识密集型服务业和金融保险、商品流通、邮政电信、文化体育等服务业 |
| 2003 | 《北京市人民政府关于机构设置的通知》 | 北京市政府 | 原北京市委工业工委、市经委撤销，成立北京市工业促进局，负责本市工业产业工作 |
| | 《关于清理整顿各类开发区加强建设用地管理的通知》 | 国务院办公厅、国土资源部 | 协议出让的土地改变为经营性用地的，必须先经城市规划部门同意，由国土资源行政主管部门统一招标拍卖挂牌出让，严格控制设立以成片土地开发为条件的开发区，到2006年北京郊区26个工业开发区清理整合为19个 |

| 时间 | 政策文件 | 发布者 | 要　点 |
|---|---|---|---|
| 2004 | 《北京总体规划方案（2004—2020）》 | 国务院 | 1.工业向园区集中，发展符合大城市郊区特点的劳动密集型、都市型工业和第三产业<br>2.调整工业用地比例，搬迁改造传统工业。加快实施首钢、通惠河南化工区及垡头等地区的传统工业搬迁及产业结构调整；合理改造和利用现有设施，积极发展现代服务业及高新技术产业；改善地区整体环境；完善上地、丰台、石景山、望京、酒仙桥等科技园区的建设<br>3.调整仓储物流设施布局，搬迁整治中心地区的小商品批发市场。加强仓储物流设施的布局调整，利用原有仓储设施，在四环路及五环路附近安排为中心城服务的综合物流园及专业物流园 |
| 2005 | 《关于首钢实施搬迁、结构调整和环境治理方案的批复》 | 国家发改委 | 压缩首钢产能，到2010年底钢铁冶炼、热轧全部停产，发展非钢产业、环保产业以及研发体系 |
| 2006 | 《北京市"十一五"时期工业发展规划》 | 北京市工业促进局 | 彻底淘汰五小企业并退出高污染行业，重点建设市级工业开发区，使开发区（基地）成为北京工业发展的重要载体，提高郊区工业承载力，加速工业扩散，推进郊区工业化、城市化和现代化，走新型工业化道路，壮大新兴战略产业 |
| 2011 | 《北京市"十二五"时期工业布局规划》 | 北京市经济和信息化委员会 | 坚持以战略性新兴产业为引领加快工业转型升级，推动产业布局调整优化。实现增量产业用地的高效开发，促进产业腾退搬迁，积极盘活存量用地 |
| 2014 | 《北京市人民政府关于推进首钢老工业区改造调整和建设发展的意见》 | 北京市人民政府 | 深入挖掘首钢老工业区工业遗产的历史价值，科学做好工业遗产保护，规划建设首钢博物馆等文化设施 |
| 2015 | 《京津冀协同发展规划纲要》 | 中共中央政治局 | 首都北京新四个中心的城市定位：政治中心、文化中心、国际交往中心与科技创新中心 |
| | 《〈中国制造2025〉北京行动纲要》 | 北京市人民政府 | 发展创新前沿产品、名优民生产品等五类高精尖产品 |

续上表

| 时间 | 政策文件 | 发布者 | 要 点 |
|---|---|---|---|
| 2017 | 《关于组织开展"疏解整治促提升"专项行动（2017—2020年）的实施意见》 | 北京市人民政府 | 东城区、西城区完全退出制造业生产环节，疏解腾退空间重点发展符合首都城市战略定位的文化与科技创新型产业，实现中心城区工业用地减量提质发展 |
| | 《北京市"十三五"时期工业转型与升级规划》 | 北京市经信委与北京市发改委 | 走调存量推转型、优增量强创新的发展道路，实施非首都功能产业疏解，推进二三产业融合，构建高精尖经济结构、统筹优化产业空间布局，成为全国重要的智能制造创新中心、国家高精尖产业协同创新增长极 |
| | 《北京市总体规划（2016—2035）》 | 国务院 | 大力疏解不符合城市战略定位的产业，压缩工业、仓储等用地比重，腾退低效集体产业用地，提高产业用地利用效率。加强工业遗产等特色存量资源的保护和再利用 |

# 附录 V

# 北京市工业遗产保护与再利用工作导则

北京市规划委、北京市工促局、北京市文物局
（2009）

## 第一章 概念与对象

**第一条** 工业遗产是与工业发展密切相联的，具有历史价值、社会文化价值、艺术美学价值、科学技术价值和经济再利用价值的遗存，是文化遗产的重要组成部分。工业遗产是极具风貌特色和时代特征的历史文化资源，对工业遗产进行保护和再利用，可以避免资源和能源的浪费，同时有助于经济社会环境的可持续发展。

**第二条** 工业遗产分为物质遗产和非物质遗产。物质遗产包括与工业发展有关的厂房、仓库、码头、桥梁、办公建筑、附属生活服务设施及其他构筑物等不可移动的物质遗存；还包括机器设备、生产工具、办公用具、生活用具、历史档案、商标徽章及文献、手稿、影像录音、图书资料等可移动的物质遗存。非物质遗产包括生产工艺流程、手工技能、原料配方、商号、经营管理、企业文化、企业精神等相关的内容。

**第三条** 北京市工业遗产的重点为：

（1）解放前的民族工业企业、官商合营、中外合办企业等遗存；

（2）解放后五六十年代"一五"及"二五"期间建设的重要工业企业；

（3）"文革"期间建设的具有较大影响力的企业；

（4）改革开放以后建设的非常具有代表性的企业。

## 第二章 调查与登录

**第四条** 工业遗产保护与再利用的第一步工作就是详实调查，制作登记表格，绘制现状图。同时要将调查的工业资源完备的外观特征和场址情况进行梳理并登记、建档。记录应包括对物质、非物质遗产的描述、绘图、照片、影像等资料。

**第五条** 工业遗产的调查和保护过程中要加强宣传教育，积极发动群众，引导和调动社会力量参与工业遗产的保护与再利用，充分发挥社会力量在工业遗产调查、认定、信息传播、研究成果和保护利用等方面的积极作用。

**第六条** 工业遗产的调查和保护是一项长期的工作，在城市更新改造、工业企业搬迁过程中发现有价值的工业资源，有关方面应及时向市工业、规划及文物部门报告，在调查和研究确定工业遗产价值后，依法予以保护和再利用。

## 第三章　评价与认定

第七条　工业遗产的评估以历史价值、社会文化价值、科学技术价值、艺术美学价值及经济利用价值为准则。符合下列条件之一的，可列入工业遗产保护与再利用名录：

（1）在相应时期内具有稀缺性、唯一性，在全国或北京具有较高影响力。

（2）企业在全国同行业内具有代表性或先进性，同一时期内开办最早，产量最多，质量最高，品牌影响最大，工艺先进，商标、商号全国著名。

（3）企业建筑格局完整或建筑技术先进，并具有时代特征和工业风貌特色。

（4）与北京著名工商实业家群体有关的工业企业及名人故居等遗存。

（5）其他有较高价值的工业遗存。

第八条　工业遗产的认定应根据下列程序进行：

（1）市工业、规划和文物行政主管部门是工业遗产保护与再利用工作的行政主管部门，负责对本市行政区域内的工业遗产组织普查、评估、认定，并做好资料收集、统计等工作。各相关工业遗产权属或使用单位和个人是工业遗产保护与再利用的责任主体，对经有关政府主管部门认定的工业遗产，应按照有关要求做好保护工作，合理地再利用。各相关单位和个人可以就工业遗产保护和再利用等相关问题提出认定申请或建议；

（2）建立专家咨询体系，由工业、规划、文物、历史、环保等方面的专家组成评估委员会，根据工业遗产评价办法，提出评估意见；

（3）工业、规划、文物等行政主管部门建立会商制度，根据专家评估意见，确定工业遗产保护与再利用名录及分类等级；

（4）对确定的工业遗产保护与再利用名录及分类等级征求相关区、县人民政府和单位意见，并向社会公示，经专家委员会评审后，报市政府批准、公布。

第九条　凡列入文物保护单位的工业遗产，其保护、使用应遵循《中华人民共和国文物保护法》的规定。对尚未列入不可移动文物的工业遗产，根据遗产价值及经济利用价值的不同，分为三个等级，并在符合不可移动文物的条件下，可申报为各级文物保护单位：

（1）优秀近现代建筑类工业遗产，即符合优秀近现代建筑标准的工业遗产。

（2）遗产价值突出的工业遗存，即与北京工业发展密切相关的、具有突出的发展阶段标志性和行业代表性的遗存。

（3）再利用价值突出的工业遗存，即虽然遗产价值不突出，但可利用空间大、便于改造、再利用价值突出的工业遗存。

第十条　对于工业遗产集中成片，具有一定规模，工业风貌保存完整，能反映出某一历史时期或某种产业类型的典型风貌特色，有较高历史价值的区域，可列为工业遗产保护区，进行整体保护与再利用。

## 第四章　保护与利用

第十一条　采取抢救性保护与适宜性利用相结合的原则，因地制宜挖掘工业遗产的现实价值，既要注重与城市规划相协调，又要注重再利用和可持续发展。

第十二条　针对不同类型的工业遗产，采取针对性保护措施，充分挖掘其再利用价值。已列入文物保护单位的工业遗产及工业遗产保护区参照《中华人民共和国文物保护法》《中华人民共和国城乡规划法》和《历史文化名城名镇名村保护条例》规定的文物保护单位和历史文化街区的管理办法实施管理；优秀近现代建筑类工业遗产可申报列入优秀近现代建筑保护名录，参照优秀近现代建筑的管理办法实施管理；遗产价值突出的工业遗存应充分尊重历史特征，对建筑原状、结构、式样进行整体保留，不得随意拆除，应在合理保护的前提下进行修缮、改造；再利用价值突出的工业遗存，可对原建筑物进行加层或立面装饰，尽可能保留建筑结构和式样的主要特征，实现工业特色风貌与现代生活的有机结合。

第十三条　对工业遗产按照"谁使用、谁负责、谁保护、谁受益"的原则。在企业拍卖、转产、转制、置换等过程中，受让方应采取积极措施，切实履行保护利用工业遗产的职责。

第十四条　工业遗产的保护与再利用应充分重视物质遗产和非物质遗产的保护，并注重污染土壤的环保修复和厂区环境的生态恢复。

## 第五章　管理与引导

第十五条　市工业、规划和文物行政主管部门要加强对工业遗产保护与再利用工作的指导，并切实做好工业遗产普查、评估和认定的组织工作。

第十六条　在工业企业搬迁、工业用地转换性质、编制工业用地更新规划时，应注重工业遗产的保护与再利用；在工业遗产的重点保护区内安排建设项目时，应当事先征得工业、规划及文物行政主管部门的同意。

第十七条　各工业企业及相关权属或使用单位应重视工业遗产的保护与再利用，认真配合市工业、规划和文物行政主管部门开展物质遗产和非物质遗产的调查、建档、评估和认定工作，遗产价值突出的还应协助规划部门编制工业遗产保护与再利用规划。

第十八条　价值较高的可移动工业遗产，市博物馆、图书馆及档案馆等应分别予以征集和收藏。

第十九条　运用出版物、展览、电视、互联网等多种媒体和渠道，加强对保护利用工业遗产重要意义的宣传和引导，提高公众对工业遗产价值的认知及欣赏水平，增强保护工业遗产的自觉性。对在工业遗产保护与再利用工作中有突出贡献的单位和企业给予一定的资金奖励和政策支持。

# 附录Ⅵ
# 北京工业遗产价值评定表

刘伯英　李 匡
（2008）

工业遗产的保护首先在于发现。北京的工业资源非常丰富，在实际操作中，我们不可能把全部的工业资源作为工业遗产进行保护，如果"该拆的不拆"，降低工业遗产的标准，将工业遗产的概念泛化，工业用地的价值将得不到应有的体现和释放。同时更不能无视工业资源中有价值的工业遗产，将所有工业资源全部推倒重来，片面追求工业用地再开发的经济利益，"拆了不该拆的"。因此，如何在数量众多的工业资源中发现有价值的工业遗产，衡量和判断工业遗产的价值，建立北京工业遗产的评价办法，对工业遗产进行分级保护，成为北京工业遗产保护的重中之重。

## 1　评价体系

### 1.1　建立的目的

本评价体系建立的目的是用一套量化的方法，对工业遗产各方面表现出来的价值进行评价，量化评价的结果作为最终评价其遗产价值的依据。这种量化的评价标准有以下优点：

（1）有利于保证价值评价的客观性；

（2）易于掌握，方便不同背景的人使用；

（3）适用于对不同地区（可以根据当地工业资源特征，对本评价体系进行适当调整）、不同类型工业遗产进行评价（包括对不同行业工业企业遗产价值的评价，以及对单体建（构）筑物、设施设备遗产价值的评价）。

### 1.2　应用的对象

本评价办法用于评价现存工业资源的工业遗产价值，本评价体系的应用对象既针对工业企业，又针对工业企业内部的建（构）筑物、设施设备等遗产构成要素。由于工业企业的数量比较多，涉及多个行业，对工业资源遗产价值的评价，具体做法应建立如下层次：

（1）首先对各行业的工业企业进行整体评价，选出有遗产价值的企业；

（2）其次对工业企业所属的建筑、设施和设备进行综合遗产价值评价；

（3）最后根据上述量化的价值评价，由各领域专家组成的专家委员会进行综合比较和科学评价，提出工业遗产的名录。经过报送政府相关主管部门、社会公示、市政府批准等程序，向社会公布。

### 1.3　评价的内容

本评价体系分为两大部分：

第一部分是历史赋予工业遗产的价值，即在工业遗产产生、发展过程中形成的价值，主要包括历史价值、科学技术价值、社会文化价值、艺术审美价值和经济利用价值；五项价值平均对待，每项价值20分；每项价值分为2个分项，每个分项价值10分。评价既关注物质构成的价值，也关注非物质构成的价值。本评价办法既可用于评价工业企业整体，又可用于评价工业企业所属的建（构）筑物和设施设备等物质实体。

第二部分是工业遗产现状及保护、再利用相关的价值，主要包括区域位置、建筑质量、利用价值、技术可能性；四项价值平均对待，每项价值25分；每项价值分为2个分项，前一分项价值高于后一分项价值，前一个分项价值15分，后一个分项价值10分。本评价办法主要用于评价工业企业所属的建（构）筑物和设施设备等物质实体。在对工业遗产进行具体价值评价的过程中，首先根据第一部分的评价来判断其遗产价值，这一部分的评价结果是工业遗产本身具有的绝对价值。在第一部分评价确定工业遗产的基础上，在讨论工业遗产保护与再利用方案或制定工业遗产保护规划时，应根据第二部分的评价办法进行追加评价。追加评价的结果不影响第一部分评价对工业遗产价值作出的判断，只作为保护与再利用方案的选择和决策参考使用。

## 2　工业遗产的价值

### 2.1　历史价值

（1）时间的久远

时间的久远赋予工业遗产珍贵的历史价值，使之成为认识地方早期工业文明的历史体现和纪念物，是记录一个时代经济、社会、工程技术发展水平等方面的实物载体，时间的久远或某个时间段内的工业企业特殊历史成因，使工业遗产具有稀缺性。

（2）与重大历史事件或伟大的历史人物的联系

企业或工业遗存与重大历史事件或伟大的历史人物有重要联系，将赋予工业遗产特殊的历史价值。重要的历史人物包括党和国家的领导人、外国国家元首和贵宾，参与设计建造的著名建筑师、工程师，工业企业长期经营生产过程中的主要领导、劳模、技术标兵、科学家等。

### 2.2　科学技术价值

（1）行业的开创性、生产工艺的先进性

企业的建立在世界、全国或地区（城市）范围内的某一工业门类中具有开创性，或某项技术、设施设备的应用在同行业中具有开创性，这些企业和建筑、设施设备将具有特殊的遗产价值。

工业生产活动对生产工具、设施设备、工艺流程等方面进行的创新型设计，使生产过程得到改进，效率提高，产量增加；应用先进技术，实现技术变革，代表了技术的发展方向，在一定区域的全行业内部进行推广，取得广泛的社会效应；这些将使工业遗产具有一定的科学技术价值。无论是在实物中，还是在文字档案中，或是存在于无形的记录中，如在人们的记忆与习俗中，这些价值都会留下痕迹，得到体现。特殊生产过程的工艺、技术，因其濒临消亡，使其拥有特别的稀缺性价值。

（2）工程技术的独特性和先进性

在工业遗产的生产基地选址规划，建筑物和构造物的设计、施工建设、机械设备的调试安装工程方面，工业建筑、构筑物、大型设备本身应用了当时的新材料、新结构、新技术，使工业遗产在工程方面具有科学技术价值。如钢结构、薄壳结构、无梁楼盖等新型结构形式在工业建筑中的应用，洁净车间、抗震技术、特殊材料和做法在工业建筑中的应用等。

例如，1950—1960年代，北京在全国率先实验和推行了多种砌块和装配式大板结构，并实验、应用了滑升模板和升板工艺。1954—1958年，在东郊和西郊新建的一批工业厂房中，开始使用现场预制和工厂预制的钢筋混凝土排架结构，柱距6米，屋架跨度12~36米，工厂构筑物还采用多层框架。1964—1966年，市一建公司与检验员机具所、市建研所、市建筑设计院等合作，试制第一套液压专用提升设备，每台提升机最大起重量为50吨，并于1968—1971年，在首钢化肥厂、东方红炼油厂、向阳化工厂等完成3层车间的升板施工。1976—1980年，市三建公司和市五建公司采用自制的起重量为25吨的电动提升设备，先后完成北京出版公司的纸库、照相机厂修理车间、五金交电公司白云观仓库和储运公司仓库等3~5层升板任务。截至1991年，北京共建成升板建筑约22万平方米，主要用于厂房、仓库等工业建筑中。

1978年，北京市建筑设计院，市一、三、五建筑公司与中国建研院共同完成的"升板建筑设计与施工技术"获得全国科学大会奖。1985年，中建一局和市建筑设计院完成的"整体预应力板柱建筑成套技术"获得市科技进步二等奖和1987年国家科技进步二等奖。1978年首钢工程处，市建研所和中国建研院等完成"液压滑升模板施工技术"，获得全国科学大会奖；1986年，北京工业大学设计院完成的"网架结构用于工业厂房研究"获得住建部科技进步二等奖。这些技术广泛应用于大跨度仓库、机库、维修车间等工业建筑中。

## 2.3 社会文化价值

（1）社会责任与社会情感

工业遗产见证了人类巨大变革时期社会的日常生活，同时对于引领和改善我们的社会生活也起到了重要作用。工业遗产真实地记录了国家和地区政治、经济、建设的路线、方针、政策和实践，在"企业办社会"思想指导下，工业企业成为社会的缩影。公众已经将社会责任视作衡量企业价值的标准。改革开放后，中国企业管理脉络，大致可以分为三个阶段：①启蒙时代（1978—1991年）：在这个时代中，企业关心的是产品，在管理上开始追求质量，这个时代又称为"质量时代"。②模仿时代（1992—2000年）：在这个时代中，跨国公司开始全面进入中国，中国企业也开始全面学习国外管理经验，而此时企业更为关注的是如何把产品卖出去，这个时代又称为"营销时代"。③创新时代（2001年至今）：随着2001年中国加入WTO，中国企业面临着更为严峻的国际化竞争，在这个时代，做正确的事似乎比正确地做事更为重要，这个时代又可称"战略时代"。工业遗产将清晰地记载各个历史时期工业企业的社会责任，以及在全球经济一体化背景下中国工业发展的历史进程。工业遗产还清晰地记录了普通劳动群众难以忘怀的人生，成为社会认同感和归属感的基础，构成不可忽视的社会影响。企业发展对整个社会经济生活的影响和作用，对社会在经济发展、城市建设、生活水平、人员就业等方面的贡献等，作为当地历史发展中重要的一部分，对于当地人民具有特殊的社会情感价值。对其进行保护与再利用，可以稳定那些突然失业的人们的心理。

（2）企业文化

企业文化是工业遗产价值中包含的非物质遗产部分，包括企业在经营管理、科技创新、劳动保护等方面通过不懈努力摸索出的经验和教训（例如邯钢经验），在产品、产量、品牌、质量等方面做出的成绩，对当时社会的贡献，以及流传下来的企业文化、企业精神、企业理念等。因此，反映时代特征的工业遗产，能够振奋我们的民族精神，传承产业工人的优秀品德。工业遗产中蕴含着务实创新、包容并蓄、励精图治、锐意进取、精益求精、注重诚信等工业生产中铸就的特有品质，为社会添注一种永不衰竭的精神气质。这些无形遗产具有社会价值与教育价值。例如，1920年代，一些官办企业和民族资本企业开始陆续学习西方，实行一系列科学管理制度。例如，在官办铁路企业中推行的列车安全运行制度，事故处理规则，客、货运规则，养路分等、分级规范，"独立会计"（即独自核算、自计盈亏）守则、各级负责人员职责细目，业务垂直领导与集中统一指挥体制，以及技术业务人员的培训、考核、晋级规定，运价审核程序等一套做法，对建立铁路营运秩序、减少行车事故等都起到一定的作用。又如，改革开放前，我国照搬苏联的经验和理论，建立了一套高度集中的计划经济管理体制。企业缺乏经营自主权，没有经济责任，管理只是一种封闭的生产型管理。1960年《鞍钢宪法》提出了"两参一改三结合"的管理方法，1961年的《工业七十条》成为中华人民共和国第一个工业企业管理试行条例。大庆是计划经济时期经营管理思想的典型。改革开放后，中国制定了以市场换技术、换管理经验的开放方针，形成了自1993年以来的第一波跨国公司投资热潮。但是在技术层面的学习并没有取得很好的效果，跨国公司在向中国转移尖端技术方面仍然保持着警惕。今天，中国企业终于从学习西方技术过渡到对西方管理思想的全面借鉴，企业家需要具有"全球视野"和"创新意识"，一场更

加全面和深入的改造运动正在更多的中国企业里兴起。

## 2.4 艺术审美价值

（1）建筑工程美学：因工业遗产的建筑、构筑物、大型设施设备体现了某一历史时期建筑艺术发展的风格、流派、特征，其形式、体量、色彩、材料等方面表现出来的艺术表现力、感染力具有工程美学的审美价值。机械美学、后现代美学则成为工业遗产建筑工程美学的理论基础。

（2）产业风貌特征：因工业遗产在厂区规划，或工业建（构）筑物、设施设备群体集合表现出的产业特征和工艺流程，形成独特的产业风貌，对城市景观和建筑环境产生艺术作用，具有重要的景观与美学价值。这使工业遗产成为地区的识别性标志，也带给生活在这里的人们认同感及归属感。

## 2.5 经济利用价值

（1）结构可利用性：工业遗产的建（构）筑物一般都相当坚固，结构寿命超过其功能使用年限，这使工业遗产具有"低龄化"特征，保护和利用工业遗产可以节省大量的拆迁及建设成本，避免产生大量建筑垃圾，造成对自然环境的破坏。在工业生产功能退出后，转换使用功能，发挥工业遗产建筑的再利用价值，可以避免资源的浪费。

（2）空间可利用性：工业建筑往往具有大跨度、大空间、高层高的特点，其建筑内部空间具有使用的灵活性；对工业建筑进行改造再利用比新建可省去主体结构及部分可利用基础设施的建设成本，而且建设周期较短。因此，工业遗产建筑的实体再利用具有十分突出的经济价值。工业构筑物、设施设备（如炼铁高炉、焦炉、煤仓、

煤气柜、油罐、水塔等设施）都可以进行结构和空间的再利用，方式多种多样、别出心裁、别具匠心，具有极强的艺术表现力和巨大的经济价值。在保留了这些工业遗存和当时生产状态的同时，开展工业旅游、工业遗址旅游、工业遗产旅游，使参观者在游览过程中，通过生产场景的再现和艺术化处理，得到与现实生活完全不同的特殊体验，最终也可转化为巨大的经济利益。

## 3　工业遗存评价内容及评分办法

### 3.1　历史赋予工业遗产价值评价（表1）

表1　历史赋予工业遗产价值的评价

| 评价内容 | 分项内容 | 分　值 | | | |
|---|---|---|---|---|---|
| 历史价值（满分20分） | 时间的久远 | 1911年之前 | 1911—1948年 | 1949—1965年 | 1966—1976年 |
| | | 10 | 8 | 6 | 3 |
| | 与历史事件、历史人物的联系 | 特别突出 | 比较突出 | 一般 | 无 |
| | | 10 | 6 | 3 | 0 |
| 科学技术价值（满分20分） | 行业开创性和工艺先进性 | 特别突出 | 比较突出 | 一般 | 无 |
| | | 10 | 6 | 3 | 0 |
| | 工程技术独特性和先进性 | 特别突出 | 比较突出 | 一般 | 无 |
| | | 10 | 6 | 3 | 0 |
| 社会文化价值（满分20分） | 社会责任与社会情感 | 特别突出 | 比较突出 | 一般 | 无 |
| | | 10 | 6 | 3 | 0 |
| | 企业文化 | 特别突出 | 比较突出 | 一般 | 无 |
| | | 10 | 6 | 3 | 0 |
| 艺术审美价值（满分20分） | 建筑工程美学 | 特别突出 | 比较突出 | 一般 | 无 |
| | | 10 | 6 | 3 | 0 |
| | 产业风貌特征 | 特别突出 | 比较突出 | 一般 | 无 |
| | | 10 | 6 | 3 | 0 |
| 经济利用价值（满分20分） | 结构可利用性 | 特别突出 | 比较突出 | 一般 | 无 |
| | | 10 | 6 | 3 | 0 |
| | 空间可利用性 | 特别突出 | 比较突出 | 一般 | 无 |
| | | 10 | 6 | 3 | 0 |

## 3.2　现状、保护和再利用价值评价（表2）

表2　现状、保护和再利用价值的评价

| 评价内容 | 分项内容 | 分值 | | | | |
|---|---|---|---|---|---|---|
| 区域位置（满分25分） | 区位优势 | 突出 | 很好 | 较好 | 一般 | 差 |
| | | 15 | 10 | 5 | 0 | -3 |
| | 交通条件 | 突出 | 很好 | 较好 | 一般 | 差 |
| | | 10 | 5 | 2 | 0 | -2 |
| 建筑质量（满分25分） | 结构安全性 | 突出 | 很好 | 较好 | 一般 | 差 |
| | | 15 | 10 | 5 | 0 | -3 |
| | 完好程度 | 突出 | 很好 | 较好 | 一般 | 差 |
| | | 10 | 5 | 2 | 0 | -2 |
| 利用价值（满分25分） | 空间利用 | 突出 | 很好 | 较好 | 一般 | 差 |
| | | 15 | 10 | 5 | 0 | -3 |
| | 景观利用 | 突出 | 很好 | 较好 | 一般 | 差 |
| | | 10 | 5 | 2 | 0 | -2 |
| 技术可行性（满分25分） | 再利用的可能性 | 突出 | 很好 | 较好 | 一般 | 差 |
| | | 15 | 10 | 5 | 0 | -3 |
| | 维护的可能性 | 突出 | 很好 | 较好 | 一般 | 差 |
| | | 10 | 5 | 2 | 0 | -2 |

# 4　评价内容和评分办法的说明

## 4.1　使用须知

（1）在对工业遗产具体评价的过程中，首先根据第一部分的评价判断工业遗产的价值，这一部分所评价出的是工业遗产本身具有的绝对价值，是任何主观判断不可动摇的。在历史赋予工业遗产价值的评价判断基础上，确定工业资源成为工业遗产后，根据现状、保护和再利用价值的评价标准进行追加评价。追加评价的结果不影响历史赋予工业遗产价值的评价对工业遗产价值作出的判断，只作为保护和再利用决策和方案的参考。

（2）本办法适用于在对工业遗产进行调查和评价时使用，依靠本办法，可对一个城市和一个地区的所有工业资源的价值概貌和具体分布有一个宏观的把握。在使用时，参加调查的人员需要在对全部调查对象有基本了解的基础上，对分项评分标准进行讨论并结合具体情况达成共识，确保本评价办法使用的客观性和准确性。

（3）由于在工业资源普查中应用本评价办法，可对普查过的每项资源的价值评出一个分值，此分值将可能对该资源是否成为遗产起决定性作用。因此，对于个别的工业资源实例，由于其在某一方面具有极为突出的价值（单项得分值为最高值），或者远远超出普遍的背景分值，则无论总分如何，都应当被单独评价；即使其总分分值并不高，也应当作为具有较高价值的工业遗产实例对待和保护。

（4）依照本评价办法的评价结果仅提供一个宏观性和概括性的价值判断，并不能反映工业资源遗产价值的全部内容。具体到单项工业遗产价值的评价，还需要进行有针对性的、更加深入的调查和研究，作出全面、客观和准确的价值评价。工业遗产的稀缺性体现在各项价值的分值差异上。

（5）本评价办法根据北京工业资源的整体特征确定价值评分办法，经过实际应用后，可以进行必要调整和完善，比如分数权重、价值内容、分项内容等。其他城市、地区应用此办法，应根据所在地工业资源整体状况和历史发展特征进行适当调整。

## 4.2 关于分值的规定

（1）本评价标准的设置只评定出各工业遗产价值的大小，而不提供统一的价值判定的分数线和分数段。工业遗产保护级别分数线和分数段的确定应对一定数量工业资源打分后，经过专家组和主管部门认真、严肃地讨论，得出不同级别工业遗产价值的背景分值，确定工业遗产价值级别的分数线和分数段，制定工业遗产保护的分级。

（2）对于年代划段，具体说明如下：

1911年之前，是清朝时期。这一时期又可以分为两个阶段，1895年以前，中国的近代工业以官办、官督民办、官商合办、华商办为主。北京在这个历史阶段建立的企业少之又少，且很少能延续到今天，目前知道的仅有通兴煤矿（现为门头沟煤矿）等少数几处。1895年，清政府在中日甲午战争中战败，被迫签订《马关条约》，条约中规定允许日本人在通商口岸设立领事馆和工厂以及输入各种机器，利用中国廉价劳动力和原材料，榨取更多的利润，中国丧失了工业制造专有权。从这以后，外商办和中外商合办企业开始增多。北京在这个历史阶段也建立了少量近代企业，如京师自来水股份有限公司、度支部印刷局、京师丹凤火柴有限公司、长辛店机车修理厂等，但数量还是较少，能延续至今的就更加珍贵。1911年至1948年，是中华民国时期。辛亥革命后，在形式上建立了资产阶级民主国家，经历了北洋政府时期（1911—1927年）和国民政府时期（1927—1949年），期间还经历了抗日战争时期（1937—1945年）。这一阶段近代工业逐渐走向自主发展，建立了一批官商合办及商办的工业企业，如双合盛五星汽水啤酒厂、石景山炼厂、北京电车股份有限公司等，其间受抗战影响发展一度非常艰难，到战争胜利后才有所恢复。抗日战争时期，日本在北京建立了一些工业企业，如琉璃河水泥厂等；或对先前成立的工业企业进行了收购和改造，如石景山炼厂等。总体来看，这一时期北京的工业虽有一定发展，但总量仍显较少，延续至今的也不多，价值显得非常突出。1949年至1965年为中国社会主义工业起步时期，中国工业经历了国民经济恢复时期、"一五""二五"重要建设时期，对私营企业和集体企业进行了社会主义改造，经历了"大跃进"，工业建设高速发展，建立了一大批具有开创性的国家级大型企业，如718联合厂、744厂（北京电子管厂）、738厂（北京有线电厂）、北京热电厂、京棉一/二/三厂、北京炼焦化学厂等。北京现存的工业遗产资源主要就集中在这一时期。1966年至1976年，中国工业发展经历了"文化大革命"的洗礼，三线建设成为这个历史时期的重要特点，这是一段曲折发展甚至在某些方面发生倒退的时期，但也产生了一些具有重大影响力的工业企业，如燕山石化、牡丹电视机厂等。1976年至今是改革开放时期，从历史年代方面就

不予以加分。

（3）关于现状、保护和再利用价值的评价标准，由于为主观评价，因此增加了负分，根据评价内容分项的重要程度，正分分值定为15、10分，负分分值定为−3、−2分。

# 附录Ⅶ
# 北京首批文化创意产业园信息列表

北京市首批文化创意产业园区于2019年1月正式认定并公布，共计33处。其中20处是利用工业遗产改造而来的文化创意产业园，其余13处为新建园区。

| 序号 | 园区名称 | 原有工业企业 | 区位 |
|---|---|---|---|
| 1 | 77文创园 | 北京胶印厂 | 东城区 |
| 2 | 北京德必天坛WE国际文化创意中心 | 北京电车修造厂 | 东城区 |
| 3 | 嘉诚胡同创意工场（其中"嘉诚印象"为利用厂房改造而来） | 北京市轻工业品进出口公司 | 东城区 |
| 4 | 中关村雍和航星科技园 | 诺基亚公司和平里工业园 | 东城区 |
| 5 | 北京文化创新工场车公庄核心示范区 | 新华印刷厂 | 西城区 |
| 6 | 新华1949文化金融创新产业园 | 新华印刷厂 | 西城区 |
| 7 | 天宁一号文化创意产业园 | 北京第二热电厂 | 西城区 |
| 8 | 西什库31号 | 建立的北京低压电器厂 | 西城区 |
| 9 | 西海四十八文化创意中心 | 北京市有机玻璃制品厂 | 西城区 |
| 10 | 751D·PARK时尚设计广场 | 正东煤气厂 | 朝阳区 |
| 11 | 798艺术区 | 华北无线电器材联合厂 | 朝阳区 |
| 12 | 北京懋隆文化产业创意园 | 外贸三间房仓库 | 朝阳区 |
| 13 | 恒通国际创新园 | 松下彩色显像管有限公司 | 朝阳区 |
| 14 | 莱锦文化创意产业园 | 京棉集团二分公司 | 朝阳区 |
| 15 | 郎园Vintage | 北京医药集团 | 朝阳区 |
| 16 | 尚8国际广告园 | 不详 | 朝阳区 |

续上表

| 序号 | 园区名称 | 原有工业企业 | 区　位 |
|---|---|---|---|
| 17 | 768文化创意产业园 | 大华无线电仪器厂 | 海淀区 |
| 18 | 中关村数字电视产业园 | 北京牡丹电视机厂 | 海淀区 |
| 19 | 塞隆国际文化创意园 | 胜利建材水泥厂库 | 通州区 |
| 20 | 弘祥1979文化创意园 | 北京市塑料机械厂 | 通州区 |
| 21 | 北京天桥演艺区 | — | 西城区 |
| 22 | 北京DRC工业设计创意产业基地 | — | 西城区 |
| 23 | 中国北京出版创意产业园 | — | 西城区 |
| 24 | 北京电影学院影视文化创业创新园平房园区 | — | 朝阳区 |
| 25 | 东亿国际传媒产业园 | — | 朝阳区 |
| 26 | 数码庄园文化创意产业园 | — | 朝阳区 |
| 27 | 清华科技园 | — | 海淀区 |
| 28 | 中关村东升科技园 | — | 海淀区 |
| 29 | 中关村软件园 | — | 海淀区 |
| 30 | 星光影视园 | — | 大兴区 |
| 31 | 北京城乡文化科技园 | — | 大兴区 |
| 32 | 北京大兴新媒体产业基地 | — | 大兴区 |
| 33 | 腾讯众创空间（北京）文化创意产业园 | — | 昌平区 |

# 附录Ⅷ
# 北京老旧工业厂房改造利用一览表

| 序号 | 项目名称 | 地 址 | 厂址原名 | 始建时间 | 置换功能 | 实景照片 |
|---|---|---|---|---|---|---|
| 1 | 77文创园【美术馆】 | 北京市东城区美术馆后街77号 | 北京胶印厂 | 1954年 | 文创 | |
| 2 | 77文创园【雍和宫】 | 北京市东城区藏经馆胡同11号 | 北京童装厂 | 1956年 | 文创 | |
| 3 | 北京德必天坛WE国际文化创意中心 | 北京市东城区法华寺街91号 | 天坛古玩城 | 1921年 | 文创 | |
| 4 | 藏经馆17号嘉诚印象 | 北京市东城区藏经馆胡同17号 | 北京市轻工业品进出口公司 | 1964年 | 文创 | |
| 5 | 嘉诚有树 | 北京市东城区东四十条甲25号 | 对外文化集团公司旧址 | 2004年 | 文创 | |
| 6 | 中关村雍和航星科技园 | 北京市东城区和平里东街11号 | 诺基亚和平里工业园 | 1998年 | 文创 | |
| 7 | 咏园 | 北京市东城区幸福大街永生巷4号院 | 北京三露厂厂房 | 1984年 | 文创 | |

| 序号 | 项目名称 | 地 址 | 厂址原名 | 始建时间 | 置换功能 | 实景照片 |
|---|---|---|---|---|---|---|
| 8 | 大磨坊文创园 | 北京市东城区三元街17号 | 大磨坊面粉厂 | 1927年 | 文创 | |
| 9 | 东雍创业谷 | 北京市东城区后永康胡同17号 | 北京金漆镶嵌厂 | 1956年 | 文创 | |
| 10 | 方家胡同46号院 | 北京市东城区安内大街方家胡同 | 中国机床厂 | 1949年 | 文创 | |
| 11 | 人民美术文化园 | 北京市东城区北新桥街道人民美术大厦 | 人民美术印刷厂 | 1958年 | 文创 | |
| 12 | 远东科技文化园 | 北京市东城区和平里北街6号 | 北京电表厂 | 1955年 | 文创 | |
| 13 | 107号创意工厂 | 北京市东城区东四北大街107号 | 北京电视设备厂 | 1971年 | 文创 | |
| 14 | 北京DRC工业设计创意产业基地 | 北京市西城区德胜街道新街口外大街甲25号院东南角 | 邮电部电话设备厂旧厂房 | 1941年 | 文创 | |
| 15 | 北京文化创新工场车公庄核心示范区 | 北京市西城区车公庄大街4号 | 北京新华印刷厂 | 1949年 | 文创 | |
| 16 | 天宁一号文化创意产业园 | 北京市西城区莲花池东路16号 | 北京第二热电厂 | 1972年 | 文创 | |

续上表

| 序号 | 项目名称 | 地 址 | 厂址原名 | 始建时间 | 置换功能 | 实景照片 |
|---|---|---|---|---|---|---|
| 17 | 西什库31号 | 北京市西城区西什库大街31号 | 北京低压电器厂 | 1956年 | 文创 | |
| 18 | 西海四十八文化创意产业园区 | 北京市西城区西海南沿48号 | 北京有机玻璃厂 | 1958年 | 文创 | |
| 19 | 新华1949文化金融创新产业园 | 北京市西城区车公庄大街4号 | 北京新华印刷厂 | 1949年 | 文创 | |
| 20 | YOLO文化产业园 | 北京市西城区宣武门彭庄60号 | 老旧厂房 | 不详 | 文创 | |
| 21 | 尚8西城设计园 | 北京市西城区西什库大街31号院17号楼 | 北京敬业电厂 | 1956年 | 文创 | |
| 22 | 751D·PARK时尚设计广场 | 北京市朝阳区酒仙桥路4号 | 正东电子动力集团有限公司 | 1954年 | 文创 | |
| 23 | 798艺术区 | 北京市朝阳区酒仙桥路2号 | 华北无线电器材联合厂 | 1954年 | 文创 | |
| 24 | 北京懋隆文化产业创意园 | 北京市朝阳区三间房东路一号 | 老旧仓库 | 1964年 | 文创 | |
| 25 | 塞隆国际文化创意园 | 北京市朝阳区双桥东路9号 | 北京胜利建材水泥库 | 1984年 | 文创 | |

续上表

| 序号 | 项目名称 | 地　址 | 厂址原名 | 始建时间 | 置换功能 | 实景照片 |
|---|---|---|---|---|---|---|
| 26 | 恒通国际创新园 | 北京朝阳区大山子酒仙桥北路9号 | 松下彩色显像管有限公司 | 1987年 | 文创 | |
| 27 | 莱锦文化创意产业园 | 北京朝阳区八里庄东里1号 | 京棉集团二分公司 | 1955年 | 文创 | |
| 28 | 郎园Vintage | 北京市朝阳区建国路郎家园6号 | 北京医疗器械厂 | 1966年 | 文创 | |
| 29 | 花园里文创园 | 北京市朝阳区高碑店乡金家村中街8号 | 博洛尼家居老旧厂房 | 不详 | 文创 | |
| 30 | DREAM2049国际文创产业园（双桥园区） | 北京市朝阳区三间房南里4号院 | 天坛生物制品研究所 | 1998年 | 文创 | |
| 31 | DREAM2049国际文创产业园（广渠园区） | 北京市朝阳区豆各庄乡于家围村双桥路198号 | 豆各庄首农双益达仓库 | 不详 | 文创 | |
| 32 | 24H齿轮场品牌创业文化园 | 北京市朝阳区朝阳路大黄庄苗圃南侧 | 北京齿轮厂 | 1960年 | 文创 | |
| 33 | 北京塑三文化创意园 | 北京市朝阳区崔各庄乡南皋路129号 | 北京市塑料三厂 | 1961年 | 文创 | |
| 34 | 创立方自空间CBD写字园 | 北京市朝阳区高碑店西店610号 | 老旧仓库 | 1970年代 | 文创 | |

| 序号 | 项目名称 | 地 址 | 厂址原名 | 始建时间 | 置换功能 | 实景照片 |
|---|---|---|---|---|---|---|
| 35 | 吉里国际艺术区 | 北京市朝阳区高碑店北花园金家村中街6号 | 农工商公司库房 | 1984年 | 文创 | |
| 36 | 西店记忆 | 北京市朝阳区百子湾方家村甲18号 | 旧玻璃厂仓库 | 1964年 | 文创 | |
| 37 | 898创新空间 | 北京市朝阳区酒仙桥街道酒仙桥中心小学低部南侧 | 老旧粮仓 | 1997年 | 办公 | |
| 38 | E9区创新工场 | 北京市朝阳区黑庄户康中街E9 | 双桥乳品厂旧址 | 1982年 | 文创 | |
| 39 | 竞园图片产业基础 | 北京市朝阳区广渠路3号 | 北京供销总社棉麻仓库 | 1960年代 | 文创、艺术区 | |
| 40 | 万荷艺术区 | 北京市朝阳区顺白路133号 | 马泉营村老旧工厂 | 不详 | 艺术区 | |
| 41 | C立方青年文化创意园 | 北京市朝阳区东四环方家村甲1号 | 康艺家具公司 | 1997年 | 文创 | |
| 42 | 东郎影视文创园 | 北京市朝阳区大望路郎家园10号 | 北京印刷二厂 | 1949年 | 文创 | |
| 43 | 惠通时代广场 | 北京市朝阳区建国路71号 | 北方锅炉厂 | 1980年代 | 办公 | |

| 序号 | 项目名称 | 地　　址 | 厂址原名 | 始建时间 | 置换功能 | 实景照片 |
|---|---|---|---|---|---|---|
| 44 | 铜牛电影文化产业园 | 北京市朝阳区85号院 | 北京铜牛京纺物资有限公司 | 1952年 | 文创 | |
| 45 | 718传媒文化产业园 | 北京市朝阳区高碑店地区丽景馨居东南角 | 北京石棉厂 | 1957年 | 文创 | |
| 46 | 铭基国际创意公园 | 北京市朝阳路63号 | 瑞丰灯具市场 | 不详 | 文创、办公 | |
| 47 | 半壁店一号文化产业园 | 北京市朝阳区高碑店原北齿车桥厂 | 北京环驰车桥厂厂房 | 1988年 | 文创 | |
| 48 | 红庄·国际文化保税创新园 | 北京市朝阳区青板块北路白家楼甲1号 | 兴隆建材市场 | 1992年 | 文创 | |
| 49 | 万东国际文化产业园 | 北京市朝阳区定福庄三间房南里7号院 | 北京万东医疗装备公司三间房厂区 | 1955年 | 文创 | |
| 50 | 一号地国际艺术区 | 北京市朝阳区望京崔各庄顺白路28号 | 北京市京广铝业联合公司 | 1970年代 | 艺术区 | |
| 51 | 五方Park | 北京市朝阳区五方桥 | 北京玻璃仪器厂王四营仓库 | 1980年 | 文创 | |
| 52 | 辉顺圆文化传媒产业园 | 北京市朝阳区定福庄石各庄路818号 | 老旧厂房 | 不详 | 文创 | |

续上表

| 序号 | 项目名称 | 地 址 | 厂址原名 | 始建时间 | 置换功能 | 实景照片 |
|---|---|---|---|---|---|---|
| 53 | 大望路电影产业园 | 北京市朝阳区大望路通惠河北路10号 | 老旧厂房 | 不详 | 文创 | |
| 54 | 七棵树文化创意产业园 | 北京市朝阳区酒仙桥半截塔路55号七棵树创意园B3-2 | 北京纺织仓库 | 1970年代 | 文创 | |
| 55 | 大地时尚文化产业园 | 北京市朝阳区高碑店金家村中街8号 | 老旧厂房 | 不详 | 文创 | |
| 56 | 水岸88创意园区 | 北京市朝阳区高碑店惠河北路1号附近 | 老旧厂房 | 不详 | 文创 | |
| 57 | 813文化创意产业园 | 北京市朝阳区百子湾地铁7号线化工站C出口15米 | 老旧厂房 | 不详 | 文创 | |
| 58 | 南洋文创园 | 北京市朝阳区豆各庄乡何家村北南河桥北路 | 老旧厂房 | 不详 | 文创 | |
| 59 | 爱工场第一文化产业园 | 北京市朝阳区百子湾路29号院 | 北京市玻璃厂 | 不详 | 文创 | |
| 60 | 北汽双井文创园 | 北京市朝阳区双井东柏街9号院-4 | 北汽研发中心老厂房 | 不详 | 文创 | |
| 61 | E50艺术区 | 北京市朝阳区双桥中路9号 | 广电总局四九一台变电站 | 1918年 | 艺术区 | |

| 序号 | 项目名称 | 地　址 | 厂址原名 | 始建时间 | 置换功能 | 实景照片 |
|------|---------|--------|---------|---------|---------|---------|
| 62 | 1707文创园 | 北京市朝阳区慈云寺东五环广渠路出口六洲大厦南侧 | 爱德艺术院 | 2014年 | 文创 | |
| 63 | C3青年文创园 | 北京市朝阳区高碑店路398号 | 康艺家俱公司 | 1997年 | 文创 | |
| 64 | 菁英梦谷常营 | 北京市朝阳北路地铁6号线黄渠站旁 | 老旧厂房 | 不详 | 文创 | |
| 65 | 启城文创园 | 北京市朝阳区黄渠地铁口 | 供销社仓库 | 1957年 | 文创 | |
| 66 | 尚屹文创园 | 北京市朝阳北路青年路大悦城附近 | 老旧厂房 | 不详 | 文创 | |
| 67 | 菁英梦谷（二期）广渠文创园 | 北京市朝阳区广渠路98号院 | 北京枫林家具厂 | 1993年 | 文创 | |
| 68 | 长隆文化产业园 | 北京市朝阳区管庄 | 老旧厂房 | 不详 | 文创 | |
| 69 | 尚韵文创园媒体影视产业基地 | 北京市朝阳区东五环五方桥黄厂路 | 东五环国企工厂 | 不详 | 文创 | |
| 70 | 服仓百花kaso | 北京市朝阳区高碑店乡北花园村南工业区3-1号 | 服装厂仓库 | 不详 | 办公 | |

| 序号 | 项目名称 | 地 址 | 厂址原名 | 始建时间 | 置换功能 | 实景照片 |
|---|---|---|---|---|---|---|
| 71 | 电通创意广场 | 北京市朝阳区酒仙桥北路7号 | 北京电机总厂 | 1985年 | 产业园区 | |
| 72 | 天海科技广场 | 北京市朝阳区天盈北路9号 | 天海工业公司气瓶厂 | 1992年 | 文创 | |
| 73 | 易心堂文创园 | 北京市朝阳区豆各庄1号 | 北京化工八厂 | 不详 | 文创 | |
| 74 | 旭日中天 | 北京市朝阳区双桥东路21号东100米 | 北京胶印厂 | 不详 | 文创 | |
| 75 | 1958创意产业园 | 北京市朝阳区广渠路1号至5号房 | 老旧厂房 | 不详 | 产业园区 | |
| 76 | 三里屯4号院 | 北京市朝阳区工体北路4号 | 北京市第六机床厂 | 不详 | 办公 | |
| 77 | 北化机爱工场科技产业园 | 北京市朝阳区西大望路27号 | 北京化工机械厂 | 1966年 | 产业园区 | |
| 78 | 酒厂ART国际艺术园 | 北京市朝阳区辛店路与京承高速交叉口 | 酿酒厂 | 不详 | 艺术园区 | |
| 79 | 尚8北京设计园区 | 北京市朝阳区西大望路27号 | 北京化工机械厂 | 1966年 | 文创 | |

续上表

| 序号 | 项目名称 | 地　址 | 厂址原名 | 始建时间 | 置换功能 | 实景照片 |
|---|---|---|---|---|---|---|
| 80 | 京仪尚8科技创新园 | 北京市朝阳区成寿寺路甲135号 | 东城仪表厂 | 不详 | 办公 | |
| 81 | 朝阳规划艺术馆 | 北京市朝阳区朝阳公园东5号 | 北京燕山煤气用具厂 | 1956年 | 展览 | |
| 82 | 768文化创意产业园 | 北京市海淀区学清路中关村768创意产业园 | 大华无线电仪器厂 | 1958年 | 办公 | |
| 83 | 中关村数字电视产业园 | 北京市海淀区花园路2号 | 牡丹牌电视机厂 | 1973年 | 办公 | |
| 84 | 金隅·智造工场 | 北京市海淀区建材中路27号 | 天坛家具厂、北京风机二厂、建金大厦 | 1958年 | 产业园区 | |
| 85 | 中关村互联网文化创意产业园 | 北京市海淀区西八里庄路61号 | 永安机械厂旧厂 | 不详 | 产业园区 | |
| 86 | 京工时尚创新园 | 北京市丰台区新发地潘家庙56号 | 京工集团纺织品仓库 | 不详 | 文创 | |
| 87 | 中宏军民融合创新园 | 北京市丰台区玉泉营桥西北侧 | 红博馆 | 不详 | 办公 | |
| 88 | 二七1897科技文化创新城 | 北京市丰台区杨公庄1号 | 北京二七机车厂 | 1897年 | 文创 | |

续上表

| 序号 | 项目名称 | 地 址 | 厂址原名 | 始建时间 | 置换功能 | 实景照片 |
|---|---|---|---|---|---|---|
| 89 | 隆晟华盾文化产业园 | 北京市丰台区黄土岗马家楼119号 | 北京华盾雪花塑料厂 | 1965年 | 文创 | |
| 90 | 永乐文化产业园 | 北京市丰台区造甲街110号 | 京棉集团丰棉分厂 | 不详 | 文创 | |
| 91 | 易通创意中心 | 北京市丰台区吴家村三顷地甲1号 | 北京显像管厂 | 1971年 | 办公研发 | |
| 92 | 郎园Park | 北京市石景山区八角上庄大街18号 | 集体用地的老旧市场 | 不详 | 艺术园区 | |
| 93 | 首钢西十筒仓创意广场 | 石景山区石景山路68号 | 首钢炼铁厂 | 1919年 | 办公 | |
| 94 | 弘祥1979文化创意园 | 北京市通州区九棵树西路90号 | 废弃塑料模具工厂 | 1979年 | 文创 | |
| 95 | 大稿国际艺术区 | 北京市通州区怡乐中路422号 | 废弃工厂 | 不详 | 艺术园区 | |
| 96 | 77文创【亦庄·大地】 | 北京市大兴区隆庆街6号附近 | 印刷厂 | 1998年 | 文创 | |
| 97 | 北京文化创新工场新媒体基地 | 北京大兴区科苑路9号 | 首兴永安供热厂 | 1994年 | 文创 | |

| 序号 | 项目名称 | 地 址 | 厂址原名 | 始建时间 | 置换功能 | 实景照片 |
|------|----------|--------|----------|----------|----------|----------|
| 98 | 平客集文创园 | 北京市大兴区金星路18号 | 北京市纸箱厂 | 1998年 | 文创 | |
| 99 | 格雷众创园 | 北京市大兴区金苑路甲15号 | 北京威克多制衣厂 | 1995年 | 办公 | |
| 100 | 东方1956文化创意园 | 北京市房山区马各庄 | 北京化工四厂 | 1956年 | 文创 | |
| 101 | 三维六度文创科技产业园 | 北京市房山区长阳镇长阳路与长圩路交口西北侧 | 北京金海春光科技暖气片厂 | 2006年 | 文创 | |
| 102 | 尚大沃联福生态亲子农场 | 北京市房山区X034（龙下路） | 废旧矿厂 | 不详 | 旅游 | |
| 103 | 北京天图文化创意产业创新基地 | 北京市昌平区沙河镇小沙河村南401号 | 沙河镇属企业工业厂房 | 不详 | 文创 | |
| 104 | 北大资源天竺双创园 | 北京市顺义区府前二街21号 | 旧厂房 | 不详 | 展览 | |
| 105 | 世纪新峰影视基地 | 北京市顺义区赵全营镇马家堡村陈衙路8号 | 致兴国际钢结构（北京）有限公司 | 2001年 | 旅游 | |

# 参考文献

[1] 北京市工业促进局. 北京工业大事记[M]. 北京：北京燕山出版社，2008.

[2] 中国人民大学工业经济学系. 北京工业史料[M]. 北京：北京出版社，1960.

[3] 张国辉. 洋务运动与中国近代企业[M]. 北京：中国社会科学出版社，1979.

[4] 陈静. 近代工业在天津的兴起和工业城市地位的形成[J]. 天津经济，2013（7）：48-50.

[5] 张微微. 民国时期门头沟煤矿工人生活研究（1917—1945）[D]. 郑州：郑州大学，2014.

[6] 越沢明. 日本占領下の北京都市計画（1937～1945年）[C]//第5回日本土木史研究発表会論文集. 1985（6）.

[7] 王亚男. 日伪时期北京的城市规划与建设（1937—1945年）[J]. 北京规划建设，2010，2：133-137.

[8] 汪海波. 新中国工业经济史[M]. 北京：经济管理出版社，1986.

[9] 祝寿慈. 中国现代工业史[M]. 重庆：重庆出版社，1990.

[10] 李淑兰. 北京近代工业的产生和发展[J]. 北京师范学院学报（社会科学版），1991（3）：71-77+30.

[11] 沈志华. 新中国建立初期苏联对华经济援助的基本情况（上）：来自中国和俄国的档案材料[J]. 俄罗斯研究，2001（1）：53-66.

[12] 梁思成，陈占祥. 梁陈方案与北京[M]. 沈阳：辽宁教育出版社，2005.

[13] 梁思成. 梁思成全集（第五卷）[M]. 北京：中国建筑工业出版社，2001.

[14] 肖桐. 建筑业发展时期产业政策的回顾[M]//袁镜身，王弗. 建筑业的创业年代. 北京：中国建筑工业出版社，1988：272-280.

[15] 邹德侬. 中国现代建筑史[M]. 天津：天津科学技术出版社，2001.

[16] 赖德霖. 中国近代建筑史——日本侵华时期及抗战之后的中国城市和建筑[M]. 北京：中国建筑工业出版社，2016.

[17] 董志凯，吴江. 新中国工业的奠基石——156项建设研究[M]. 广州：广东经济出版社，2004.

[18] 北京经济委员会. 北京工业志：综合志[M]. 北京：北京燕山出版社，2003.

[19] 北京市地方志编纂委员会. 北京志：城乡规划卷·建筑工程设计志[M]. 北京：北京出版社，2007.

[20] 北京市地方志编纂委员会. 北京志：城乡规划卷·规划志[M]. 北京：北京出版社，2007.

[21] 北京市地方志编纂委员会. 北京志：建筑卷·建筑工程志[M]. 北京：北京出版社，2003.

[22] 北京市地方志编纂委员会. 北京志：市政卷·房地产卷[M]. 北京：北京出版社，2000.

[23] 北京市地方志编纂委员会. 北京志：市政卷·道桥志·排水志[M]. 北京：北京出版社，2002.

[24] 北京市地方志编纂委员会. 北京志：市政卷·邮政志[M]. 北京：北京出版社，2004.

[25] 北京市地方志编纂委员会. 北京志：地质矿产水利气象卷·地质矿产志[M]. 北京：北京出版社，2001.

[26] 北京市地方志编纂委员会. 北京志：地质矿产水利气象卷·地质矿产志[M]. 北京：北京出版社，2001.

[27] 北京市地方志编纂委员会. 北京志：工业卷·黑色冶金工业志[M]. 北京：北京出版社，2005.

[28] 北京市地方志编纂委员会. 北京志：工业卷·有色金属工业志[M]. 北京：北京出版社，2005.

[29] 北京市地方志编纂委员会. 北京志：工业卷·纺织工业志[M]. 北京：北京出版社，2002.

[30] 北京市地方志编纂委员会. 北京志：工业卷·煤炭工业志[M]. 北京：北京出版社，2002.

[31] 北京市地方志编纂委员会. 北京志：工业卷·石油化学工业志[M]. 北京：北京出版社，2001.

[32] 北京市地方志编纂委员会. 北京志：工业卷·机械工业志[M]. 北京：北京出版社，2002.

[33] 北京市地方志编纂委员会. 北京志：工业卷·电子工业志[M]. 北京：北京出版社，2002.

[34] 北京市地方志编纂委员会. 北京志：工业卷·仪器仪表工业志[M]. 北京：北京出版社，2002.

[35] 北京市地方志编纂委员会. 北京志：工业卷·医药工业志[M]. 北京：北京出版社，2002.

[36] 北京市地方志编纂委员会. 北京志：工业卷·印刷工业志[M]. 北京：北京出版社，2002.

[37] 北京市地方志编纂委员会. 北京志：工业卷·一轻工业志[M]. 北京：北京出版社，2004.

[38] 孟璠磊. 工业遗产视角下的新中国"四三方案"工业引进计划追溯[J]. 工业建筑，2018，48（8）：32-37+47.

[39] 曹子西，于光度. 北京通史[M]. 北京：北京燕山出版社，2012.

[40] 北京市社会科学院. 今日北京[M]. 北京：北京燕山出版社，1989.

[41] 刘伯英. 迈向城市复兴：城市工业地段的更新研究——以北京、上海、成都为例[D]. 北京：清华大学，2006.

[42] 孟璠磊. 北京中心城现代工业建筑遗存空间转型研究[D]. 北京：清华大学，2017.

[43] 孙明. 北京工业布局的形成与变迁[C]//当代北京史研究会，北京史研究会. 当代北京研究，2009：6.

[44] 陈义风. 当代798史话[M]. 北京：当代中国出版社，2013.

[45] 北京年鉴社. 北京年鉴（1991年）[M]. 北京：北京出版社，1992.

[46] 周一星，孟延春. 北京的郊区化及其对策[M]. 北京：科学出版社，2000.

[47] 北京市城乡规划委员会. 北京工业科技园区[Z]. 1994.

[48] 张永和，吴雪涛. 远洋艺术中心[J]. 时代建筑，2001（4）：30-33.

[49] 张永和. 平常建筑[M]. 北京：中国建筑工业出版社，2002.

[50] 朱嘉广，李楠，吴克捷. "北京优秀近现代建筑保护名录"的研究与制定[J]. 城市规划，2008（10），41-49.

[51] 施卫良，杜立群，王引，等. 北京中心城工业用地整体利用规划研究[M]. 北京：清华大学出版社，2010.

[52] 钱纳里，鲁宾逊，赛尔奎因. 工业化和经济增长的比较研究[M]. 上海：上海人民出版社，1995.

[53] LAWRENCE T B，PHILLIPS N. Understanding cultural industries[J]. Journal of Management Inquiry，2002，11（4）：430-441.

[54] 金元浦. 文化创意产业与北京的发展[J]. 前线, 2006 (3): 25-26.

[55] 王国平, 张京成. 北京文化创意产业发展报告 (2011) [M]. 北京: 社会科学文献出版社, 2012.

[56] 李建盛. 北京文化发展报告 (2011—2012) [M]. 北京: 社会文献出版社, 2012.

[57] 刘伯英, 李匡. 北京工业建筑遗产现状与特点研究[J]. 北京规划建设, 2011 (1): 18-25.

[58] 京京. 北京优秀近现代建筑保护名录发布[J]. 城市规划通讯, 2008 (1): 11.

[59] 北京市社会科学院. 今日北京[M]. 北京: 北京燕山出版社, 1989.

[60] 北京市统计局. 北京统计年鉴 (1980—1999) [M]. 北京: 中国统计出版社, 1999.

[61] 建设部综合财务司. 一九九一年城市建设统计年报[M]. 北京: 中国建材出版社, 2002.

[62] 建设部综合财务司. 一九八二年城市建设统计年报[M]. 北京: 中国建材出版社, 1983.

[63] 陈一新. 中央商务区城市规划设计与实践[M]. 北京: 中国建筑工业出版社, 2006.

[64] 北京商务中心区建设管理办公室. 北京商务中心区规划方案成果集[M]. 北京: 中国经济出版社, 2001.

[65] 范周, 梅松. 北京市保护利用老旧厂房拓展文创空间案例评析[M]. 北京: 知识产权出版社, 2018.

# 后 记

求木之长者，必固其根本；欲流之远者，必浚其泉源。追根溯源，方知来之不易。作为世界制造业超级大国，今日中国的工业建设成就举世瞩目，白手起家的峥嵘岁月需要被记录和传承。自鸦片战争以来，饱经磨难的中华民族自力更生、艰苦奋斗、不懈求索，1949年后，中华民族在实现工业化、现代化的道路上开疆拓土，涌现出一个个可歌可泣的人物故事，串联起一部部生动的历史篇章。中国的工业遗产是中华民族工业历史、工业文化的有力见证，是大国重器、工匠精神的真实写照。

由于在中国城市历史中的独特地位，北京最早接触到工业革命成果，并随之开启了近代化进程。北京作为国家首都，在1949年中华人民共和国成立初期经历了变消费城市为生产城市的重大转变，1980年代初期成为以钢铁、石油、化工、电子、机械为主的新兴现代化工业城市，全国统一划分的164个工业门类中北京就有149个，北京被建设成无所不包的全能型城市，成为行政、文化、教育、科技、财政金融、经济贸易、邮政电信中心，承担着全国铁路总枢纽、华北公路网的联结点等各种功能，建成了十大工业区，成为中国北方最大的新兴工业城市和重工业基地。改革开放后，首都城市职能发生了改变，经历了数次产业结构和产业布局的调整。今天，北京正面临新的发展机遇，工业用地更新已经成为北京城市建设和经济发展中不可或缺的关键领域，工业遗产保护和工业资源的改造再利用正成为北京历史文化保护、城市综合发展的重要战略内容。

《中国工业遗产史录·北京卷》系统回顾了北京工业发展历史、工业遗产现状以及工业遗产保护与工业资源再利用进程和做法。书稿撰写工作始自2017年，至今已过三个春秋。三年间北京的工业遗产保护工作又取得了长足进步，2019年北京火车站、原子能"一堆一器"被认定为第八批全国重点文物保护单位，同年北京市认定和公布了三批"北京市历史建筑名单"，首次将工业建筑全面列入历史建筑保护范畴，标志着工业建筑已被纳入遗产保护和城市更新治理体系，使北京的工业遗产保护工作再一次走在全国前列。

书稿在撰写过程中得到了有关工业企业领导或负责人的大力支持，包括时任中国文化发展集团董事长罗钧先生、中国印刷集团发展规划部部长姚勇先生、751D·PARK时尚设计广场总经理张军元先生、大华电子集团768园区管委会主任马进女士、北京宏业华泰咨询有限公司总经理陈观强先生、七星集团798园区管委会何晓明先生、北京阿普贝斯景观设计事务所公司创始人邹欲波先生、建筑师林章义、北京交通大学建筑与艺术学院蒙小英教授、北京远洋集团北方区域事业部北京新仕界项目总经理侯磊先生、北京艾迪尔建筑装饰工程股份有限公司创始人罗劲先生等，他们为本书提供了珍贵的一手资料，在此深表感谢。同时，感谢清华大学建筑设计研究院有限公司全过程分院副院长李匡、唐鸿峻，北京华清安地建筑设计事务所有限公司副总经理杨福海、建筑师韦拉等专家学者提出的宝贵意见，感谢北京建筑大学建筑与城市规划学院各位领导和同事提供的协助与便利，感谢硕士研究生扈亚宁、林子藤、余强、崔振美、王亦迪、刘京晶等同学在实地调研方面的辛苦付出。同时，感谢华南理工大学出版社编辑赖淑华女士、骆婷女士，她们为本卷出版作出了大量的努力。

因著者能力所限，书中难免存在纰漏，恳请广大学者、读者以及所有对工业遗产抱有浓厚兴趣的人们批评指正。本书得到国家自然科学基金（编号51808021）资助，特此致谢。

孟璠磊　刘伯英　王　路

2020年10月于北京